Christian Vogel
Anthropologische Spuren
Zur Natur des Menschen

Anthropologische Spuren

Zur Natur des Menschen

Christian Vogel

Herausgegeben von
Volker Sommer

S. Hirzel Verlag Stuttgart · Leipzig 2000

Die Deutsche Bibliothek – CIP-Einheitsaufnahme

Vogel, Christian:
Anthropologische Spuren : zur Natur des Menschen / Christian Vogel. Hrsg.
von Volker Sommer. – Suttgart ; Leipzig : Hirzel, 2000
   (Edition Universitas)
   ISBN 3-7776-0976-5

© 2000 S. Hirzel Verlag
Birkenwaldstraße 44, 70191 Stuttgart
Printed in the Federal Republic of Germany
Satz: TYPO*factory* Luz GmbH, Calw
Druck: Calwer Druckzentrum GmbH, Calw

Inhalt

Modernisierung der Anthropologie
Über *Christian Vogel*
(von Volker Sommer und Eckart Voland)   7

I. Die Natur des Menschen   15

   1 Trends der Primatenentwicklung   17
   2 Die biologische Evolution der Kultur   43
   3 Menschliches Verhalten: Biogenese und Tradigenese   75

II. Angewandte Anthropologie   93

   4 Der Mythos der Geburtenkontrolle   95
   5 Über das Töten von Menschen 111
   6 Soziobiologische Aspekte der Reproduktionsmedizin 121

III. Politik der Anthropologie 133

   7 Evolution und Moral 135
   8 Rassenhygiene – Rassenideologie – Sozialdarwinismus 179
   9 Anthropologie: Versuchungen und Vorwürfe 199

IV. Epilog 223

  10 „Sie ist die Erste nicht!" –
     Soziobiologie der Gretchen-Tragödie 225

Anhang 237

Literaturverzeichnis 239

Nachweis der Erstveröffentlichungen 248

Editorische Notiz 250

Personenregister 251

Sachregister 253

Modernisierung der Anthropologie

Über Christian Vogel

In guter Tradition bat die Akademie der Wissenschaften zu Göttingen ihr im Jahre 1981 berufenes Mitglied Christian Vogel um eine Darstellung seines persönlichen Arbeitsgebietes. Christian Vogel antwortete darauf, indem er seine wissenschaftliche Entwicklung zu einem programmatischen Problem in Bezug setzte: dem Verhältnis von Einzelteil zu übergeordnetem System in der Biologie.

Wie beispielsweise kann eine komplexe Musterung auf den Flügeln des Eichelhähers über die Einzelontogenese jeder Feder entstehen? Der Zoologe Adolf Portmann hatte Christian Vogels Aufmerksamkeit noch zu dessen Studentenzeiten auf diese Frage gelenkt und damit – wie sich herausstellte – eine erkenntnisleitende Weichenstellung vorgenommen. Drängender noch als in der Morphologie sollte für Christian Vogel die Frage nach der Entstehung biologischer Komplexität in der Tiersoziologie werden: Wie kann aus mannigfachen einzelnen Lebensläufen eine übergeordnete Gemeinschaft entstehen?

Die Frage nach dem Verhältnis von Teilelement und Ganzem zieht sich wie ein roter Faden durch die vorliegende Sammlung von Aufsätzen Christian Vogels. Einerseits wird sie empirisch-deskriptiv angegangen, geleitet von nüchternem Streben nach Wissenszuwachs – etwa wenn es um die Analyse des Sozialverhaltens in Primatensozietäten geht. So gilt es zu ergründen, welche Chancen die Zusammenarbeit in Gruppen hat angesichts einer Vielzahl von Individuen mit Eigeninteressen. Damit geraten die Aufsätze andererseits unausweichlich in ethische Spannungsfelder: Welche Chancen und Gefahren gehen von anthropologischer Forschung angesichts der Dialektik von Konflikt und Kooperation aus? Kann und darf von einzelnen gefordert werden, sich für das Gemeinwohl einzusetzen? Wie ist die Perversion dieser Maxime in diesen oder jenen Ideologien zu verstehen?

Christian Vogel wurde am 16. September 1933 in Berlin geboren, als zweites von fünf Kindern des Arztes Nikolaus Vogel (späterer Professor der Hals-, Nasen- und Ohrenheilkunde an der Universität Kiel) und seiner aus Luzern stammenden Ehefrau Margarita Blanca (geborene Strebel). Christian Vogel absolvierte seine Volksschule in Berlin und dann – während des zu Ende gehenden Zweiten Weltkrieges – auf dem Lande in Schleswig-Holstein. Er besuchte anschließend das humanistische Gymnasium, nämlich zunächst die „Domschule" in Schleswig und dann die „Gelehrtenschule" in Kiel. Im März 1954 legte Vogel die Reifeprüfung ab – übrigens mit nicht gerade glänzenden Noten in Fächern, die zum Handwerkszeug des späteren Universitätsprofessors gehören sollten, wie Mathematik und Englisch. Spitzenbewertungen erreichte er in humanistischen Fächern, die traditionell in Antithese zu den Naturwissenschaften stehen, wie Musik und Kunst; und in der Tat sollte ihn die Liebe zum Geigenspiel zeitlebens begleiten und bereichern. Aus der Leistung in Biologie („gut") ließ sich hingegen keine Vorhersage auf Exzellenz ableiten. An einem Interesse an Tieren mangelte es freilich nicht: Der Pennäler ließ seine als Haustier gehaltene Schlange aus seinem umfangreichen Terrarium in die Praxis des Vaters entkommen – zum Schock für die Patienten, und als Volontär diente sich der junge Christian in verschiedenen zoologischen Gärten an (1949 Hamburg, 1951 Frankfurt, 1954 Köln, 1955 Wuppertal) – „anstellig und fleißig", wie ihm bescheinigt wurde.

Christian Vogels außergewöhnliches wissenschaftliches Talent sollte zur Geltung kommen, als er ab 1954 Zoologie, Botanik und Geologie an den Universitäten Kiel und Basel zu studieren begann. In Kiel promovierte er 1960 bei Adolf Remane zum Dr. rer. nat. – durch eine mit „summa cum laude" bewertete und mit dem Universitätspreis ausgezeichnete Arbeit zur vergleichenden Anatomie von Primaten („Variabilität und Formentwicklung der Unterkiefer rezenter Anthropoiden"). Bereits vier Jahre später erwarb Vogel die „venia legendi" – die Lehrbefugnis – für das Fach Anthropologie mit einer auch heute noch viel zitierten Habilitationsschrift über „Morphologische Studien am Gesichtsschädel catarrhiner Primaten".

Nach der Promotion war Christian Vogel zunächst wissenschaftlicher Mitarbeiter bei Adolf Remane, anschließend wissenschaftlicher Assistent, später Abteilungsleiter für Paläanthropologie am Anthropologischen Institut der Universität Kiel und von 1968 bis 1970 zugleich Lehrbeauftragter für das Fach Anthropologie an der Universität Hamburg. 1972 nahm er den Ruf auf den neu geschaffenen ordentlichen

9   Lehrstuhl für Anthropologie der Universität Göttingen an. Einen Ruf auf das anthropologische Ordinariat in Hamburg, den er ebenfalls erhalten hatte, lehnte er nach Verhandlungen ab. Trotz zunehmender Knappheit der öffentlichen Etats gelang es Christian Vogel in der Folgezeit, seinen Göttinger Lehrstuhl personell, apparativ und räumlich zu erweitern, bis schließlich 1982 die offizielle Aufwertung zum „Institut für Anthropologie" erfolgte.

Auf seine frühen Arbeiten zur funktionellen und vergleichenden Anatomie der Primaten, folgten – noch zur Kieler Zeit – Untersuchungen zur biologischen Höhenanpassung der Bevölkerung im Kulu-Tal des indischen Himalaya. Von herausgehobener Bedeutung für sein wissenschaftliches Profil sollten aber vor allem langjährige Freilandprojekte zur Verhaltensbiologie von Affen in Indien und Nepal werden, den Hanuman-Languren. Diese Unternehmen lieferten unerwartete Ergebnisse, denn die über Jahre zusammengetragenen Lebenslaufdaten bestätigten nicht, was angesichts gängiger Konzepte der Ethologie erwartet wurde. Es war gerade nicht die übergeordnete Sozietät, die als Ultima Ratio biologischer Angepasstheit die gestaltende Hauptrolle spielte und ihre Mitglieder zum solidarischen Verfolg „gemeinschaftsdienlicher" Ziele nötigte. Statt dessen fanden sich Belege dafür, dass Verhalten grundsätzlich „egoistischen" Zielen dient.

Spektakulärer Ausfluss dessen ist die häufig zu beobachtende Tötung noch von ihrer Mutter abhängiger Säuglinge durch den Usurpator eines Harems, also durch ein fremdes Männchen. Dieser neue Haremshalter kommt nicht als Vater der vorgefundenen Babys infrage. Kindstötungen wurden zunächst kurzerhand als „pathologisch" abgetan, weil die vorherrschenden Paradigmen der Verhaltensforschung für eindeutig artschädigendes Verhalten kein Erklärungskonzept anboten. Solche „Infantizide" erschienen aber in neuem Licht angesichts der von Christian Vogels Team (und anderen Arbeitsgruppen an anderen Arten) gesammelten Daten. Kindstötung wurde interpretiert als dem Fortpflanzungsinteresse der neuen Männchen dienlich. Sie kürzten die mit der Stillzeit einhergehende zeitweilige Unfruchtbarkeit der Weibchen ab und konnten so schneller eigenen Nachwuchs zeugen. Kindstötende Affenmännchen erreichen deshalb einen Vorsprung im darwinischen Fitnessrennen gegenüber ihren weniger aggressiven Mitkonkurrenten. Trotz seiner artschädigenden Effekte musste nach diesen Ergebnissen die Kindstötung der Hanuman-Languren (und wie man inzwischen weiß, auch die vieler anderer Primaten und Nicht-Primaten) in den Katalog biologischer Angepasstheiten aufgenommen werden.

Tiere sind gemäß diesem Deutemuster „Gen-Egoisten". Deswegen können Sozialstrukturen als ein Flickenteppich von Kompromissen verstanden werden, der sich aus grundsätzlich im Konflikt stehenden Einzelinteressen zusammensetzt. Mit dieser Interpretation trug Christian Vogel dazu bei, einen fundamentalen evolutionsbiologischen Irrtum aufzuklären: Das natürliche Evolutionsgeschehen fördert nicht das „Prinzip Arterhaltung", was zuvor wie selbstverständlich angenommen wurde, sondern ganz konsequent und unsentimental das „Prinzip Eigennutz".

Dass diese revolutionäre Einsicht nicht billig zu haben war, sondern unter mühevoller Überwindung nicht nur vorherrschender Lehrmeinungen, sondern auch persönlicher Überzeugungen hart erarbeitet werden wollte, wird durch Christian Vogels persönliche Erfahrungen in dieser Sache deutlich. Denn erste Berichte über infantizidale Languren-Männchen waren recht anekdotenhaft und erschienen wenig zuverlässig. Jedenfalls vermochten sie einer kritischen Analyse nicht voll standzuhalten, so dass sich Christian Vogel ermutigt sah, 1979 in den „Verhandlungen der Deutschen Zoologischen Gesellschaft" einen betont kritisch-skeptischen Beitrag zum Infantizid-Problem zu veröffentlichen. Die ganze Empirie schien sich auf drei Fälle zu verdichten, zudem von einem einzigen Beobachter berichtet – wahrlich zu wenig, um eine abenteuerlich anmutende Hypothese als plausibel begründet betrachten zu können. So wähnte sich Christian Vogel gut gerüstet, als er im August 1982 zu einem Symposium nach Ithaca im Staate New York aufbrach, um dort kritisch zu der Außenseiterhypothese Stellung zu beziehen. Unmittelbar vor dem Abflug in die USA erhielt er jedoch aus Indien ein Telegramm von seinem damaligen Doktoranden Volker Sommer mit der so lapidaren wie folgenschweren Mitteilung, dass dieser eine Kindstötung bei den unter kontinuierlicher Beobachtung stehenden Languren nicht nur beobachten, sondern sogar fotografieren konnte. Die Dias seien auf dem Weg nach Ithaca. Keine Frage: Nicht nur musste das vorbereitete Referat in zentralen Passagen neu geschrieben werden, sondern eine komplette wissenschaftliche Argumentationsfigur musste binnen kürzester Zeit gleichsam auf den Kopf gestellt werden. Christian Vogel hat in dieser Episode beispielhaft das vorgelebt, worauf wissenschaftlicher Fortschritt nicht verzichten kann: eine mentale Offenheit auch gegenüber möglicherweise unbequemen oder gar unwillkommenen Einsichten.

Die Ergebnisse der von Christian Vogel ab 1977 in Jodhpur/ Nordwestindien und ab 1990 in Ramnagar/Nepal initiierten Feldstudien an Langurenaffen klärten das Phänomen der Kindstötungen in

11   vielen Details. Derlei Studien lassen die im eingangs erwähnten Akademievortrag erörterte Frage nach dem Zusammenspiel von Teilen und dem Ganzen in neuen Licht erscheinen, ja nötigen zu einem kompletten Perspektivenwechsel. Unter dem Primat der Gruppenfunktionalität war vorrangig erklärungsbedürftig, wie die Einzelindividuen zum Erhalt ihrer Lebensgemeinschaft beitragen. Unter dem Primat des Eigeninteresses ist demgegenüber erklärungsbedürftig, wie angesichts eines evolutiv begünstigten Gen-Egoismus überhaupt Sozietäten entstehen und überdauern können, wie und warum Gruppenphänomene den Einzelinteressen dienlich sind. Mit diesem Perspektivenwechsel ebnete Christian Vogel einer jungen Disziplin, der sich im angelsächsischen Bereich rasant entwickelnden Soziobiologie, den Weg auch in die deutschen Universitäten – speziell in seinem Fach, der Anthropologie –, nicht zuletzt, indem er seine schützende Hand über seine Schülerinnen und Schüler hielt, die soziobiologische Ideen begierig aufsaugten. Ihnen schuf Christian Vogel wichtige Freiräume, indem er ihnen mit bedingungslosem Wohlwollen, Respekt und Vertrauen begegnete und ihnen ein ungewöhnlich großes Maß an Eigenverantwortung zugestand. So entwickelten sich in der Göttinger Ägide Christian Vogels neben den Langurenstudien (an denen vor allem Carola Borries, Volker Sommer und Paul Winkler beteiligt waren) vor allem zwei weitere Forschungsfelder: Eine auf der Auswertung von Kirchenbucheintragungen beruhende demographische Analyse des reproduktiven Verhaltens der historischen Bevölkerung in der norddeutschen Krummhörn (geleitet von Eckart Voland) sowie eine Langzeitstudie des Verhaltens und der Genetik Hunderter von Berberaffen in einem süddeutschen Freigehege (unter Federführung von Jutta Küster und Andreas Paul).

Theoretisch fest eingebunden in darwinischem Denken blieb Christian Vogels wissenschaftliche Neugier bei beachtlicher Vielfalt im Detail auf das biologische Evolutionsgeschehen gerichtet. Sein immenses Oeuvre umfasst etwa 150 Veröffentlichungen, darunter Beiträge sowohl zu den stammesgeschichtlich-historischen als auch zu den kausalen Aspekten der Menschwerdung. Sein Werk galt sowohl der Vermehrung empirischen Wissens als auch der Theorieverbesserung und nicht zuletzt einer publikumsorientierten Multiplikation wissenschaftlicher Innovation. Vogel trug so in vielfacher Hinsicht zum naturwissenschaftlichen Verständnis der Conditio Humana auch in einer breiteren Öffentlichkeit bei.

Geradezu zwangsläufig führte ihn die fortwährende Beschäftigung mit seinem Lebensthema „Evolution und Anpassung" schließlich zu jenen spezifischen Humana, deren biologische Entstehung sich theoretisch nicht ohne weiteres nachvollziehen ließ. So bildeten die evolutionsbiologischen Grundlagen von Ethik und Moral einen Arbeitsschwerpunkt der letzten Jahre. Diese viel diskutierten Überlegungen fasste Vogel 1989 in einer Monographie zusammen („Vom Töten zum Mord – Das wirkliche Böse in der Evolutionsgeschichte"; Hanser Verlag, München/Wien).

Für Christian Vogel stand außer Zweifel, dass die menschliche Moralfähigkeit, genauso wie alle anderen typisch menschlichen Eigenschaften, ihre lang in der Primatenevolution angelegte Naturgeschichte hat. Aber mit der gleichen Konsequenz, mit der er seine naturalistische Perspektive auf menschliche Moralen übertrug und damit einer moralphilosophisch oftmals misstrauten „Evolutionären Ethik" das Wort redete, lehnte Christian Vogel auf der anderen Seite jede Spielart eines normativen Biologismus kompromisslos ab. In deutlichem und immer wieder betontem Gegensatz zur Klassischen Ethologie, deren Vertreter etwa im Sinne von Konrad Lorenz meinten, man könne durch genaue Naturbeobachtung ethisch richtige Normen für menschliches Miteinander entwickeln, taugte für Christian Vogel das außermoralische Naturgeschehen in keiner Weise als sittlicher Lehrmeister.

In Christian Vogels Überzeugung kann eine humanitäre, auf persönlicher Verantwortung gegründete Moral vernünftigerweise nur gegen unsere genetischen Imperative ausgerichtet sein. Andererseits sah Vogel sehr wohl, dass jegliches Sollen an ein Können gebunden sein muss, wenn Moralentwürfe lebbar sein sollen. Dieser hartnäckige Widerspruch im Spannungsverhältnis von Sein und Sollen blieb in Christian Vogels Werk unaufgelöst (wobei angesichts der vielen philosophischen Arbeit, die dieses Thema über die Jahrhunderte schon absorbiert hat, bezweifelt werden darf, ob er überhaupt jemals befriedigend gelöst werden kann). Die vermeintliche Attraktivität des Seins für eine biologische Legitimation des Sollens gründlich demaskiert zu haben, gehört zu Christian Vogels überdauernden Verdiensten.

Sein wissenschaftliches Wirken ließ ihm weit über die engeren Fachgrenzen hinaus Beachtung und Anerkennung zuteil werden. Christian Vogel wurde zum Mitglied angesehener wissenschaftlicher Vereinigungen gewählt, so 1978 von der „Deutschen Akademie der Naturforscher, Leopoldina" (Halle/Saale), 1981 von der „Akademie der Wissenschaften zu Göttingen" und von der 1988 der „Joachim Jungius-Gesellschaft der Wissenschaften" (Hamburg). Und schließlich gehören Forschungsaufenthalte und Gastprofessuren zum Werdegang, etwa am

13 Wissenschaftskolleg Berlin, am Zentrum für Interdisziplinäre Forschung der Universität Bielefeld, am Primate Research Institute der Universität Kyoto (Japan), und an der Cornell University in Ithaca (USA).

Mit nur einundsechzig Jahren starb Christian Vogel am 2. Dezember 1994. Ab Herbst 1991 hatte sich ein langsamer Verfall seiner Hirnleistungen im Bereich des Sprachzentrums abgezeichnet, bis er am Ende die Kontrolle selbst über seine Schluckfähigkeit verlor und sich zu Hause künstlich ernähren musste. Zunächst war ihm Sprechen und Schreiben stetig schwerer gefallen, worunter er – der eloquente Redner und versierte Autor – sehr litt. Seine geliebte Geige mochte er nicht mehr anrühren, weil er ihr nicht mehr jene Töne entlocken konnte, die seinem musikalischen Standard entsprachen. Seiner Familie und Besuchern konnte er sich immer langsamer verständlich machen – etwa durch mühsam auf eine Handtafel aufgemalte Buchstaben. Kein religiöser Trost, keine Sinnesverdunkelung half ihm durch den letzten Lebensabschnitt. Bis zu seinem Ende blieb er bei klarem analytischem Bewusstsein: Bürde und Würde zugleich.

Christian Vogel hinterließ fünf Kinder – die er in Anflügen von Selbstironie als „persönlichen Reproduktionserfolg" titulierte. Mit seiner ersten Frau Christa Vogel hatte er eine Tochter und zwei Söhne. Aus seiner 22-jährigen Ehe mit Ellen Vogel gingen ein Sohn und eine Tochter hervor. Ellen Vogel brachte mit ihren Kindern die Asche ihres Mannes nach Nepal, um sie im Wald von Ramnagar auszustreuen, dem Schauplatz des letzten großen Projektes zur Primatenforschung. Die dort lebenden Langurenaffen nehmen zuweilen Mineralien durch Erdeessen oder Steinelecken auf. Und so war es sicherlich nicht unpassend, dass die Languren alsbald auch den schlichten Naturstein mit Christian Vogels Namen zu belecken begannen …

Die deutsche Anthropologie verlor mit Christian Vogel einen menschlich und wissenschaftlich großen Mentor. Seine wissenschaftliche Bedeutung liegt darin, dass er als fürsorglicher Wegbereiter der Primatologie und Soziobiologie ganz wesentlich zu einer Modernisierung, inhaltlichen Erweiterung und interdisziplinären Öffnung der akademischen Anthropologie beitrug – was speziell im deutschsprachigen Raum angesichts internationaler Entwicklungen dringend nötig war. Vogels stets tiefe Sorge um das Fach zeigte sich nicht zuletzt in seinem standespolitischen Engagement in der Ethikdiskussion der achtziger Jahre. Was angesichts historischer Erfahrung immer wieder von vielen Fachkolleginnen und Fachkollegen angemahnt wurde, nämlich eine kritische und verantwortungsbewusste Selbstreflexion der deutschen Anthropologie und der angrenzenden Gebiete, wurde von Christian Vogel mit der ihm eigenen Umsichtigkeit und Behutsamkeit umgesetzt – wovon dieser Band mit gesammelten Aufsätzen Zeugnis ablegen soll.

Volker Sommer (University College London) und
Eckart Voland (Universität Gießen)

I. Die Natur des Menschen

Kapitel 1

Trends der Primatenentwicklung

Vor mehr als zweihundert Jahren hat der schwedische Naturforscher und Systematiker Linné sein „Systema Naturae" entwickelt, das seither die klassische Grundlage des natürlichen Systems der Organismen bildet. In diesem System fasste er erstmalig den Menschen mit den Affen und Halbaffen unter den Säugetieren in einer Ordnung zusammen, der er den Namen Primates gab. In Kombination mit der später in der Nachfolge von Darwin entwickelten Evolutionslehre erfuhr diese (freilich in manchen Punkten korrigierte) systematische Klassifikation ihre heute allgemein anerkannte Deutung als Abbild stammesgeschichtlicher Zusammenhänge. Was im natürlichen System nach einer abgestuften Kategorien-Hierarchie jeweils zusammengefasst wird, gilt in dieser Abstufung als stammesgeschichtlich miteinander verwandt. Das zunächst die Formenvielfalt der Organismen nach Ähnlichkeitskriterien ihres morphologischen Erscheinungsbildes und ihres anatomischen Aufbaus ordnende System kann in ein Modell der historisch abgelaufenen Stammesgeschichte, in einen Stammbaum der Organismen übersetzt werden. Die Zusammenfassung von Mensch und Affen in die übergreifende Kategorie der Primates bedeutet somit zugleich, dass sie auf eine gemeinsame stammesgeschichtliche Wurzel zurückgehen und als Einheit gleiche Evolutionsschritte durchlaufen haben.

Im Gefolge der vergleichenden Anatomie sind darüber hinaus alle mit evolutionsbiologischen Problemen befassten Teildisziplinen der Biologie, so die Physiologie, die Genetik, die Embryologie, die Immunbiologie und Biochemie, die Verhaltensforschung und natürlich auch die Paläontologie zu dem gleich lautenden Schluss gelangt, dass der Mensch, die biologische Art *Homo sapiens*, innerhalb der Ordnung Primates zu den Simiae (echte Affen), hier zu den Catarrhini (Schmalnasen- oder Altweltaffen) und in diesem Kreis speziell mit den Menschenaffen in die Superfamilia der Hominoidea gehört. Die nächsten heute lebenden Verwandten des Menschen sind unbestreitbar die beiden afrikanischen Menschenaffen Schimpanse und Gorilla, die mit dem südostasiatischen Orang-Utan neben der für *Homo sapiens* und seine hominiden Vorfahren errichteten Formengruppe stehen. Diese enge stammesgeschichtliche Verwandtschaft bedeutet einen langen gemeinsamen Entwicklungsweg, während dessen viele wesentliche Evolutionsschritte gemeinsam vollzogen wurden, die auch die spätere Hominisation (Menschwerdung) der einen Deszendenzlinie vorbereiteten. Darin liegen Ursache und Rechtfertigung dafür, dass Biologen, Anthropologen, Mediziner und Psychologen sich so intensiv mit den nichtmenschlichen Primaten beschäftigen, wenn sie eigentlich Genaueres über den Menschen erfahren wollen.

Wollen wir die biologischen Grundlagen der Hominisation exakter beurteilen, so empfiehlt es sich, von einer Vergleichsebene auszugehen, die uns die heute lebenden nicht-menschlichen Simiae und hier vor allem die Catarrhini vor Augen stellen. Durch diesen Vergleich können wir vielleicht am besten modellhaft ein Bild unserer subhumanen Vorfahren rekonstruieren, wobei der Modellcharakter zu betonen ist, weil mit Sicherheit keine der heute lebenden Primatenformen tatsächlich in unserer eigenen Vorfahrenlinie steht. Sie alle haben vom Zeitpunkt ihrer Abzweigung aus der gemeinsamen Stammreihe selbständige Evolutionswege beschritten und eigene Spezialisationen erworben. Es erweist sich deshalb als erforderlich, unseren Vergleich nicht auf einzelne rezente Primatenarten (zum Beispiel Schimpanse und Gorilla) zu beschränken, sondern stattdessen besonders auf solche allgemeineren Evolutionstrends der stammesgeschichtlichen Entfaltung und Höherentwicklung der Primaten zu achten, von denen wir mit großer Wahrscheinlichkeit annehmen dürfen, dass sie die Basis auch für unsere eigene Evolution abgegeben haben.

Eine große Zahl dieser Entwicklungstrends erweisen sich bei näherem Hinsehen als essenziell für die evolutive Entstehung der menschlichen Daseinsform, so dass man im Rückblick (auch ohne jeden finalistischen Nebengedanken!) geneigt ist, von „Prädispositionen" im Hinblick auf die Hominisation zu sprechen. Viele charakteristische Evolutionstrends der Primaten lassen sich dabei direkt oder doch wenigstens mittelbar als Anpassungen, als Adaptationen an die besondere Lebensweise und an allgemein bevorzugte Lebensräume dieser Säugetierordnung deuten, und in diesem Sinne kann man rückblickend und bezogen auf die Evolution des Menschen vielleicht auch von „Präadaptationen"

19   sprechen. Man meint damit evolutive Anpassungsvorgänge in der subhumanen Primaten-Evolution, die die Hominisation vorbereiteten und
darüber hinaus wahrscheinlich bereits bis in ziemlich feine Verästelungen ihrer Komplexität mit vorbestimmten beziehungsweise in ihrer
Richtung vorkanalisierten.

Bevor wir uns einige typische Evolutionstrends höherer Primaten
unter diesem Aspekt anschauen, sind allgemeine Erläuterungen zur Bedeutung der Begriffe Prädisposition und Präadaptation erforderlich, um
gegebene Möglichkeiten zu Missverständnissen abzubauen.

Präadaptation und Prädisposition

Gebräuchlicher ist der Ausdruck Präadaptation, daher zunächst zu seiner Verwendung. Unter phylogenetischer Adaptation versteht man eine
(in der Evolution durch Selektion bewirkte) Anpassung an bereits vor-
handene oder ausgeübte Funktionen beziehungsweise an die besonderen Anforderungen, die eine bereits vom entsprechenden Organismus
besiedelte Umwelt stellt. Diese Adaptation kann sich auf eine einzelne
Struktur beziehungsweise auf ein Einzelmerkmal, auf ein Organ oder
auf einen ganzen Organismus beziehen. Da die Funktionen hier bereits
ausgeübt werden und die spezifischen Umweltanforderungen in diesem
Falle schon voll wirksam sind, hat man den Vorgang der nun nachträg-
lich erfolgenden, immer besseren Einpassung auch als „Postadaptation"
bezeichnet, um ihn auf diese Weise klarer gegen das abzugrenzen, was
Präadaptation genannt wird. Im allgemeinsten Sinne wäre Präadaptation dann ein Vorgang, der eine prospektive Anpassung an noch nicht
aktualisierte und damit vorerst nur potenzielle Funktionen schafft,
oder, vom Lebensraum her gesehen, eine prospektive Anpassung an
noch nicht voll wirksame Umweltanforderungen hervorbringt. Nun
wird leider unter Adaptation ebenso wie unter Präadaptation im
Schrifttum oft nicht nur der Prozess der Anpassung, sondern auch das
Produkt eines derartigen Prozesses verstanden. Dies verdeutlichen Zitate wie „Präadaptation ist die Existenz einer prospektiven Funktion
vor ihrer Realisation" (Simpson 1951) oder „Präadaptationen sind Eigenschaften (im weitesten Sinne) eines Organismus, die für noch nicht
realisierte Situationen oder Funktionen (wieder im weitesten Sinne)
Adaptationswert besitzen" (Osche 1962).

Während es dem Evolutionsbiologen in der Regel kaum Schwierigkeiten bereitet, den Vorgang einer Postadaptation via Selektion zu

erklären, ist das Phänomen der Präadaptation oder „prospektiven Adaptation" (Simpson 1953) ungleich schwieriger zu erklären. Denn wie soll sich eine Struktur oder ein Organ an eine Funktion anpassen, die noch nicht realisiert ist? Oder wie sollte sich ein ganzer Organismus an die Gegebenheiten einer Umwelt anpassen, die er noch gar nicht tatsächlich besiedelt, wie an eine Lebensweise, die er noch gar nicht führt? Die Beantwortung dieser Fragen wird erleichtert, wenn man sich vor Augen hält, dass sehr viele zunächst postadaptativ entstandene Strukturmerkmale oder Organisationsprinzipien ein weitere Funktionsspektrum besitzen oder ihrer Potenz nach besitzen können, als für die Erfüllung der eigenen ganz spezifischen Aufgabe, auf welche hin die Postadaptation erfolgt, gerade gefordert wird. Was für einen speziellen Zweck nützlich ist und zu seiner Erfüllung ausgelesen und verbessert wurde, kann sich im Nachhinein auch für einen ganz anderen Zweck als vorteilhaft erweisen, der zum Zeitpunkt der Entstehung des Merkmals noch gar nicht aktuell war. Die vergleichende Morphologie und Anatomie kennt eine Fülle von Belegen dafür (siehe zum Beispiel Remane 1956), dass eine Struktur Haupt- und Nebenfunktion besitzen kann, dass nachfolgend Funktionserweiterungen, Funktionsverschiebungen, Funktionsübertragungen und vollständige Funktionswechsel vorkommen. Sie alle können auf etwas zurückgreifen, was zunächst im Hinblick auf eine ursprüngliche und zentrale Hauptfunktion postadaptativ entwickelt wurde. Es existieren somit bereits prospektiv Ansatzpunkte und damit gewissermaßen Vorgaben für die dann sekundär neu einsetzende adaptative Selektion (die nun nicht erst am Nullpunkt beginnen musste!) im Rahmen eines erweiterten oder neuen Funktionskreises.

Was für morphologische Strukturen und Organe zutrifft, kann gleichermaßen auch für Verhaltensweisen gelten. Beides ist häufig sogar unmittelbar miteinander verknüpft. So ist zum Beispiel das Präsentieren der oft gerade während des Östrus auffallend gefärbten und angeschwollenen Genito-Analregion vieler Affenweibchen als Struktur-Verhaltenskomplex gewiss zunächst im sexuellen Kontext entstanden und ausgelesen worden. Es hat dann jedoch eine wesentliche Funktionserweiterung erfahren, indem die Pantomimik des Sich-Anbietens zur Kopulation zu einem allgemeineren, nun auch von Männchen gegenüber Männchen vorgeführten Signal der Subordination im generalisierten Kontext der Rang-Hierarchie von Affensozietäten erweitert wurde. Das hat in einigen Fällen dann wohl seinerseits wieder auf die morphologische Struktur der männlichen Analregion zurückgewirkt, indem diese nun bei manchen Affenarten den auffallenden Signalcharakter der weiblichen Strukturen im Sinne einer Mimikry imitiert (Wickler 1967). Eine Postadaptation an einen bereits gegebenen Kontext kann sich auf diese Weise als eine Präadaptation für einen erweiterten oder andersartigen Kontext erweisen, im Verhalten gleichermaßen wie im Bereich der Morphologie.

Ich möchte darauf hinweisen, dass sich das hier Gesagte nicht zwangsläufig auf erblich fixierte Verhaltensweisen beschränken muss, sondern seine Parallelen auch im Bereich erlernten Verhaltens findet: Ein für einen ganz bestimmten Zweck erlerntes Verhaltensmuster oder eine Problemlösungs-Strategie (im Besonderen auch das „learning how to learn" selbst) kann sich auch in einem ganz anderen Kontext als nützlich erweisen, es bedarf nur eines Lern-Transfers in den neuen Zusammenhang. Wesentlich ist, dass bei allen diesen Vorgängen hinsichtlich einer abgewandelten beziehungsweise neuen Funktion oder Wirkungsmöglichkeit von Anbeginn eine bereits aktivierte Potenz bereitliegt, die im neuen Kontext sogleich funktionsfähig ist und dann als vorgegebener Ansatz für weitere adaptive Verbesserungen im neuen Wirkungsfeld dient.

Man kann das Phänomen der Präadaptation in allen Bereichen auf unterschiedlichen Niveaus der Komplexität betrachten. Die Beurteilung kann sich auf sehr spezifische kleinste Struktur- beziehungsweise Verhaltenseinheiten, also auf Einzeleigenschaften beziehen, sie kann auf der höheren Komplexitätsstufe von Organen beziehungsweise von Komplexeigenschaften erfolgen und schließlich kann sie auf ganze Organismen beziehungsweise deren komplettes Verhaltensrepertoire oder sogar auf Organismengruppen Anwendung finden. Je höher das Anwendungsniveau, desto weiter die Ausblicksmöglichkeiten, desto schwieriger aber auch die exakte Analyse der Wirkmechanismen dieses Vorganges.

Auf dem Niveau von Komplexeigenschaften lassen sich rückblickend oft auch solche Einzelkomponenten als präadaptiv erkennen, die für sich allein betrachtet „entweder als selektionsneutrale Charaktere zu verstehen sind oder isoliert einer anderen Funktion dienten und dann bei der ‚Komplex-Bildung' oder ‚Synorganisationen' einen Funktionswechsel erfahren haben (Osche 1962). Der präadaptive Zustand wird hier also eigentlich erst durch eine neuartige Komplexbildung oder Synorganisation erreicht, ein Vorgang, der auf bereits in anderen Funktionszusammenhängen entwickelte Einzeleigenschaften zurückgreifen kann.

Schließlich spricht man auf dem höchsten Komplexitätsniveau auch von einer „constitutional preadaption" (Huxley 1948) ganzer Organismen. In diesem Sinne ist nicht eine Struktur, ein Organ, eine Verhaltensweise oder eine Funktion „an eine neue Lebensweise präadaptiert, sondern der ganze Organismus mit einer Fülle von Eigenschaften, die ihrerseits wieder je Komplexcharakter haben können" (Osche 1962). „Der entscheidende Faktor für die komplexe, konstitutionelle Präadaptation", so schreibt Osche (1962) an anderer Stelle, „ist demnach der alte Lebensraum oder der alte Funktionskreis. Er muss zufällig so beschaffen sein, dass die dort sukzessive erworbenen Postadaptationen gleichzeitig eine komplexe Präadaptation für einen andersartigen Lebensraum oder eine andersartige Funktion ergeben." Genau mit diesem Phänomen haben wir es vielfach zu tun, wenn uns die Evolution des Menschen unter dem Aspekt interessiert, welches die durch die subhumane Primaten-Evolution erreichte präadaptive Plattform der Urhominiden am Beginn der eigenständigen Hominiden-Phylogenie gewesen sein könnte.

Ich möchte im Folgenden den im Hinblick auf die weitere Entwicklung präadaptiven Zustand einer Struktur oder Verhaltensweise, eines Komplexmerkmals, eines Organs, eines Organismus oder eines Verhaltensrepertoires lieber Prädisposition als Präadaptation nennen, wodurch der Terminus Präadaptation auf den adaptiven Prozess selbst beschränkt bliebe. Das hatten aus etwa unterschiedlichen Gründen schon Huxley (1948) und Remane (1961) vorgeschlagen. Von vielen Autoren wird der Begriff Adaptation nämlich sehr eng auf den Vorgang einer nachträglichen Einpassung in die auf den Organismus bereits voll einwirkenden Umweltbegebenheiten beschränkt, was aus Gründen der nur dann exakt analysierbaren Wirkmechanismen eines derartigen Prozesses von Vorteil ist. Dabei bekommt Adaptation immer den Sinn von einem Geschehen a posteriori und der Terminus Präadaptation wäre an sich und von der Wortbildung her bereits problematisch. Der Ausdruck Prädisposition mit seinen in die jeweilige Zukunft weisenden Aspekten würde von solchen Einwänden nicht betroffen. Es muss freilich immer wieder betont werden, dass auch das Faktum einer Prädisposition immer erst im Nachhinein, aus der Kenntnis der seither bereits erfolgten Weiterentwicklung, also ex post factum, als solches klar erkennbar ist. Insgesamt stimme ich Remane (1961) zu, wenn er schreibt: „Ich halte es für besser, an Stelle von Präadaptation, die ja einen Vorgang bezeichnet, von Prädisposition zu sprechen. Dadurch wird zum Ausdruck gebracht, dass schon die gegebene Struktur [...] bei phylogenetischen Wandlungen bestimmte Umänderungen begünstigt, andere erschwert oder unmöglich macht." Prädispositionen kanalisieren also künftige

23 Entwicklungen in bestimmte, vorgegebene Richtungen, sie setzen die Grenzen und Bandbreiten der Möglichkeiten. Viele der im Folgenden beschriebenen Evolutionstrends der Primaten belegen dieses Faktum, sie stellen kanalisierende Prädispositionen für die Hominisation dar. Solche Evolutionstrends verlängern sich gewissermaßen in die Hominiden-Evolution, wobei es zu Funktionserweiterungen, Funktionsverschiebungen oder auch Funktionswechseln kommen kann. Derartige Prädispositionen lassen sich im Hinblick auf die uns ja ex post factum bekannte, darauf aufbauende Entwicklung gut als basale und vorkanalisierende Vorgaben der Hominisation aus der subhumanen Primaten-Evolution erkennen.

Um solche Prädispositionen geht es uns, wenn wir im Folgenden einige primatentypische Evolutionstrends aufzeigen wollen, welche Vorbedingungen geschaffen haben, ohne die der Mensch einschließlich seiner umfassenden Kulturfähigkeit biologisch schlechterdings unerklärbar bliebe. Wir sehen darin zugleich wiederum einen eindrucksvollen Beweis dafür, dass der Mensch unter allen bekannten Organismen stammesgeschichtlich nur im Substrat wurzeln kann; nur auf dieser evolutiven Basis konnte die Hominisation stattfinden. Alle hier gegebenen Beispiele zeigen tief greifende Interkorrelationen, woraus sich insgesamt das Bild einer hochgradigen konstitutionellen Prädisposition des gesamten Organismus für das komplexe Phänomen der Hominisation ergibt.

Evolutionstrends der Primaten: Vorgaben der Hominisation

Wir beschränken uns bei dieser Übersicht im physischen Bereich auf solche Besonderheiten, für die ein direkter Bezug zum Verhalten (im weitesten Sinne) und zur Verhaltensentwicklung klar ersichtlich ist.

Bewegungsapparat

Unser erster Blick gilt dem Körperbau und hier besonders dem Bewegungsapparat. Insgesamt zeigt er wirkungsvolle Anpassungen an die primär arboricole Lebensweise der Primaten bei effektiver Beweglichkeit im Geäst. Das gilt speziell auch für die Primaten, die sekundär zum Bodenleben übergegangen sind.

Die Extremitäten der Primaten besitzen einen außerordentlich weiten Bewegungsspielraum in allen Raumdimensionen. Schulter- und Beckengürtel erlauben durch ihren skelettären und muskulären Bau auch erheblich seitliche Exkursionsmöglichkeiten der Gliedmaßen. Nicht unwesentlich ist dabei zum Beispiel die Erhaltung der gestreckten Clavicula im Bereich des Schultergürtels, ein Knochenelement, das viele Säugetiere im Zusammenhang mit einer einengenden Spezialisierung zu quadrupeden terrestischen Läufern mit dicht nebeneinander unter dem Körper geführten Vorderläufen verloren haben. Die freie Beweglichkeit der Primatenextremitäten erweist sich weiterhin in der starken Pronations- und Supinationsfähigkeit der distalen Extremitätenabschnitte, in der allseitigen Exkursionsfähigkeit von Händen und Füßen und schließlich in der zunehmenden gegenseitigen Unabhängigkeit des Bewegungsspiels der einzelnen Finger und Zehen.

Insgesamt erhält und verstärkt sich damit in der Primaten-Evolution die Vielseitigkeit in der Verwendbarkeit der Extremitäten. Auch wenn es in einzelnen Stammlinien der Primaten sekundär zu bestimmten adaptiven Spezialisierungen in Bau und Funktion der Gliedmaßen oder einzelner Gliedmaßenabschnitte gekommen ist, wofür sich mehr Beispiele im Bereich der hinteren als der vorderen Extremitäten anführen lassen (auch die an die bipede Stand-, Schreit- und Laufweise angepassten Hinterextremitäten der Hominiden wären hier zu nennen), so muss man die Primatenextremitäten doch generell als besonders flexibel, vielseitig anpassungsfähig und variabel einsetzbar bezeichnen. Manche Autoren sehen darin ein Zeichen der Unspezialisiertheit, doch ist zu betonen, dass die freie Beweglichkeit und vielseitige Verwendbarkeit eine außerordentlich effektive Anpassung an die variablen Lokomotionsbedingungen im arborealen Lebensraum darstellen, eine Adaption, die lokomotorische Vielseitigkeit und generelle Agilität auch in anderen Lebensräumen und Lebensbereichen fördert. Welche andere Säugetiergruppe besitzt ein derart breites individuelles und gruppentypisches Lokomotionsspektrum, kann sich mit gleicher Sicherheit und Effizienz quadruped laufend, springend und kletternd im Geäst der Bäume als auch auf dem Boden fortbewegen, an den Armen hangeln und schwingen, biped aufgerichtet auf den Hinterextremitäten stehen oder laufen und im Wasser schwimmen?

Wir würden die prädisponierende Bedeutung des Baues der Primatenextremitäten für die Hominisation jedoch nicht voll abschätzen können, wenn wir sie nur im lokomotorischen Kontext betrachten. Die Vielseitigkeit der Bewegungsmöglichkeiten der Gliedmaßen war es, die neue Verwendungsmöglichkeiten in anderen Funktionskreisen eröffnete, die in der Evolution der Primaten und schließlich des Menschen außerordentliche Bedeutung erlangten.

25   Hierbei spielten einige weitere Besonderheiten der Primaten-Hände und -Füße eine wichtige Rolle, die sicher primär auch Anpassungswert im Funktionskreis der Lokomotion im arborealen Lebensraum besaßen. Hände und Füße der Primaten haben sich die ursprüngliche Fünfstrahligkeit der Wirbeltier-Cheridien weitgehend erhalten, nur in einigen Spezialfällen kommt es zu Reduktionserscheinungen an Fingern und Zehen. Finger und Zehen werden spreizbar und relativ frei beziehungsweise weitgehend unabhängig voneinander beweglich. Spreizhand und Spreizfuß entwickeln sich zu immer effektiveren und flexibleren Greiforganen mit variabler, vielfältig anpassbarer Griff-Form, wozu die bereits erwähnte freie Beweglichkeit und Drehbarkeit der Hände und Füße erheblich beiträgt.

Vor allem der Daumen und die Großzehe gewinnen zunehmend Selbständigkeit, indem sie zunächst stärker abspreizbar, dann zusätzlich rotierbar und schließlich den übrigen Fingern beziehungsweise Zehen opponierbar (entgegenstellbar) werden. Das fördert die exakte Greiffähigkeit nicht nur bei der Lokomotion, sondern auch bei der nunmehr möglichen Manipulation von Objekten. In der Hominidenevolution haben die Zehen ihre freie Beweglichkeit und die Großzehe ihre Opponierbarkeit sekundär mit der funktionsgerechten Umkonstruktion des Fußes für den bipeden Stand und Gang zwar wieder eingebüßt, an den Händen jedoch wurde das subhumane Primaten-Erbe zur feinsten und differenziertesten Vollendung weiterentwickelt: Der voll rotierbare und den übrigen Fingern echt opponierbare Daumen wird länger, sein Endglied breiter, der Zeigefinger erlangt eine gegenüber den übrigen Fingern weitgehend selbständige Beweglichkeit, sodass der für *Homo* typische Präzisionsgriff möglich wird (siehe Napier 1962).

An Fingern und Zehen werden im Laufe der Primaten-Evolution die ursprünglichen Krallen durch Plattnägel ersetzt, die erheblich zur Griff-Festigkeit und Stabilisierung der verbreiterten Finger- und Zehen-Endglieder beitragen.

Doch dieser ganze Komplex von Konstruktionsbesonderheiten bliebe für die vielseitigen lokomotorischen und manipulatorischen Aufgaben von Primaten-Händen und -Füßen unvollkommen, wenn nicht noch eine besondere Sensibilisierung dieser Organe hinzugekommen wäre. Auf den Hand- und Fußflächen geht in der Primaten-Evolution fortschreitend die ursprüngliche Ballenpolsterung zurück, stattdessen entwickeln sich einheitliche Handteller (*Palmae*) und Fußsohlen (*Plantae*), die mit einem hochgradig tastempfindlichen Papillarleistensystem überzogen sind, das besonders differenziert auf den Finger- und Zehenbeeren ausgebildet ist (Einzelheiten bei Biegert 1961). So werden die Hände und Füße und insbesondere die Finger und Zehen der Primaten nicht nur zu effektiven Lokomotionsorganen im Geäst, sondern zugleich auch zu besonders sensiblen Erkundungs- und Manipulationsorganen differenziert. Trotz der primären Gleichwertigkeit und ähnlicher Vielseitigkeit von Händen und Füßen im Funktionskreis der Lokomotion lässt sich in der Primaten-Evolution im Zusammenhang mit zunehmenden Funktionserweiterungen durchgehend die Tendenz zu einer funktionellen arbeitsteiligen Differenzierung zwischen Händen und Füßen aufzeigen. Generell bleiben dabei die hinteren Extremitäten (wenn auch nicht ausnahmslos und ausschließlich) stärker im Funktionskreis der Lokomotion verhaftet als die Vorderextremitäten, die diese Aufgaben zwar nach wie vor bei den quadrupeden nicht-menschlichen Primaten voll erfüllen, darüber hinaus aber sukzessive zusätzliche Funktionen übernehmen. Unterstützt wird diese Tendenz durch den Erwerb der für die höheren Primaten so typischen (wenn auch nicht exklusiven) aufrechten Sitz- beziehungsweise Kauer-Haltung, welche die Vorderextremitäten von Stützfunktion befreit und die Hände für andere Aufgaben freistellt. So erweitert sich das Funktionsspektrum der Hände bei Primaten erheblich, sie übernehmen Aufgaben im Dienste der Ernährung (Abpflücken, Aufheben, Festhalten und Zerkleinern von Nahrungsmitteln), der ausgiebigen taktilen Erkundung und Manipulation von Gegenständen, des Tragens oder Haltens, der selbstbezogenen und vor allem auch der sozialen Haut- und Fellpflege („grooming"), des Sozialkontaktes allgemein und schließlich der sozialen Kommunikation: Die Hand wird Ausdrucksorgan bereits auf subhumaner Stufe der Primaten-Evolution.

Die funktionelle Differenzierung erreicht bei den Hominiden in konsequenter Fortführung dieses Trends ihren Höhepunkt, indem die Hinterextremitäten ausschließlich im Hinblick auf die statischen Erfordernisse der nun bipeden Lokomotion umgebaut werden, wohingegen die Hände, von lokomotorischen Aufgaben vollständig freigestellt, sich ganz auf die zunächst nur in Nebenfunktionen entstandenen Anforderungen im manipulativen, exploratorischen, sozialen und kommunikativen Bereich spezialisieren können.

Man wird kaum umhin können, in den dargestellten primatentypischen Evolutionstrends des Bewegungsapparates eine komplexe Prädisposition von außerordentlicher Tragweite für die Hominisation zu erblicken – bilden sie doch entscheidende Ansätze für so charakteristische Besonderheiten des Menschen, wie die Aufrichtung zur Bipedie.

27 Sicherlich falsch ist der oft vermutete phylogenetisch-kausale Zusammenhang zwischen Werkzeugbenutzung beziehungsweise Werkzeugherstellung und Entstehung der Bipedie der Hominiden. Da Werkzeuggebrauch und Werkzeugherstellung beim Menschen gerade nicht vorzugsweise im Stehen oder Laufen vollzogen werden, sondern genau wie bei den nicht-menschlichen Primaten im Sitzen (auch Letztere haben dabei die Hände vollständig frei), ergibt sich kein zwingendes Argument für einen derartigen originären Zusammenhang (Vogel 1973). Die besprochenen Evolutionstrends eröffnen uns auch ein Verständnis für den hohen Präzisionsgrad der Manipulationsfähigkeit der Hände mit allen seinen Implikationen für die Herstellung und den Gebrauch von Werkzeugen und komplizierten Geräten und schließlich auch für die Entwicklung der Hand zu einem besonders sensiblen Ausdrucksorgan. Dies wird umso klarer, je mehr weitere primatentypische Evolutionstrends man in die Betrachtung dieser Zusammenhänge einbezieht.

Sinnesorgane

Unter den Sinnen übernimmt bei den Primaten der *optische Sinn* eine führende Rolle. Primaten sind Augentiere. Der optische Sinn gestattet die beste räumliche Orientierung in einem kompliziert strukturierten Lebensraum, weshalb man in der Verbesserung des optischen Apparates und seiner cerebralen Korrelate primär eine Adaptation der Primaten an den arborealen Lebensraum vermuten darf. Schnelle Beweglichkeit in diesem Biotop erfordert eine möglichst exakte Raumorientierung. Verbessert werden vor allem die Sehschärfe und die Fähigkeit zum stereoskopischen Sehen. Anatomisch lässt sich diese Entwicklung des optischen Apparates am besten an der Augengröße, an der Augenstellung und am Feinbau der Netzhaut (*Retina*) ablesen. Die Augen werden in der Primaten-Evolution generell größer, maximale Größe bekommen sie bei einigen nacht- beziehungsweise dämmerungsaktiven Formen (zum Beispiel *Tarsius*, *Aotes*). Die Augen werden zudem aus ihrer ursprünglich seitlichen Lage am Kopf in eine Frontalstellung und Vorwärtsrichtung gebracht, was eine Parallelisierung der Blickachsen beider Augen zur Folge hat, und eine wesentliche Voraussetzung für das stereoskopische, der dreidimensionalen Raumorientierung dienende Sehen darstellt.

In diesem Zusammenhang ist auch eine Veränderung im Bereich der reizleitenden Bahnen wesentlich. Die Primaten haben (bis auf sehr wenige Ausnahmen unter den Halbaffen) im Unterschied zu niederen

Wirbeltieren und einigen primitiven Säugern nur eine unvollständige
Überkreuzung der Sehbahnen (*Nervi optici*) im sogenannten Chiasma
an der Basis des Zwischenhirns. Der Trend geht im Verlauf der Primaten-Evolution zu einem ausgewogenen Verhältnis von überkreuzenden
und nicht-überkreuzenden Faserzügen. Während man bei Tarsius nur
wenige nicht-überkreuzende Faserzüge findet, besitzt der Mensch ein
Verhältnis von 1:1 überkreuzender zu nicht-überkreuzenden Bahnen.
Die halbseitige Überkreuzung der Sehbahnen bewirkt, dass beide Ge-
hirnhälften von den gleichen optisch fixierten Bildpunkten der Außen-
welt Information über beide Augen aus leicht versetzten Blickwinkeln
erhalten, woraus das Gehirn den Eindruck der dreidimensionalen
Raumsituation rekonstruiert.

Die Retina tagaktiver Primaten enthält zwei Typen von Sinneszellen: Die Stäbchen, die eine besondere Sensibilität für Hell-Dunkel-Dif-
ferenzen und sich bewegende Objekte im Sehfeld besitzen, dafür aber
nur unscharf diskriminieren, und die Zapfen, die auf Bildschärfe und
Farbtüchtigkeit spezialisiert sind. Letztere fehlen (wohl sekundär) bei
nachtaktiven Halbaffen und beim Nachtaffen (*Aotes*). In der Primaten-
Evolution lässt sich der Trend erkennen, die Zapfen im Zentrum der
Retina zu konzentrieren, sodass schließlich das Zentrum nur Zapfen,
die Peripherie nur Stäbchen enthält. Im Zentrum der Retina entwickelt
sich so der so genannte gelbe Fleck (*Macula lutea*), der auf der Evolu-
tionsstufe der Simiae eine deutliche zentrale Grube (*Fovea centralis*) als
die Stelle schärfsten Sehens ausbildet (bei *Callithrix* noch unvollstän-
dig). Im Bereich der *Fovea centralis* sind die Sinneszellen nicht durch
Schichten ableitender Neuronen überlagert, wie sonst in der Retina, sie
sind vielmehr direkt dem einfallenden Licht ausgesetzt, was ihrer Funktionstüchtigkeit zugute kommt.

Die in der Primaten-Evolution erfolgte Verbesserung des optischen Apparates, die mit einer Vergrößerung des Sehrindenareales am
Occipitalpol der Großhirnhemisphäre korreliert, dürfte primär als
Adaption an den arborealen Lebensraum im Zusammenhang mit der
für agile Lokomotion in diesem reich strukturierten Biotop erforderlichen exakten dreidimensionalen Raumorientierung eingeleitet worden
sein. Sie gewann aber zugleich weit über den lokomotorischen Funk-
tionsbereich hinausgreifende Bedeutung, insbesondere zur feinen Ob-
jekterkundung sowie im sozialen Feld, in welchem die Kommunikation
ihren Schwerpunkt mehr und mehr auf immer differenziertere optische
Signale (zum Beispiel Mimik) verlegt. Die Vorzugsstellung des optischen Sinnes prägt das Verhalten der Primaten in allen Bereichen.

29   Menschliche Kultur und Zivilisation wären ohne diese Primaten-Spezialisierung kaum vorstellbar, zumindest müssten sie ganz anders strukturiert sein. Insofern muss man diesem Evolutionstrend der Primaten einen außerordentlich hohen prädisponierenden Wert im Hinblick auf die Hominisation zusprechen.

Im Gegensatz zum optischen verliert der *olfaktorische Sinn* (Geruchssinn) im Verlauf der Primaten-Evolution an Bedeutung. Die arboreale Welt, der ursprüngliche Lebensraum der Primaten, scheint nicht in dem Maße eine Geruchswelt zu sein wie Bodenbiotope. Immerhin setzen aber noch Halbaffen und einige niedere Simiae Duftmarken aus speziellen Tarsal-, Carpal- oder Sternaldrüsen und in Form von Urintröpfchen. Zwar prüfen auch Menschenaffen ungewohnte Objekte oder den Oestrus-Zustand der Genitalien ihrer Weibchen sehr sorgfältig mit der Nase, und auch beim Menschen spielen olfaktorische Sensationen mit Sicherheit eine, wenn auch oft verkannte, weil zumeist unbewusste Rolle. Dennoch darf man mit Recht behaupten, dass der Geruchssinn in der Primaten-Evolution seine zentrale Rolle verloren hat und in mancher Hinsicht rudimentär geworden ist. Das lässt sich auch vergleichend-anatomisch aufzeigen: vom Verlust des Rhinariums (feuchter Nasenspiegel) über die Flächenreduktion der Riechschleimhaut bis hin zur auffälligen Reduktion des *Bulbus olfactorius* am Frontalpol des Großhirns. Der optische, der akustische und der taktile Sinn gewinnen jedenfalls in der Primaten-Evolution eindeutig den Vorrang gegenüber dem Geruchssinn. Letzterer hat offenbar von den genannten Sinnen am wenigsten zur primatentypischen Steigerung der cerebralen Leistungshöhe beigetragen und ist deshalb bei dem starken Selektionsdruck, der auf der Leistungssteigerung der anderen Sinnesorgane stand, ins Hintertreffen geraten. Auch das ist eine für die Hominisation beachtenswerte Prädisposition.

Wichtig sind im Hinblick auf die Hominisation auch Veränderungen, Verlagerungen und spezielle Differenzierungen der auf *taktile* Reize reagierenden Strukturen. In der aufsteigenden Primatenreihe zeigt sich eine fortschreitende Reduktion der auf *passive* Berührungsreize reagierenden Vibrissen oder Sinneshaare, die durch besondere Länge, Stärke und einen Blutsinus sowie spezielle Nervenendigungen im Bereich des Wurzelbulbus ausgezeichnet sind. Die Reduktion erfasst zuerst die Vibrissen im Tarsal- und Carpalbereich der Extremitäten (die Tupaiiden besitzen sie noch, bei Lorisiformes fehlen sie bereits im Tarsalbereich, bei den Simiae – ausschließlich der Callithricidae – sind auch die Carpal-Vibrissen reduziert), dann auch die Vibrissen des Gesichtes (ursprünglich verteilt auf Lippen-, Wangen-, Kinn- und Augenbrauen-region). Dafür entwickelten sich taktil besonders empfindliche Papillar-leistensysteme mit starker Anreicherung von Tastkörperchen und freien Nervenendigungen in der Haut an solchen Stellen, die frei beweglich und aktiv mit einem Substrat oder mit Objekten in Berührung gebracht werden können, also der *aktiven* Erkundung dienen. Derartige taktil besonders empfindliche Hautleistensysteme entstehen vor allem auf den Handflächen und Fußsohlen, auf den Finger- und Zehenbeeren, bei einigen Neuweltaffen auch an der ventralen Seite des Greif- bezie-hungsweise Rollschwanzes und bei Schimpanse und Gorilla auf der Dorsalseite der mittleren Fingerglieder, die beim typischen Knöchel-gang dieser Pongiden auf den Boden aufgesetzt werden. Es hat den An-schein, dass auch die Entwicklung dieser empfindlichen Tastflächen zu-nächst als Anpassung an die Lokomotion im arborealen Lebensraum eingeleitet wurde (sensibilisierter Zugriff), dann aber sehr schnell im Sinne einer Präadaptation eine Funktionserweiterung in den Bereich des taktilen Erkundungs- und Kontaktaufnahme-Verhaltens sowie der Manipulations-Fähigkeit erfuhr, wobei die ursprünglich wie nebenbei mitentstandenen Nebenfunktionen mehr und mehr an eigenständiger Bedeutung gewannen. Die Primaten sind jedenfalls aufgrund dieses Evolutionstrends zu den manipulatorisch aktivsten und begabtesten Tieren geworden, und darin liegt eine der wichtigen Prädispositionen für die Hominisation: Der Mensch ist ohne seine außerordentlich sen-siblen Hände und entsprechend ohne seine manipulative Leistungshöhe entwicklungsgeschichtlich einfach nicht denkbar. Die subhumane Pri-maten-Evolution hat dieses Charakteristikum vorbereitet, eingeleitet und ganz entscheidend vorkanalisiert.

Der *akustische Sinn* ist bei Primaten allgemein gut entwickelt, das gilt insbesondere für den Bereich mittlerer und relativ niedriger Tonfre-quenzen. Für höhere Primaten ist der akustische Sinn vor allem auch im sozialen Kontext der auditiven Kommunikation wichtig, also für den Bereich, in dem er beim Menschen als Empfangssinn der verbalen Spra-che seine Hauptfunktion besitzt.

Gehirn

Von ganz besonderer Bedeutung im Hinblick auf die Hominisation ist, neben der allgemeinen Vergrößerung und Gyrisation der Großhirn-hemisphäre, im Bereich des Neocortex der Großhirnrinde die in der Primaten-Evolution erfolgte Ausweitung der sogenannten Integrations-

31 oder Assoziations-Felder, die sich im Parietal-, Temporal- und Frontal-
lappen zunehmend ausdehnen (Starck 1965). Sie liegen eingeschoben
zwischen den sogenannten Sinnes- oder Projektionszentren, den optischen, akustischen und taktilen Rindenarealen, empfangen aber selbst
kaum direkte Bahnen von Sinnesorganen. Statt dessen sind sie durch ein
vielfältig verwobenes Netz von Querverbindungen mit den Sinneszen-
tren, den motorischen und sensorischen Rindengebieten ausgezeichnet.
Sie dienen offensichtlich höheren cerebralen Funktionen, sie stellen die
strukturelle Grundlage der Integration, der Speicherung und koordinie-
renden Verarbeitung von Sinneseindrücken, der langfristigen En-
grammspeicherung und damit der Bildung eines reichhaltigen Assozia-
tionsreservoires mit seinen wechselseitigen Verknüpfungen, sie leisten
die auf Lernprozessen beruhende „bewusste" Kontrolle und Steuerung
des Verhaltens. Der Trend zur Vergrößerung gerade dieser Areale lässt
sich durch die ganze Primatenreihe bis hin zum Menschen verfolgen, er
bildet und verbessert die strukturelle Basis für die hohen kognitiven
Hirnleistungen der evoluierten Primaten. In den sensorischen und motorischen Rindenfeldern zu beiden Seiten des *Sulcus centralis* lässt sich
zudem eine flächenmäßig ausgedehnte Repräsentation der Hände (bei
nicht-menschlichen Primaten gleichermaßen auch der Füße), des Gesichts und insbesondere auch des gesamten der vokalen Lautbildung
dienenden Apparates nachweisen.

Diese und andere phylogenetische Trends der Gehirnentwicklung
bei Primaten stellen entscheidende Prädispositionen für den gesamten
Prozess der Hominisation dar, ohne sie wäre die Entstehung des Menschen undenkbar.

Fortpflanzungsbiologie, Jugendentwicklung und Sozialisation

Besonders für die Ausreifung dieses hoch komplizierten Zentralnervensystems bedarf es einer verlängerten uterinen Entwicklungsphase und
einer besonders intensiven plazentalen Stoffwechselversorgung im
schützenden Mutterleib. Die intensivste Form des Stoffaustausches
zwischen Mutter und Fetus wird durch die hämochoriale Plazenta erreicht, wobei die mütterlichen Blutgefäße der Plazenta eröffnet sind, so
dass die fetalen Chorionzotten direkt vom mütterlichen Blut umspült
werden. Entsprechend setzt die Geburt eine blutende Wunde in der
mütterlichen Uteruswand (deciduate Plazenta). Während die Halbaffen
(mit Ausnahme von Tarsius und Galagoides) eine epitheliochoriale Plazenta (es verbleiben insgesamt sechs Gewebeschichten, vom mütterli-

chen und vom fetalen Plazentaanteil zwischen dem mütterlichen und dem fetalen Blut) besitzen, haben alle Simiae (einschließlich des Menschen) eine hämochoriale Plazenta. Die intensivierte plazentale Versorgung des Fetus im Mutterleib ermöglicht auch die zunehmende Verlängerung der Schwangerschaftsdauer in der aufsteigenden Primatenreihe. Entsprechend dieser Verlängerung der Trächtigkeitsdauer reduziert sich die Normalzahl der Jungen auf ein Jungtier pro Wurf.

Auch nach der Geburt sind Affen noch weitgehend unselbständig, sie bedürfen intensiver Fürsorge durch die Mutter. Im Verlauf der Primaten-Evolution verlängert sich insbesondere die Dauer dieser Abhängigkeitsphase der Infantes, und das keineswegs nur im Hinblick auf die Ernährung durch die Mutter. Primaten sind Traglinge (wohl primär eine Anpassung an das agile Leben im arborealen Biotop), das heißt, die Infantes sind darauf angewiesen, von ihrer Mutter (oder bei einigen primitiveren Neuweltaffen auch vom Vater) am Körper getragen zu werden. Das geschieht in der Regel durch aktives Anklammern des Kindes im Fell der Mutter, doch ist schon bei den höchstentwickelten Menschenaffen (vor allem beim Gorilla) eine aktive Unterstützung vonseiten der Mutter notwendig. Mit dem Verlust des Körperfelles und der Umkonstruktion der Füße vom Greif- zum Standfuß in der Hominiden-Evolution wurde das aktive Tragen vonseiten der Mutter eine Conditio sine qua non des Überlebens. Allein schon darin liegt eine wesentliche Prädisposition im Sinne einer Vorkanalisierung hinsichtlich der primären Arbeitsteilung zwischen den Geschlechtern beim Übergang der Hominiden zur Jagd auf Großwild, die einen entscheidenden Unterschied zu auf Großwild jagenden Caniden und Feliden setzt: Primatenkinder als Traglinge können nicht einfach an einem geschützten Ort abgelegt werden und sich selbst überlassen bleiben; eine ihr Kind aktiv tragende Mutter aber ist zur Jagd vollkommen ungeeignet. So dürfte sehr früh in der Hominiden-Evolution bereits eine unterschiedlich gerichtete Selektion bezüglich bestimmter mit der Jagd und der Jungenfürsorge gekoppelter Veranlagungen und Verhaltensweisen bei den Geschlechtern eingesetzt haben, die durch das alte Primatenerbe gewissermaßen schon vorgegeben war. Wie sehr Primaten-Kinder auf den beständigen intensiven Körper-Kontakt zu ihrer Mutter auch und gerade in Bezug auf eine normale psychische Entwicklung und Reifung angewiesen sind, ist durch grundlegende Isolations- und Attrappenexperimente (Harlow und Harlow 1962, 1965, 1966) immer wieder bestätigt worden.

Die verzögerte physische und psychische Reifung von Affenkindern bei gleichzeitig außerordentlich vielseitiger Lernbegabung führt zu

33   einem zunehmend intensivierten Einbau von erlernten Verhaltenskomponenten in das ausreifende Verhaltensrepertoire, wobei das bei Primaten besonders ausgeprägte Neugierverhalten erheblich zur Erweiterung der Erfahrungsmöglichkeiten beiträgt. Eine derart lernoffene und dabei zugleich in zahlreichen Verhaltenssektoren noch ungefestigte beziehungsweise sogar unsichere Reifungsphase von erheblicher Dauer bedarf es kontinuierlichen und intensiven Schutzes durch ein soziales Umfeld erfahrender Erwachsener. Komplementär ist die gesamte Jugendentwicklung höherer Primaten auf ein derartiges soziales Umfeld ausgerichtet und zugeschnitten, anhaltender Entzug der damit verbundenen vielfältigen sozialen Erfahrungsmöglichkeiten führt zu irreparablen Entwicklungsstörungen des gesamten Verhaltensrepertoires, im Extremfall zur vollständigen Unfähigkeit, sozial adäquat zu reagieren und zu agieren, wobei diese Entwicklungsstörungen weit über das soziale Feld hinausreichend ihre negativen Auswirkungen auch im Bereich der individuellen allgemeinen Lernfähigkeit zeigen. Vielseitiges soziales Lernen wird in der Primaten-Evolution zu einer sich immer komplexer gestaltenden Grundbedingung des Lebens.

Diese evolutive Entwicklung fördert parallel und gleichermaßen individuelle Innovationsfähigkeit und soziale Abhängigkeit. So werden die höheren Primaten zu den flexibelsten Individualitäten bei gleichzeitig extremster Sozialabhängigkeit unter den Säugetieren. In dieser Konstellation liegen unter anderem auch die günstigsten Voraussetzungen zur Ausbildung von sozialen Traditionen und damit zu Generationen überdauernden und zugleich flexiblen gruppenspezifischen Verhaltensvarianten, was nicht zu unterschätzende selektive Vorteile mit sich bringt, weil dadurch eine der sich über viele Generationen hinziehenden genetischen Adaption in Tempo und Vielfalt weit überlegene Form der kollektiven Anpassungsfähigkeit an unterschiedliche Lebensbedingungen gegeben ist. Die Traditionsbildung wird gefördert durch die sich in der Primaten-Evolution verlängernde individuelle Lebensdauer und die dadurch gegebene Möglichkeit einer engen Verflechtung verschiedener Generationen innerhalb der Sozietäten. Vielfältige Erfahrungen werden so in die Sozietät eingebracht und als „soziales Erfahrungsgut" tradiert. In der primatologischen Literatur finden sich zahlreiche Belege für Traditionsbildung bei nicht-menschlichen Primaten (Kawamura 1959; Kawai 1963, 1965; Stephenson 1967; Frisch 1968), auch aus freier Wildbahn, also unabhängig von menschlichen Einflüssen (Goodall 1965; Goodall 1968, 1971; Struhsaker und Hunkeler 1971; Burton und Bick 1972).

In diesem gesamten Komplex evolutiver Trends der Primatenphy-
logenie liegen ohne Zweifel basale und entscheidende Prädispositionen
für die Hominisation, insbesondere für das Phänomen menschlicher
Kulturfähigkeit. Ohne diese Vorgaben aus dem subhumanen Feld der
Primaten-Evolution wäre die Hominisation undenkbar.

Im Verlauf der Primaten-Phylogenie wird die Beschränkung der
weiblichen Konzeptionsfähigkeit und sexuellen Rezeptivität auf eine
oder zwei jahreszeitlich festgelegte Brunstzeiten aufgegeben, stattdessen haben die Weibchen aller Simiae ganzjährig aufeinander folgende
Zyklen der Eireifung und Eiausstoßung (Ovulation), zwischen denen
bei ausbleibender Befruchtung Menstruationsblutungen stattfinden.
Das spielt eine nicht unwesentliche Rolle für die Sozialisationsweise
höherer Primaten, auch wenn die sexuelle Aktivität der Weibchen bei
nicht-menschlichen Primaten jeweils auf wenige Tage innerhalb eines
jeden Sexualzyklus beschränkt bleibt. Die sogenannte Dauerrezeptivität
menschlicher Frauen, die erhebliche Konsequenzen für die Strukturie-
rung menschlicher Sozietäten nach sich zieht, baut auf dieser Entwicklung auf.

Sozialleben und kognitive Leistungsfähigkeit

Soziales Lernen vollzieht sich bei höheren Primaten in sehr komplex
strukturierten Sozietäten. Zunehmende Komplikation der Sozialisation
erfordert höhere kognitive Leistungsfähigkeit und erweiterte Lernkapa-
zität. Hier scheint ein wesentlicher evolutiver Zusammenhang in Form
einer Wechselbeziehung zu bestehen.

Um die Komplexität einer Primatensozietät zu verstehen, muss
man sich zunächst vor Augen halten, dass alle wichtigen Funktionen
sozialen Lebens ganzjährig weitgehend kontinuierlich nebeneinander
und miteinander verflochten ablaufen. Es gibt hier nicht – wie bei vielen
anderen sozialen Säugetieren – eine jahreszeitliche Aufteilung der
Hauptaktivitäten wie Brunst, Jungenaufzucht, Wanderaktivität, Rang-
kämpfe und so weiter, sondern alles vollzieht sich jederzeit in unmittelbarem zeitlichen und räumlichen Nebeneinander im alltäglichen Leben
der Sozietät. Die damit verbundenen unterschiedlichen Aspekte sozialer Verhaltensweisen und Beziehungen muss jedes Mitglied der Gruppe
fortwährend beachten und in sein Handeln einbeziehen. Zudem beruhen alle natürlichen Primatensozietäten auf einem eng verwobenen
Netz persönlicher Beziehungen und Bindungen. Jedes Gruppenmitglied kennt seine Relation und Position zu jedem anderen Mitglied der

35 Gruppe. Dieses Gesamtsystem enthält als integrierte Bestandteile zahlreiche verschieden konstituierte Untergliederungen, wie matrifokale
Mutter-Kinder- und Geschwister-Clans, vorübergehende oder dauer-
haftere heterosexuelle Liaisonen, individuelle gleichgeschlechtliche
Freundschaften, Koalitionen, Altersgenossen-Spielgruppen und so weiter. Es gibt unterschiedliche soziale Rollen, Statushierarchien und
manchmal nebeneinander bestehende unterschiedliche Rangordnungs-
strukturen nach Geschlecht und Alter, in deren Ausprägung alle die
oben genannten Aspekte sozialen Lebens und alle Bindungssysteme
einfließen.

Insbesondere durch das Studium der ausgeprägten „Aufmerksamkeitsstruktur" („attention structure", Chance 1967) von Primaten-
Sozietäten wurde klar, dass die gesamte Komplexität des sozialen Beziehungsgefüges einer natürlichen Gruppe von jedem Mitglied in sein eigenes momentanes Handeln, ja bereits in seine Handlungsplanung antizipierend einbezogen werden muss. Jedes Individuum ist im Gruppen-
verband darauf angewiesen, sorgfältig vorauszuschätzen, wie sein momentanes Verhalten gegenüber einem bestimmten anderen Individuum
von gerade anwesenden anderen Gruppenmitgliedern aufgenommen
beziehungsweise quittiert werden könnte, ja es nutzt die jeweils gegebenen sozialen Konfigurationen antizipierend für sein Handeln aus;
Fehler in dieser Kalkulation haben unmittelbare Sanktionen zur Folge.
Ein noch relativ einfaches Beispiel für solches Verhalten hat Kummer
(1957, 1967) an Mantelpavianen beschrieben: Ein rangniederes Gruppenmitglied wird von einem ranghöheren angedroht, Ersteres schaut sich
um, erfasst die soziale Konstellation, flüchtet dann ängstlich schreiend
(also Aufmerksamkeit erregend) in Richtung auf das ranghöchste Individuum und bringt sich in eine räumliche Position, in der es dem Dominanten ein submissives Signal (Präsentieren der Ano-Genitalregion)
geben und dabei zugleich seinen Aggressor androhen kann. Droht
Letzterer jetzt zurück, so muss er nahezu unweigerlich einen Angriff
des Dominanten auf sich ziehen. Kummer hat diesen Vorgang als geschützte Drohung („protected threat") bezeichnet. Hier hat ein rangniederes Tier allein durch geschickte Ausnutzung der gegebenen sozialen Konstellation einen Erfolg über ein ranghöheres Gruppenmitglied
errungen.

Dieses Beispiel zeigt, wie viele andere, teilweise noch kompliziertere Konfigurationsausnutzungen im sozialen Feld, dass höhere Primaten ihr soziales Handeln nicht mehr auf momentane Zweier-Interaktio-
nen gründen und beziehen, sondern zu jeder Zeit das Modell des ge-

samten sozialen Beziehungsgefüges ihrer Sozietät geistig parat haben
und intensiv in ihr Handeln einkalkulieren: Eine sehr beachtliche kognitive Leistung, die sowohl das sogenannte *cognitive mapping* (in räumlicher Hinsicht) als auch das *cognitive planning* (im zeitlichen Rahmen) umfasst und damit die entscheidenden Grundkomponenten zur Bildung von strategischen Konzeptionen enthält. Ich sehe mit Chance und Jolly (1970), Holloway (1975), Kummer (1971) und anderen Autoren in dieser Fähigkeit höherer Primaten eine der wichtigsten Prädispositionen für die Hominisation. Kummer schreibt: „Laut Chance hat wahrscheinlich die Werkzeugbenutzung im sozialen Kontext die Vorfahren des Menschen prädisponiert, technisches Werkzeug zu entwickeln." In jedem Falle leistet zum Beispiel ein Pavian im sozialen Feld viel mehr, als aus den spärlichen Beobachtungen über „Werkzeugbenutzung" (siehe unter anderem Beck 1975) bei Pavianen und anderen nicht-menschlichen Primaten je abzuschätzen wäre.

Eine weitere sehr bedeutsame Fähigkeit zeigen höhere Primaten in ihrem täglichen Sozialleben. Da jedes Gruppenmitglied, insbesondere in Anwesenheit Ranghöherer, beachten muss, dass seine emotional motivierten Handlungen zu Sanktionen führen könnten, ist es gezwungen, sein Handeln der gegenwärtigen sozialen Situation anzupassen, das heißt sein Agieren unter Kontrolle zu halten und emotionale Intentionen gegebenenfalls zu zügeln oder gar ganz zu unterdrücken.

Vorausschauendes Handeln, Planen nach abgewogenen Wahrscheinlichkeiten unter antizipierender Einbeziehung komplexer Situationen beziehungsweise Konstellation bei gleichzeitiger beherrschter, oft restriktiver Kontrolle über das eigene Verhalten, all das müssen nicht-menschliche höhere Primaten bereits im sozialen Feld leisten, und genau das sind auch die entscheidenden Voraussetzungen für die technologische Werkzeug-Entwicklung der Hominiden. Somit stellt die im sozialen Feld entwickelte kognitive Kapazität nicht-menschlicher Primaten eine grundlegende Präadaption und Prädisposition für die Hominisation dar. Es bedurfte nur einer Übertragung schon vorgegebener Fähigkeiten vom sozialen in das technologische Feld, also eines Lern-Transfers, zu dem höhere nicht-menschliche Primaten, wie Laborexperimente immer wieder gezeigt haben, besonders gut veranlagt sind.

Im Unterschied zu diesen hohen kognitiven Leistungen im sozialen Feld, sind Werkzeuggebrauch und vorausplanende Werkzeugherstellung bei nicht-menschlichen Primaten in freier Wildbahn nur auf recht bescheidenem Niveau nachgewiesen. Zwar gibt es eine Fülle von Beobachtungen einfacher Werkzeugbenutzung und -herstellung (siehe

37   zum Beispiel Kortlandt 1962, 1972; Goodall 1965, 1968, 1970, 1971; Jones und Sabater Pi 1969; Struhsaker und Hunkeler 1971; McGrew und Tutin 1973; Suzuki 1973; Zusammenfassung bei Beck 1973), doch handelt es sich immer nur um relativ geringfügige Veränderungen natürlicher Objekte zu unmittelbar nachfolgendem Gebrauch, selbst dann, wenn Mehrfachverwendung nachweisbar war. Jedenfalls halten sie keinen Vergleich zur Herstellung eines einfachen Geröllgerätes bei den früheren Hominiden aus. Immerhin belegen solche Beobachtungen aber doch, dass in dieser Hinsicht zunächst kein qualitativer Unterschied zwischen den höchst entwickelten nicht-menschlichen Primaten und den frühen Hominiden bestand, sondern über relativ lange Zeiträume der Hominiden-Evolution nur ein sich kumulierender quantitativer Unterschied. Immerhin ist daran zu denken, dass der Übergang zur subsistentiellen Jagd im Verlauf der frühen Hominiden-Evolution für die zunächst nur quantitative Vermehrung und Verbesserung des Werkzeuggebrauches und der Werkzeugherstellung ebenso wie für die späteren qualitativen technologischen Veränderungen von erheblicher Bedeutung war.

Diese Hypothese scheint eine Bestärkung auch durch die Tatsache zu finden, dass bisher, trotz zahlreicher Belege für das Töten und nachfolgende Fressen von Beutetieren durch nicht-menschliche Primaten (vor allem Paviane und Schimpansen, siehe zum Beispiel Altmann und Altmann 1970; Kortlandt 1972; Harding 1973; Peters und Mech 1973) nie beobachtet werden konnte, dass zum Töten der Beute ein Werkzeug verwendet wurde (Suzuki 1973). Eine gewisse Kooperation bei der Jagd auf ein Beutetier ist aber für Schimpansen nachgewiesen (siehe Goodall 1971; Teleki 1973; Suzuki 1973), also wiederum eine antizipierende „kognitive" Leistung aus dem sozialen Feld, die man in vielen unterschiedlichen Varianten und Zusammenhängen im sozialen Leben nicht-menschlicher höherer Primaten allgemein beobachten kann.

Das bedeutet: Das gesamte Jagdverhalten der Hominiden einschließlich der komplizierteren Herstellung und Verwendung von Werkzeugen und Geräten ist sekundärer Natur und leitet sich ab aus Fähigkeiten, die primär im sozialen Feld entwickelt wurden und dort ihre erste Anwendung und Differenzierung erfuhren, von daher aber dann beim Übergang zur subsistentiellen Jagd der früheren Hominiden bereits als vorgefertigtes Instrumentarium, als echte Prädisposition für den technologischen Bereich bereitlagen und nach einem geglückten Transfer einsatzbereit zur Verfügung standen.

Diese Thesen dürften solchen Paläanthropologen, die traditionsge-
mäß auf die Entwicklung des Geräte-Inventars als Zeugnis der geistigen
Evolution des Menschen fixiert sind, nicht ganz leicht eingehen, aber mir
scheinen sie plausibel, nach allem, was wir derzeit über die Verhaltens-
evolution aus dem Bereich der nicht-menschlichen Primaten wissen.

Erst ausgeklügelte Laborexperimente an nicht-menschlichen Primaten haben den exakten Nachweis erbracht, zu welchen „rationalen"
Leistungen Affen tatsächlich befähigt sind. In einigen wesentlichen
Punkten zeigten sie sich anderen daraufhin getesteten Säugern allgemein überlegen: Sie sind zum Beispiel quantitativ besser im Lösen von
schwierig abgestuften Diskriminisations-Aufgaben und vor allem im
„Interproblem-Lernen" generell („Lern-Transfer" von einer Aufgabe
zu anderen, Entwicklung von einzelproblemübergreifenden Lösungs-
Strategien), Affen lernen schneller und nachhaltiger durch Sekundär-
signale angezeigte Problem-Umkehr (Konditionalisierung), Affen sind
anderen Säugern im Lernen und Generalisieren des sogenannten „oddi-
ty"-Prinzips überlegen, dessen schwierigste Stufe, das sogenannte
Weigl-Problem (Weigl 1941) bisher nur von höheren Primaten gelöst
wurde, und Affen unterdrücken leichter (voreilige) Momentan-Ant-
worten auf „scheinbar positive Stimuli" (bessere Selbstkontrolle beziehungsweise Selbstbeherrschung; siehe oben).

Schon Weinstein (1945) wies nach, dass seine Rhesus-Äffin Corry
verallgemeinerte Objektklassen nach unterschiedlichen Kriterien-Kate-
gorien (zum Beispiel Farbe oder Form) zu bilden imstande war (Abstraktion und Generalisation). Sie lernte es sogar, zum Beispiel alle ro-
ten Objekte auf einem Haufen verschieden gefärbter und geformter
Objekte herauszusammeln, wenn ihr ein farbloses Dreieck gezeigt
wurde, und alle blauen Objekte zu suchen, wenn ihr eine farblose Ellipse vorgehalten wurde. Sie hatte dabei ganz offensichtlich die frei vom
Experimentator gesetzte Symbolfunktion von Zeichen (hier Dreieck
und Ellipse) für bestimmte Objektkriterien (hier Farbe), welche den
Zeichen selbst gar nicht eigen sind, verstanden. Corry bewies das, indem sie auch die Umkehr von Anweisungs- und Wahlkriterium vollzog: Sie sammelte dann alle Dreiecke (gleich welcher Farbe), wenn ihr
ein beliebig geformtes rotes Objekt gezeigt, und alle Ellipsen, wenn ihr
ein beliebig geformtes blaues Objekt vorgehalten wurde. Zu welchen
Leistungen auf den Gebieten der Abstraktion, Generalisation, Kon-
zeptbildung und Problemlösungs-Strategien nicht-menschliche Primaten fähig sind, kann man in komprimierter Übersicht zum Beispiel in
den experimentellen Beiträgen bei Schrier et al. (1965) nachlesen.

39   Den bisher absoluten Höhepunkt auf diesem Sektor experimen-
teller Arbeit stellen allerdings die neueren Versuchsserien dar, Schimpansen echte „Symbolsprachen" (Benennung von Gegenständen, Personen, Objektklassen, Kriterien, Kategorien und wechselseitigen Beziehungen durch frei gesetzte Zeichen unter Einsatz einfacher syntakti-
scher Regeln) beizubringen. Das ist bisher erfolgreich geschehen einmal
auf dem Wege über eine Gestensprache (Amerikanische Taubstummen-
sprache, siehe zum Beispiel Gardner und Gardner 1969; Fouts 1973)
oder über eine „Schriftsprache" mit Zeichensymbolen (siehe zum Beispiel Premack 1971; Rumbaugh 1973).

Mit dem Nachweis dieser Fähigkeiten und Potenzen kann zugleich als erwiesen gelten, dass bereits auf der Evolutions-Stufe der höheren nicht-menschlichen Primaten die wesentlichen Grundlagen vor-
sprachlichen Denkens gelegt sind. Im Hinblick auf die Hominisation
muss man das als eine Prädisposition von außerordentlich weitreichender Bedeutung bezeichnen. Was bisher einzig den Hominiden im Verlauf ihrer Phylogenie gelang, ist der entscheidende Durchbruch, diese
komplexe Symbolfähigkeit aus eigener Kraft tatsächlich in die Entwicklung von Symbolsprachen umzusetzen und damit den revolutionären
Aufbruch zum kommunizierbaren Denken vollzogen zu haben, was
wiederum ungeheure Rückwirkungen auf die Qualität des nunmehr
sprachlichen, also „benennenden" Denkens im Gefolge hatte.

Es gibt Hinweise dafür, dass alle hier angesprochenen kognitiven
Fähigkeiten und Potenzen bei nicht-menschlichen Primaten primär im
sozialen Feld wurzeln, genauer im Bereich sozialer Interaktion und sozialer Kommunikation, und wahrscheinlich erst von hier, also sekundär,
auf die nicht-soziale und dingliche Umwelt übertragen werden und
dort zunehmend Bedeutung erlangen. Der höchste und konzentrier-
teste Ausdruck der Summe aller dieser Fähigkeiten, die menschlichen
Sprachen, entwickeln sich so folgerichtig im Dienste und mit den evolutiv entstandenen Mitteln sozialer Kommunikation. Sprachstörungen
(und in ihrem Gefolge oft auch Störungen in der kognitiven und rationalen Entwicklung überhaupt) beruhen zumeist auf einer gestörten So-
zialisationsentfaltung (Ploog 1972). Unter einem ökonomischen Gesichtspunkt betrachtet, vollzieht sich der fließende, spezifizierende
Übergang von sozialer Interaktion über soziale Kommunikation bis zur
verbalen Sprache des Menschen in einsinnig kanalisierter Konsequenz.
Zunächst erfolgt eine Reduktion von Handlungen und ganzen Hand-
lungsketten per Ritualisierung (Huxley 1923) auf Signale, die als Zeichen für diese Handlungen stehen, das bedeutet eine Herabsetzung des

Handlungsaufwandes ohne Informationsverlust für die soziale Verständigung. Die verbale Sprache schließlich beschränkt den nunmehr sehr geringen Kraftaufwand auf die Sprechorgane, erhöht den Effekt aber zugleich wesentlich durch die neuen Möglichkeiten der Informationserweiterung und die zeitliche Komprimierung (Code-Verkürzung) der Informationsübertragung.

Rückblick und Ausblick

Im Verlauf der Primaten-Evolution, modellhaft rekonstruiert nach den Eigenschaften heute lebender Primaten unterschiedlicher Evolutions-Niveaus, sehen wir vor allem wesentliche Verbesserungen im Bereich der Perzeption (siehe Sinnesorgane und Zentralnervensystem), der cerebralen Verarbeitung (siehe Neenkephalisation, kognitive Leistungsfähigkeit) und der handelnden Exekutive (sieh zum Beispiel Hände) mit einer ganzen Reihe dazu erforderlicher oder daraus folgender (zumeist in Wechselwirkung dazu stehender) Organisationsveränderungen physischer und psychischer Natur, besonders auch im sozialen Kontext. Nimmt man alle hier dargestellten Beispiele für Evolutionstrends der Primaten und ihre kanalisierenden Auswirkungen als einen in sich verflochtenen Komplex, so wird man nicht umhin können, von einer nahezu alle Lebensbereiche umfassenden konstitutionellen Prädisposition der gesamten physischen und psychischen Struktur und Organisation des evolutierten subhumanen Primaten-Niveaus im Hinblick auf die daraus hervorgehende Hominisation zu sprechen.

Eine Reihe der beschriebenen Evolutionstrends setzt sich unter besonderer Intensivierung in der Hominiden-Phylogenie einfach fort, so die weitergeführte Funktionsdifferenzierung zwischen Vorder- und Hinterextremitäten, der Vervollkommnung der Hände als effektive Manipulations- und besonders sensible Ausdrucksorgane, die weitere Vergrößerung des Gehirns, insbesondere der Integrations- beziehungsweise Assoziations-Areale des Neocortex. Die Verzögerung der psychophysischen und sozialen Reife mit entsprechend verlängerter Abhängigkeits- und sozialer Lernphase in der Jugendentwicklung, die steigende Komplikation der Sozialisation und der Sozietäten mit ihrer zunehmenden Generationsverflechtung und den entsprechenden Folgen für soziales Lernen und Traditionsbildung, der vielseitigere Einsatz von Werkzeugen und die zunehmende Bedeutung und Komplikation der Werkzeugherstellung sowie die als Gesamtkomplex sich kumulierend

41   fortsetzende Steigerung kognitiver Fähigkeiten. Teilweise darauf auf-
bauend treten spezifische und neue Besonderheiten im Laufe der Hominiden-Phylogenie hinzu, so die perfekte Bipedie mit der nun vollständigen Ablösung der Arme und Hände von Lokomotionsaufgaben,
der Übergang zur jagenden Lebensform (subsistentielle Wirtschafts-
form der Jäger und Sammler), die differenzierende Arbeitsteiligkeit innerhalb der Sozietäten, wohl ausgehend von einer primären Arbeitsteilung zwischen den Geschlechtern, die sogenannte Dauerrezeptivität der
Frau und deren ausgeprägtere sekundäre Geschlechtsmerkmale, die Fa-
miliarisierung des Mannes, die sich von den Grundgegebenheiten
menschlicher Physis und der Schwerkraft ablösende Technologie und
die verbale Sprache (beziehungsweise das „benennende Denken") mit
allen sich daraus ergebenden Implikationen für Kultur und Zivilisation.

Ich habe versucht, eindringlich vor Augen zu stellen, bis zu welchem Ausmaß und bis zu welchen Spezifikationen die Hominisation
auf subhumaner Stufe der Primaten-Evolution bereits vorbereitet war.
Bei der hier besonders pointierten Hervorhebung der Prädisposition
könnte fast der Eindruck entstehen, als erübrige sich die alte Frage:
„Warum und wie entstand der Mensch im Verlauf der Evolution?" Unter dem Blickwinkel der durch die heute lebenden am höchsten entwickelten nicht-menschlichen Primaten repräsentierten präadaptiven
Plattform der Hominisation erschiene die Komplementärfrage fast
sinnvoller: „Warum haben die Menschenaffen, warum haben die Vorfahren von Schimpanse und Gorilla diesen Schritt nicht vollzogen oder
nicht vollziehen können?" Ich halte diese Gegenfrage für außerordentlich faszinierend und messe ihr einen hohen heuristischen Wert bei. Sie
könnte Antworten auf die entscheidenden Fragen bringen, welche wohl
einmaligen Bedingungen und Konstellationen dafür verantwortlich
waren, dass eine und eben nur eine Stammlinie der Hominoidea den
Rubikon, den wir Hominisation nennen, überschritten hat. Zu diesem
Zweck brauchen wir das intensive Studium der nicht-menschlichen Primaten in ihrer natürlichen Umwelt und in Laboratoriums-Experimen-
ten. Unser Wissen über den Menschen wird dadurch wesentlich berei-
chert.

Kapitel 2

Die biologische Evolution der Kultur

ultur gilt den einen als offenkundiger Beleg für das endgültige Ausscheren des Menschen aus den Zwängen der biologischen Natur. Den anderen erscheint Kultur lediglich als eine kunstvoll überbaute Reinterpretation biologischer Imperative. Wie immer man dazu stehen mag, es darf als sicher gelten, dass die menschliche Kulturfähigkeit ihre Entstehung und ihre basalen Erfolge der biologischen Evolution und ihren Mechanismen verdankt. Dafür gibt es zumindest zwei unbestreitbare Hinweise:

● Alle echte Kultur ist heute an das biologische Evolutionsprodukt *Homo sapiens* gebunden.

● Die Grundeigenschaften der menschlichen Kulturfähigkeit müssen sich über weite Strecken der Phylogenese (Stammesgeschichte) unter den harten Selektionsbedingungen biologischer Evolution bewährt haben, sie müssen sich genetisch, das heißt in der Münze reproduktiver Fitness ausgezahlt haben, sonst gäbe es weder den Menschen noch die an ihn gebundenen Kulturen.

In der für Evolutionsbiologen typischen Blickrichtung „von unten nach oben" lassen sich – ohne jeden Anspruch auf Vollständigkeit – folgende interdependente Charakteristika menschlicher Kulturfähigkeit aufzählen, deren Entstehen es evolutionsbiologisch zu erklären gilt:

● eine erheblich gesteigerte Modifikabilität des Verhaltens durch Lernprozesse, insbesondere auch über soziales Lernen, unter anderem mit der Konsequenz intensiver Traditionsbildung innerhalb der sozialen Gemeinschaften;

● eine zunehmend vielfältigere und raffiniertere Verwendung und artifizielle Herstellung von Werkzeugen im weitesten Sinne;

● die enorme Steigerung der kognitiv-intellektuellen Fähigkeiten, die schließlich eine bewusste Kontrolle des eigenen Verhaltens ermöglichen, verbunden mit einer von je gegenwärtigen raumzeitlichen Situationen und Bedürfniszuständen abkoppelbaren Reflexivität und gepaart mit dem motivationalen Bedürfnis, Wesen, Bedeutung oder Sinn, Zweck, Herkunft und Ziele aller im eigenen Erlebniskreis für wesentlich erachteten Phänomene, einschließlich des Selbst, zu erkunden, zu deuten und – auf welche Weise auch immer – zu erklären;

- die Fähigkeit zur Entwicklung von Symbolsprachen als besonders informationsintensive, kodierte Kommunikationsform und damit auch die Potenz zum Aufbau einer Welt von symbolischen Repräsentationen, seien diese materiell manifest oder imaginär;
- vermittels des intensivierten sozialen Lernens, der Traditionsbildung und symbolischer Repräsentationen der Ausbau eines gegenüber (und neben) dem primären, genetischen Informationsübertragungssystem neuen, sekundären Systems der Informationsübertragung, das seine „Informationen nicht von Keimdrüse zu Keimdrüse, sondern von Gehirn zu Gehirn weitergibt" (Kummer 1981);
- die Entwicklung von persönlicher und sozialer Verantwortlichkeit und einer an kulturell überlieferten Wertsystemen orientierten Moral, gestützt auf soziale Normen und Institutionen im weitesten Sinne, und damit die Voraussetzungen für echtes, von den genetischen Fitness-Zwängen abgekoppeltes altruistisches Verhalten;
- schließlich als Konsequenz aller dieser Potenzen die Entwicklung von historischem Bewusstsein und damit einer gegenwartsmächtigen Geschichtlichkeit personalen und sozialen Handelns.

Alle diese Eigenschaften und Fähigkeiten sind mit je etwas unterschiedlicher Gewichtung den beiden zentralen Bezugsfeldern menschlicher Entwicklung zuzuordnen: Der Individuation beziehungsweise Personalisierung und der Sozialisation, wobei ich mich auf die intensive Wechselbeziehung dieser beiden Bereiche in der menschlichen Phylogenese wie in der individuellen Ontogenese konzentriere.

Weichen biologischer Evolution

Wenn wir über den Ablauf und über wichtige Weichenstellungen der biologischen Evolution informieren wollen, stehen uns in erster Linie zwei empirische Informationsquellen zur Verfügung, nämlich erstens die Dokumentation vergangenen Lebens in Form von Fossilienfunden und zweitens der gezielte Vergleich heute lebender Organismen unter besonderer Berücksichtigung unterschiedlicher Evolutionsrichtungen

45 und Evolutionsniveaus. Beide Quellen liefern nur Teilaspekte, sie haben ja ihre spezifischen Vorzüge und Grenzen.

Die erstgenannte Informationsquelle gibt uns zunächst einen generellen Überblick über die zeitlichen Dimensionen und Proportionen wesentlicher phylogenetischer Etappen und Verzweigungen in der Evolution bis hin zu den Hominiden. Es steht dem Menschen, der sich so oft als das Maß aller Dinge betrachtet, bisweilen nicht schlecht an, sich dieser zeitlichen Proportionen der organischen Evolution zu erinnern. Da sich die Summation von Jahrmillionen und -milliarden unserer Vorstellungskraft weitgehend entzieht, möchte ich einige für unsere eigene Phylogenese wichtige Ereignisse der besseren Anschaulichkeit halber in den Proportionen eines Kalenderjahres vorstellen, wobei dieses Kalenderjahr insgesamt die Zeit von zirka drei Milliarden Jahren repräsentieren soll, also die Zeitspanne etwa, aus der Lebensspuren auf unserer Erde empirisch nachgewiesen sind. Lässt man das einmal gelten, so nimmt die Menschwerdung folgende Proportionen an:

● Die Säugetiere sind am 8. Dezember gegen 21.12 Uhr entstanden (vor zirka 190 Millionen Jahren).

● Die Primaten tauchen erst auf am 23. Dezember gegen 11.36 Uhr (zirka 70 Millionen Jahre).

● Die Abzweigung der Hominiden von den Menschenaffen fand *frühestens* am 29. Dezember gegen 13.36 Uhr statt (zirka 20 Millionen Jahre), wahrscheinlich jedoch erst erheblich später, vor zirka 8 Millionen Jahren, am 31. Dezember gegen 6.29 Uhr.

● Die ältesten Funde, welche die Bipedie der Hominiden eindeutig belegen, liegen uns vom 31. Dezember gegen 12.19 Uhr (zirka 4 Millionen Jahre) vor.

● Die ältesten uns derzeit bekannten Steinwerkzeuge stammen vom 31. Dezember gegen 16.24 Uhr (zirka 2,6 Millionen Jahre).

● Die älteste uns derzeit bekannte Feuerstelle stammt vom 31. Dezember gegen 22.32 Uhr (zirka 0,5 Millionen Jahre).

● *Homo sapiens* kennen wir seit dem 31. Dezember gegen 22.50 Uhr (zirka 400 000 Jahre).

● *Homo sapiens sapiens* (den modernen Menschentypus) ist frühestens seit dem 31. Dezember gegen 23.46 Uhr belegt (zirka 80 000 Jahre).

● Der Übergang von der „aneignenden" zur „produzierenden" Subsistenzform fand erst am 31. Dezember gegen 23.58 Uhr zum ersten Male statt (zirka 12 000 Jahre);

● Die zirka 70-jährige Lebensspanne eines Menschen unserer Tage währt nicht einmal eine Sekunde dieses Kalenderjahres!

In den vergangenen Jahrzehnten haben unsere Spezialkenntnisse   46
vom Ablauf der Hominiden-Phylogenie durch eine Fülle neuer Fossilienfunde, durch die ständig verbesserten Methoden absoluter Datie-
rungen und nicht zuletzt auch durch die auf dieser Basis erforderlich
gewordenen neuen Interpretationen bereits früher bekannter Fossilien
enorme Erweiterung erfahren. Die Vorstellungen über diesen Evolutionsprozess sind dadurch erwartungsgemäß keineswegs einfacher, sondern vielmehr erheblich komplizierter. Es ist ein sehr komplexes Mo-
saikbild im Entstehen, dessen zeitliche und räumliche Koordination uns
zu einem ständig neuen Überdenken der Bedeutung jeweils wirksamer
Faktoren in der Hominiden-Phylogenese zwingen.

Wir können heute mit ziemlicher Sicherheit davon ausgehen, dass
die Abzweigung des Hominidenstammes von den „dryopithecinen"
Entwicklungslinien, die unter anderem zu den rezenten afrikanischen
Menschenaffen Gorilla und Schimpanse führten, im Miozän erfolgt ist.
Im Pliozän existieren bereits echte Hominiden, sofern man die anatomisch voll entwickelte Bipedie als Kriterium anerkennt. Die Bipedie
wie die typisch hominide Gebissumformung (Verkleinerung und Incisi-
vierung der Eckzähne, homomorpher Bau der unteren vorderen Prä-
molaren und so weiter) waren spätestens vor vier Millionen Jahren bereits weitgehend perfekt. Sicher ist ferner, dass im Pliozän wie im beginnenden Pleistozän (zwischen vier und einer Million Jahren) in Afrika
mehrere Hominidenformen zeitparallel und teilweise sogar sympatrisch
nebeneinander lebten. Die weitere morphologische Entwicklung ist
durch Fossilienfunde recht gut belegt.

Über von unseren Vorfahren hergestellte Artefakte kennen wir
selektiv auch einzelne symptomatische Eckdaten der technisch-kultu-
rellen Entwicklung in der Zeit. Allerdings sind Schlüssen auf dieser Ma-
terialgrundlage einige unüberwindliche Grenzen gesetzt, die in der Natur der Informationsquellen selbst liegen. Die kulturell-zivilisatorischen
Hinterlassenschaften unserer Vorfahren beschränken sich in der Früh-
zeit auf Werkzeuge aus dauerhaftem Material (vor allem Stein), Feuerstellen, Bestattungen oder Spuren von Kannibalismus und Tieropfern.
Schließlich geben erste bildliche Darstellungen oder Ornamente, sehr
punktuell freilich, einige weiter gehende Anhaltspunkte menschlicher
Entfaltung, über die wir sonst keine direkten Auskünfte erlangen können, so über die Entwicklung von Bewusstsein und Sozialverhaltens
und der ganzen immateriellen Kultur.

Das wichtigste generelle Ergebnis dieser paläontologisch-urge-
schichtlichen Forschung im Hinblick auf die so genannte Sonderstellung

47 und das Selbstverständnis der Menschen: Es lässt sich heute kein einheitlich durchgehender Rubikon zwischen Mensch und Tier mehr in diese Entwicklung einzeichnen. Oder anders ausgedrückt: Dieser Rubikon ist durch die offenkundige Mosaikevolution so fraktioniert, dass die Einzelmarken über Jahrmillionen dieser Entwicklungsgeschichte verstreut sind. Die Bipedie zum Beispiel war schon vor mehr als vier Millionen Jahren perfekt, die starke propulsive Größenentwicklung des Gehirnvolumens begann – übrigens nur in einer Hominidenlinie offenbar! – vor zirka 2 Millionen Jahren und überschritt die berühmte Grenzmarke von 1 000 cm^3 wohl erst vor 700 000 bis 500 000 Jahren. Die derzeit ältesten bekannten Steinwerkzeuge haben ein Alter von zirka 2,3–2,6 Millionen Jahren, Feuerstellen kennen wir erst von vor zirka 500 000 Jahren, die frühestens gesicherten Bestattungen und Tieropfergaben scheinen jünger als 70 000 Jahre zu sein, bildliche Darstellungen kaum älter als 30 000 bis 40 000 Jahre.

Wann hat der Mensch zum ersten Male ein Ding benannt, zum ersten Mal die Frage nach sich selbst gestellt, wann erstmals ein Gerät entwickelt, das seine Wirkung nicht der physischen Kraft des Benutzers oder der Schwerkraft verdankte, wann gab es die ersten kultischen Handlungen, wann überkam unsere Vorfahren zum ersten Male eine Ahnung vom Tode? Über das und so viele andere wichtige Fragen werden uns die Fossilquellen nie direkte Antworten geben können. Was darüber hinaus weder Paläontologen noch Archäologen aus ihren Funden direkt ableiten können, sind Einsichten in die biologischen Wurzeln, Vorbedingungen, Zusammenhänge und Mechanismen des evolutiven Entwicklungsprozesses menschlicher Kulturfähigkeit.

Weil aber genau das die Fragen sind, die uns hier zentral interessieren, will ich mich jetzt der zweiten Informationsquelle zuwenden. Hier geht es darum, durch exakte Vergleiche heute lebender Organismen unter besonderer Berücksichtigung unterschiedlicher Evolutionsrichtungen und Evolutionsniveaus evolutive Trends in einzelnen Entwicklungslinien aufzudecken und daraus begründete Rückschlüsse auf die durch die jeweils vorausgehende Phylogenese bereits konstituierten Vorbedingungen für die Folgeentwicklung zu ziehen. Derartige, die zukünftigen Entwicklungsmöglichkeiten einer organismischen Stammlinie bereits vorzeichnende, die Wahrscheinlichkeit gewisser Folgeentwicklungen wesentlich mitbestimmende oder kanalisierende Eigenschaften oder Bedingungen (s. Kap. 1) sind in aller Regel erst rückschauend, also ex post festum als solche feststellbar und müssen selbstverständlich schlüssig aus bereits zuvor gegebenen Bedingungen und Anpassungen

erklärt werden können, da die organismische Evolution nach allem, was   *48*
wir derzeit wissen, nicht auf irgendwie vorgegebene Ziele hinarbeite.

Ich möchte hier zweierlei zusätzlich besonders hervorheben. Erstens: Was für morphologische Strukturen und physiologische Funktionen zutrifft, gilt natürlich auch für adaptiv entstandene Verhaltensweisen. Und zweitens: Das Prinzip ist keineswegs auf erblich fixierte Verhaltensweisen beschränkt, sondern findet sein Analogon im Bereich erlernten Verhaltens; ein für einen ganz spezifischen Zweck erlerntes Verhaltensmuster oder eine besondere Problemlösungs-Strategie kann sich im Nachhinein auch in einen anderen Kontext als nützlich erweisen, es bedarf nur eines Transfers in den neuen Zusammenhang. Ich halte dieses Phänomen für einen ganz entscheidenden Mechanismus phylogenetischer Entwicklungsprozesse und werde im Folgenden zu zeigen versuchen, welche wichtigen Dienste er uns für das Verständnis der Hominisation und der Entstehung menschlicher Kulturfähigkeit zu leisten imstande ist.

Es handelt sich bei den eingangs aufgezählten Charakteristika menschlicher Kulturfähigkeit ganz überwiegend um Besonderheiten des Verhaltens im weitesten Sinne. Doch möchte ich an dieser Stelle jedenfalls darauf hingewiesen haben, dass natürlich die Verhaltensentwicklung in ganz grundlegender Weise durch die Evolution physischer Organisationscharaktere mitbestimmt wird, was keineswegs nur die Sinnesorgane und das Zentralnervensystem betrifft, sondern auch die anderen Organe und Funktionsbereiche (zum Beispiel den Lokomotionsapparat, das Kreislaufsystem oder den Energiehaushalt).

Soziale Evolution

Ich hatte bereits kurz daran erinnert, dass alle eingangs genannten spezifischen Eigenschaften und Fähigkeiten mit je etwas unterschiedlicher Gewichtung den beiden zentralen Bezugsfeldern menschlicher Entfaltung zuzuordnen sind: der Individuation beziehungsweise der Personalisierung und der Sozialisation. Weil evident ist, dass sowohl in der Phylogenese als auch in der menschlichen Ontogenese die Sozialisation einer echten Personalisierung zeitlich vorangeht, beginne ich zunächst mit dem sozialen Feld.

Soziales Zusammenleben ist im Tierbereich weit verbreitet und vielfach stammesgeschichtlich unabhängig neu entstanden. Ganz offensichtlich hat es seine Bewährungsprobe in der Evolution erfolgreich bestanden. Will man das auf der Basis der „neodarwinistischen" beziehungsweise „synthetischen" Evolutionstheorie erklären, so muss man sich darüber im Klaren sein, dass soziales Zusammenleben nur entstehen und sich ausbreiten kann, wenn es den Einzelindividuen (beziehungsweise exakter ausgedrückt, ihrem Erbgut und ihren Genen) verbesserte Ausbreitungsbedingungen verschafft. Denn die natürliche Selektion „bewertet" zwar auf der Ebene individueller Phänotypen. Da Evolution aber an ein die Individuen überdauerndes Substrat für eine über entsprechend lange Zeiträume konsistente Selektion gebunden ist, sind die kurzlebigen Individuen, die sich zudem (zumindest bei sich zweigeschlechtig fortpflanzenden Organismen) nicht einmal in annähernd identischen Kopien reproduzieren, als Evolutionssubstrat ganz und gar ungeeignet. Auch soziale Gruppierungen oder Populationen sind unter diesem Gesichtspunkt keine günstigen Selektionsobjekte. Sie können zwar länger überleben als einzelne Individuen, sie verändern sich jedoch allein schon durch Vermischung, Ein- und Auswanderung sowie interne genetische Zufallsschwankungen in den allermeisten Fällen zu schnell, um eine über längere Zeiträume konsistente Selektion zu gestatten. Allein die Gene erfüllen die geforderten Voraussetzungen: Sie sind langlebig und replizieren sich über hinreichend lange Zeitspannen mit ausreichender (aber eben auch nicht perfekter!) Genauigkeit. Die evolutiv wirksame Selektion spielt sich daher auf der Gen-Ebene ab.

Da das Prinzip der natürlichen Auslese aber auf der strikten Grundlage der Konkurrenz individueller Phänotypen im Kampf ums Dasein und um erfolgreiche Fortpflanzung aufbaut, mag es auf den ersten Blick fast absurd erscheinen, dass sich soziales, kooperatives oder gar altruistisches Zusammenleben evolutiv überhaupt hat durchsetzen können. Warum eigentlich sollte sich ein alle vitalen Lebensfunktionen für sich erfüllender Organismus in die eher gefährdende Vergesellschaftung mit Seinesgleichen begeben? Warum sollte er sich dem verstärkten Stress ständiger Konkurrenz um alle Lebensressourcen auf Hautnähe aussetzen, warum der allgegenwärtigen energiezehrenden Auseinandersetzung mit Artgenossen, warum der Gefahr, im Pulk Raubfeinden noch auffälliger zu werden, warum der erhöhten Gefahr der Ansteckung durch Infektionskrankheiten oder Parasiten? Kurz, auf den ersten Blick handelt er sich dabei offenbar überwiegend Nachteile ein. Dies erscheint umso zwangsläufiger, wenn wir in Rechnung stellen, dass Darwins Evolutionskonzept gerade auf interindividueller Konkurrenz, auf dem „Kampf aller gegen alle", auf der Basis eines „uregoistischen" Prinzips aufbaut. Nach dieser Theorie muss die interindividuelle Konkurrenz sogar umso härter ausfallen, je ähnlicher – und das heißt zugleich, je näher genetisch verwandt – die Konkurrenten einander sind: also unter Artgenossen in jedem Falle schärfer als zwischen Vertretern verschiedener Arten.

Dieses Konzept nun scheint in tierischen Sozietäten geradezu auf den Kopf gestellt, denn in aller Regel bilden ja nicht nur Artgenossen, sondern überdies noch genealogisch nahe verwandte Individuen die uns bekannten Sozietäten. Soziales Zusammenleben aber ist – sofern es sich um evoluierte Formen und nicht einfach um mehr oder weniger inkonstante Schwarmbildung handelt – eben gerade durch kooperatives, ja auch altruistisches Verhalten gekennzeichnet. Unter altruistischem Verhalten verstehen wir hier „den Dienst am Nächsten" auf eigene Kosten, und das heißt im darwinischen Konzept nichts anderes als mit negativen Konsequenzen für die eigenen direkten Reproduktionchancen.

Wieso also – fragen wir noch einmal – konnte auf dieser Basis überhaupt soziales Leben entstehen und sich dann sogar evolutiv auch noch durchsetzen?

Einen wesentlichen Anstoß in diese Richtung gab sicher die Entwicklung der bisexuellen Fortpflanzung bei Aufteilung der beiden Gametentypen auf verschiedene Individuen: auf Weibchen und Männchen. Damit war das Prinzip der Biparentalität eingeführt, das sich phylogenetisch weitgehend durchgesetzt hat. Der generelle Vorteil liegt auf der Hand: Es ist die ständig neue Rekombination von Genmaterial und in deren Gefolge das um ein Vielfaches erweiterte genetische Variantenspektrum. Biparentalität nun kann bei Zusammenbleiben der beiden Geschlechtspartner für die Zeitdauer der Brutfürsorge zu Kooperation und zu einer gewissen Funktions- oder Arbeitsteilung der Partner führen, was wiederum die Überlebenschancen des gemeinsamen Nachwuchses und damit natürlich dessen spätere Fortpflanzungschancen erheblich befördern kann. Je differenzierter ein tierischer Organismus ist, je relativ länger in der Regel auch seine ontogenetische Reifungsphase, desto intensiver im Allgemeinen seine Abhängigkeit von elterlichen Investitionen. Desto wichtiger kann damit die gemeinsame und kooperative Aufzucht durch beide Eltern werden. Dieses Phänomen lässt sich insofern jedoch noch unmittelbar mit dem Konzept interindividueller Reproduktionskonkurrenz erklären, als hier ja beide Partner egoistisch in den gemeinsamen Nachwuchs investieren, und das wiederum dient dem je eigenen direkten Reproduktionserfolg.

Was jedoch Darwin und seine Nachfolger immer wieder irritierte, war die Entstehung des sogenannten eusozialen Zusammenlebens. Da-

51   runter verstehen wir umfassendere soziale Gemeinschaften über die Zeit
der sexuellen Partner-Attraktivität und der Hilfsbedürftigkeit des je eigenen Nachwuchses hinaus. Darwin selbst konnte das scheinbare Paradoxon noch nicht zufrieden stellend lösen, wie auf der konsequent
durchgehaltenen Basis einer auf interindividueller Konkurrenz beruhenden, ja auf Steigerung interindividueller Konkurrenzfähigkeit hin-
wirkenden Selektion umfassendere kooperative Systeme und damit im
erweiterten sozialen Feld wechselseitige Fürsorge auf eigene Kosten
oder gar individuelle Selbstaufopferung, kurz, altruistisches Verhalten
überhaupt hat entstehen und sich erfolgreich behaupten können. Er sah
in der theoriekonformen Auflösung dieses Paradoxons sogar einen ganz
entscheidenden Prüfstein für seine gesamte Selektionstheorie. Seine
Theorie strikt beim Wort genommen, müsste jeder Egoist beziehungsweise „eigennützige Betrüger" in einem solchen sozialen System die
höchsten Reproduktionserfolge erzielen (Darwin selbst hat das in seiner „Abstammung des Menschen", 1871, an mehreren Beispielen klar
aufgezeigt). Sofern Gene an der Varianz derartiger Verhaltensmerkmale
beteiligt sind – und nur unter dieser Voraussetzung könnte sich kooperatives beziehungsweise altruistisches Verhalten ja überhaupt via Selektion ausgebreitet haben –, würde automatisch gegen kooperatives oder
gar altruistisches Verhalten kontraselektiert werden. Solche Systeme
würden also, wenn sie überhaupt je entstehen könnten, sehr schnell
wieder verschwinden. Sie existieren aber nicht nur, sondern haben sich
in der Tat evolutiv als außerordentlich erfolgreich erwiesen: Die sogenannten Staaten einiger Insektenarten und vor allem der Mensch selbst
sind besonders eindrückliche Zeugnisse dafür.

In ihrer ganzen Schärfe wurde diese Problematik eigentlich erst
1964 durch William Hamilton wieder aufgegriffen und ihrer theoriekonformen Lösung ein entscheidendes Stück näher gebracht (s. Kap. 3).
Hamilton wies darauf hin (und entwickelte entsprechende mathemati-
sche Modelle), dass neben der seit Darwin allgemein beachteten direkten Selektion, welche die Nachfahrenzahl in direkter Deszendenzlinie
eines Individuums (und damit dessen sogenannte Darwin-Fitness) steigern kann, auch eine sehr effiziente indirekte Selektion am Werk ist, bei
der sich bestimmte Gene beziehungsweise Allele auf die Weise vermehrt ausbreiten, dass ihre Träger-Individuen unter bestimmten, vo-
raussagbaren Voraussetzungen anderen Trägern gleichartiger Allele mittels altruistischen Verhaltens zu mehr Nachkommen verhelfen. (Unter
Allelen verstehen Genetiker die Varianten eines Gens, die, als Mutationen auseinander hervorgegangen, sich an ein und demselben Genort auf

dem jeweils entsprechenden Chromosom vertreten können.) Die Wahrscheinlichkeit dieser Konstellation ist dann am größten, wenn sich
genealogisch nahe Verwandte unterstützen, weil diese wegen ihrer sehr
engen Abstammungsgemeinschaft am ehesten identische Allelen-Kopien
tragen: je näher geneologisch verwandt, desto größer diese Wahrscheinlichkeit. Solche nepotistischen Unterstützungssysteme sind es also, die
über indirekte Selektion die sogenannte *Gesamtfitness* über die genealogischen Nebenlinien eines Individuums erheblich steigern und damit
auch die vermehrte Ausbreitung von Altruisten-Allelen in einer Population besorgen können, selbst dann, wenn einzelne Träger-Individuen
auf Grund ihres sich selbst aufopfernden Verhaltens überhaupt keine
Nachkommen haben.

In nuce war diese Idee übrigens schon in Francis Galtons Werk
„Hereditary Genius" aus dem Jahre 1869 enthalten. Jedenfalls reicht zur
Klärung dieses Phänomens Darwins Konzept der „natürlichen Selektion" auf interindividueller Basis vollkommen aus, es bedarf keiner
nicht direkt aus der Theorie ableitbarer Hilfskonstruktionen.

Zwei Resultate dieser Überlegungen sind für uns besonders wichtig:

● Kooperatives und altruistisches Verhalten kann auf der Basis interindividueller Konkurrenz (und damit ganz im Sinne der synthetischen Evolutionstheorie) entstehen und sich erfolgreich durchsetzen;
und

● kooperativ-altruistische überindividuelle Systeme entstehen evolutiv
mit größter Wahrscheinlichkeit auf der Basis von Verwandten-
Bevorzugung.

Damit erklärt sich zugleich das unbestreitbare und für unser
Thema so zentrale Faktum, dass auf so vielen verschiedenartigen Zweigen des tierischen Stammbaumes, so auch in der Primaten- und Hominiden-Phylogenie, komplizierte Sozialsysteme fast ausschließlich auf
Familienbasis beziehungsweise auf genealogischer Verwandtschaftsbasis
entstanden sind. Dies gilt übrigens auch für die primären Gesellschafts-
systeme des Menschen, wie das ethnologische Schrifttum überzeugend
belegt. Eusoziales Zusammenleben hat sich im Tierreich stammesgeschichtlich vielfach unabhängig entwickelt, und zwar auf beiden großen Ästen der Vielzeller-Evolution, bei den Protostomiern wie bei den
Deuterostomiern. Auf beiden Ästen war der Erfolg offensichtlich auf
den höchsten Evolutionsniveaus am nachhaltigsten: Zum einen bei den
Insekten (hier allein elfmal bei den Hymenopteren, also den Ameisen,
Wespen und Bienen) und zum anderen in den höchstentwickelten

53 Gruppen der Wirbeltiere (Vögel und vor allem Säugetiere). Entstanden sind diese eusozialen Systeme offenbar in allen Fällen auf der Basis komplizierterer Brutpflege und des Zusammenbleibens genealogisch nächster Verwandter.

Der *Insektenweg* ist gekennzeichnet durch die zunehmend feinere Differenzierung genetischer Programme für Verhaltensweisen und Interaktionsformen. Soziale Systeme funktionieren hier auf der Basis perfekt ineinander eingepasster und aufeinander abgestimmter Verhaltensprogramme der Individuen nach Art von Zahnrädchen in einem Uhrwerk. Dieser Weg führt also zu einer immer komplexer werdenden genetischen Determinierung des Sozialverhaltens. Individuelle Freiheiten größeren Ausmaßes würden das System verunsichern und gefährden. Resultat ist eine anonyme funktionale Ordnung, in der sich die Mitglieder nicht individuell kennen, sondern mittels eines Stockgeruches identifizieren. In den kompliziertesten sozialen Systemen dieser Bauart, in den sogenannten Staaten von Termiten, Ameisen und Bienen, deren Mitglieder nach Tausenden zählen können, erfolgt eine teilweise mit starken Körperbau-Unterschieden verbundene „Arbeitsteilung", die je unterschiedlicher genetischer Verhaltensprogramme bedarf, die wiederum durch differente Ernährungsweisen während der ontogenetischen Entwicklung und/oder durch sogenannte Sozialhormone (Pheromone) aus dem artspezifischen genetischen Programmspeicher abgerufen werden. Dabei verlieren die Individuen nicht selten ihre vitale Vollwertigkeit: Ganze Gruppen (Kasten) von Sozietätsmitgliedern geben sogar ihre eigene Reproduktionsfähigkeit auf (sie werden damit zu „Helfern am Nest" der mit ihnen nahe verwandten Geschlechtstiere), müssen von anderen ernährt werden oder sind überhaupt nur noch für ganz spezielle Aufgaben einsetzbar, während wieder andere allein und ausschließlich die Produktion der künftigen „Staatsbürger" übernehmen.

Dieser Weg ist also gekennzeichnet durch extreme Sozialabhängigkeit bei minimalen Individualisierungsgraden der einzelnen Sozietätsmitglieder. Trotz des offenbar großen Erfolges dieser Entwicklungsrichtung liegt ein phylogenetischer Nachteil wohl in der eingeengten modifikativen Flexibilität solcher Systeme: Sie können sich nur auf dem relativ schwerfälligen Wege genetischer Veränderungen neuen Gegebenheiten anpassen.

Ganz anders der *Vertebraten-Weg*: Hier wächst zunächst das Ausmaß der modifikativen Verhaltensflexibilität des Einzelorganismus: Umfeldbezogene Prägungs- (vor allem bei den Vögeln) und Lernpro-

zesse (verstärkt bei Säugern) steuern die Verhaltensontogenese der Indi-
viduen. Zunächst also steigt das Niveau der Individualisierung. Auf dieser Basis entstehende Sozialverbände tendieren zu individualisierten, auf persönlicher Vertrautheit der Mitglieder untereinander beruhenden Vergesellschaftungen von individuell überschaubaren Größenordnungen. Der Individualisierungsgrad wächst mit zunehmender cerebraler Organisationshöhe und damit zwangsläufig auch die Dauer der plastischen Jugendphase in der Individualentwicklung, was zu einem zunehmend reichhaltigeren Einbau erlernter Verhaltenskomponenten und Interaktionsmuster in das Verhaltensrepertoire führt. Vor allem bei den höheren Säugetieren erfordert die länger werdende intra- und extra-uterine ungesicherte Entwicklungsphase erhebliche basale Investitionen vonseiten der Mutter, was im sozialen Verband geschlechtstypische Funktionsdifferenzierungen zur Folge haben muss. Beide Geschlechter entwickeln sehr unterschiedliche Reproduktionsstrategien, als deren Kompromiss unterschiedliche Sozialstrukturen entstehen. Das umso mehr, als selbst in den komplexesten Sozietäten dieser Bauart alle Mitglieder (zumindest potenziell) biologisch voll funktionsfähige Individuen bleiben, also auch hinsichtlich ihrer Reproduktionsfähigkeit.

Dieser Weg ist somit gekennzeichnet durch die Entwicklung und Erhaltung von vollwertiger Individualität, zunächst unabhängig vom jeweiligen Grad der Sozialabhängigkeit. Solitäres Leben bleibt nach Entwachsen aus der säugertypischen Mutterabhängigkeit wenigstens eine alternative Möglichkeit, wenn auch häufig mit verringerten Überlebenschancen. In jedem Fall hat diese Entwicklung den dynamisch flexibleren, und damit letztendlich den anpassungsfähigeren Weg beschritten.

Der Primatenweg: Individualisierung und soziale Abhängigkeit

Uns interessiert hier natürlich – mit Blick auf uns selbst – die weitere Entwicklung bei den *Primaten*. Generell haben sie die beschriebene Vertebraten-Säuger-Richtung fortgesetzt, sie haben diese jedoch in einer ganz bestimmten Weise präzisiert.

Die Primaten-Evolution ist durchgehend gekennzeichnet durch die zwei jetzt bemerkenswerterweise zunehmend fester miteinander verknüpften scheinbar gegenläufigen Evolutionstrends:

● Zunahme des Individualisierungs- beziehungsweise Personalisierungsgrades; und

● Zunahme der sozialen Abhängigkeit.

55   Bei höheren Primaten entfaltet sich die volle Individualität nur noch in unmittelbarem Zusammenhang mit „gelungener" ontogenetischer Sozialisation. Eine entscheidende Voraussetzung für diesen Personalisierungsprozess bildet die phylogenetische Erweiterung der zeitlichen und thematischen Lernoffenheit bei entsprechend zunehmender Lernmotivation und/oder Neugier, die vor allem über die zugleich verlängerte Jugendphase der Ontogenese eine erweiterte individuell kreative Flexibilität des Verhaltens und damit ein variantenreicheres Antwortrepertoire auf wechselnde Umfeldgegebenheiten schafft. Eine derart lernoffene und damit zugleich in vieler Hinsicht ungefestigte, ja gefährdete Reifungsphase des individuellen Lebens von erheblicher Dauer profitiert vom kontinuierlich verlässlichen Schutz und Vorbild durch ein sicherndes Umfeld erfahrener Erwachsener sowie von einem relativ ernstfreien Lern- und Probierfeld im Sozialverband. Damit steigt zwangsläufig die soziale Abhängigkeit nach Dauer und Intensität. So schließt sich ein Rückkopplungskreis in dieser Evolutionsrichtung: Individuelle modifikative Verhaltensflexibilität und individuelle Kreativität einerseits sowie starke soziale Abhängigkeit und Bindungsqualität andererseits sind in der Primaten-Evolution die beiden Seiten ein und derselben Münze geworden. Und genau in diesem Doppelaspekt liegt eine entscheidende Prädisposition für die evolutive Entstehung menschlicher Kulturfähigkeit.

       Indizien und Belege für die wechselseitig aufeinander bezogene progressive Entwicklung dieser beiden Trends bei nicht-menschlichen Primaten und Mensch kommen aus unterschiedlichen Forschungsdisziplinen. Man weiß, dass alle höheren Primaten unter natürlichen Bedingungen sozial leben, wobei sie Sozietäten von unterschiedlicher Organisationsstruktur bilden. Sie alle sind für ihre normale psychische Entwicklung gewissermaßen auf Gedeih und Verderb auf ein spezifisches soziales Umfeld angewiesen. Es gibt zu Recht den trefflichen Ausspruch: „Ein isolierter Affe ist kein Affe!" Der scheinbare Widerspruch der beiden genannten Trends ist bereits in der Individualontogenese aufgehoben. Zahllose Aufzuchtexperimente im Labor mit Affen verschiedener Spezies unter mehr oder weniger gezieltem sozialen Erfahrungsentzug – angefangen bei Harlows Pionierarbeiten der frühen fünfziger Jahre – haben immer wieder den Nachweis erbracht, dass der Schweregrad der bei solchen Versuchen produzierten psychischen Störungen eindeutig positiv korreliert mit den experimentell abgestuften Schweregraden der sozialen Deprivation während der frühen Kindheit (vgl. Lewis und Sackett 1980). Ein für uns interessanter Nebenbefund dieser Experimente ist der, dass selbst total isoliert aufgezogene Individuen in ihren „basic intellectual abilities" weniger gestört waren als in ihrer Lernmotivation, und gerade das hat etwas mit Persönlichkeitsentwicklung im dafür so wesentlichen Antriebsbereich zu tun.

Es darf somit auch für höhere nicht-menschliche Primaten als erwiesen gelten, dass vollständig normales Verhalten nur durch ein normales soziales Umfeld generiert werden kann, wobei das normale soziale Umfeld bei verschiedenen Spezies durchaus unterschiedliche Charakteristika haben kann. Nach den bisher vorliegenden Befunden von Labor- und Freilandstudien an verschiedenen Primatenspezies ist die Verhaltensontogenese weitgehend, wenn auch mit gewissen Freiheitsgraden, angepasst an unterschiedlich komplex gebaute soziale Systeme. Im Resultat: Es bestehen spezifische soziale Grundbedürfnisse, die vor allem während der frühen Kindheit befriedigt werden müssen, wenn anders nicht ein psychisch verkrüppeltes, in jedem Falle aber ein unvollwertiges Individuum entstehen soll. Und rückwirkend: Nur ein vollwertiges Individuum erweist sich im späteren Leben als ein kompetenter Sozialpartner!

Als Nahtstelle der wechselseitigen Beziehungen der beiden genannten Evolutionstrends der Primaten lässt sich der Personalisierungsprozess in der Ontogenese ermitteln. In ihm sind soziales Feld und Individuation unmittelbar zusammengespannt.

Der eigentliche Kern dieses Individuations- beziehungsweise Personalisierungsprozesses ist (phylogenetisch) die zunehmende Entwicklung einer personalen Identität. Dieser Begriff bezieht sich auf eine integrierende Individuum-zentrierte, mehr oder weniger langfristig konsistente Selbstkontrolle des Verhaltens. Luckmann (1979) hat das so definiert: „Personale Identität ist das Regulationsprinzip für die Integration grundlegender Verhaltenselemente in langfristige Abläufe sozialer Interaktionen." Dieses Konzept lässt sich mit sehr hoher Wahrscheinlichkeit nicht nur auf den Menschen anwenden, sondern auch auf eine Reihe anderer cerebral hoch entwickelter Tiere auf dem Vertebraten-Ast der Phylogenie, insbesondere der Säugetiere und der nicht-menschlichen Primaten.

Dabei ist freilich zu berücksichtigen, dass es allein schon aus Gründen methodischer Unzulänglichkeiten sehr schwierig und wohl immer etwas gewagt bleibt, Aussagen über den Entwicklungsgrad von personaler Identität zu machen, solange man diesen nur aus bestimmten Verhaltensindizien erschließen kann und nicht aus sprachlichen Selbst-

57   äußerungen. Gleichwohl wollen wir diesen Schritt hier wagen, wobei ich sogleich darauf hinweisen möchte, dass das Konzept der personalen Identität häufig auch mit „Selbstwahrnehmung" und schließlich sogar mit „Selbstbewusstsein" in Verbindung gebracht wird, was dann einigermaßen problematisch ist.

Ohne Frage ist der individuelle Erwerb einer personalen Identität die Folge eines Distanzierungsprozesses in der Sozialisation, einer Selbstobjektivierung oder einer Selbstspiegelung im Umgang mit vertrauten Sozialpartnern, mithin in jedem Fall ein soziales Ereignis. Dieser Prozess setzt ein Gehirn voraus, das multimodale Sinnesinformationen so zu integrieren vermag, dass Objekte, bestimmte Ereignisse und schließlich auch individuelle Sozialpartner eine stabile und kalkulierbare Identitätsstruktur bekommen, sowie die intellektuelle Fähigkeit, typische Ereignisse in eine historische Sequenz zu bringen. „Es gibt überhaupt keine Beweise dafür, dass in Isolation ein normales Selbstbewusstsein entstehen würde", sagte Slobodkin (1978). Das gilt für den Menschen wie für Schimpansen und die anderen hoch entwickelten Primaten. Das in der Sozialisation erworbene Selbstbild gewinnt ohne Frage seinerseits Einfluss auf die Steuerung und Kontrolle des eigenen Verhaltens und somit eine gewisse „normative" Funktion.

Schon höhere nicht-menschliche Primaten sind durchaus in der Lage, bestimmte Dinge ihres Umfelds imaginativ um das „Selbst" zu verschieben. Das ist durch komplizierte Problemlösungsexperimente vielfach erwiesen. Nach Bischof (1978) liegt der wesentliche Unterschied zum Menschen darin, dass die imaginäre Antizipation möglicher Umfeldgegebenheiten noch an den je gegenwärtigen eigenen Bedürfniszustand geknüpft bleibt. Beim Menschen erst werden auch die eigenen Bedürfniszustände aus ihrer Fixation befreit und auf der Zeitskala verschiebbar. Erst auf dieser Basis kann ein theoretisch endloses Raum-Zeit-Kontinuum entstehen, auf dem in der Imagination die Positionen und die Motivationen sowohl des „Selbst" als auch des sozialen Umfeldes bei Wahrung der Einzelidentität beliebig gegeneinander verschiebbar und in neue Beziehungen zueinander gesetzt werden können. Erst so entsteht auch eine in sich konsistente Verknüpfung von Gegenwart mit Vergangenheit und Zukunft im Bewusstsein, woraus dem Menschen allein „Geschichtsbewusstsein" und im Verein mit der kontingenten personalen Identität des „Selbst" und anderer Sozialpartner die „Verantwortlichkeit" für das eigene Handeln erwächst, und damit die „moralische" Qualität seines Tuns.

Die letzten Schritte übersteigen offensichtlich die Kapazitäten 58
selbst der höchst entwickelten heute lebenden nicht-menschlichen Primaten. Freilich sind wir auch bei dieser Feststellung wieder auf bloße
Verhaltensindizien angewiesen. Eines davon ist das Fehlen langfristiger
sozialer Sanktionen gegen notorische Übeltäter. Obwohl in einer der
von unserer Arbeitsgruppe über mehrere Jahre beobachteten indischen
Langurensozietäten ein bestimmtes erwachsendes Weibchen ständig die
Babys anderer Weibchen ihrer Gruppe misshandelte und sogar für alle
sichtbar den Tod eines Kindes „verschuldete" (sie warf das Kind in einen See), wurde es von diesen Weibchen und anderen Müttern weder
längerfristig gemieden noch sonst irgendwie sozial sanktioniert. Das
gilt sogar noch für Schimpansen, wie die erstaunliche Tatsache zeigt,
dass die von Jane Goodalls Arbeitsgruppe so intensiv und über lange
Zeiträume beobachtete Schimpansen-Sozietät am Gombe (Tansania) die
weiblichen Gruppenmitglieder Passion und Pom (Mutter und Tochter)
nicht aus ihrer Gemeinschaft ausschloss, obwohl die beiden zwischen
1974 und 1977 mindestens drei Babys der eigenen Gruppe vor den Augen anderer getötet und gefressen hatten (Goodall 1977). Hans Kummer
(1978) hat diese erstaunliche Tatsache fehlender sozialer Sanktionen bei
nicht-menschlichen Primaten darauf zurückgeführt, dass deren Zeit-
und Selbstbewusstsein noch nicht ausreichend entwickelt sei, den „ob-
jektiven Wert" eines Kumpanen, geschweige denn des eigenen Selbst,
über Zeit und Kontext hinaus in einem solchen Maße zu integrieren,
dass die Bewertung die emotionalen Bindungen an vertraute Gruppenmitglieder überwinden könne. Die Verbindung von personaler Identität
mit der sich daraus unter den oben genannten Bedingungen entwickelnden „Verantwortlichkeit" als eine konsistente Fortsetzung des Personalisierungsprozesses bei steigender intellektueller Kapazität ist hier offenbar noch nicht vollzogen. Das ist der Grund, weshalb man nicht-
menschlichen Primaten (wie allen anderen Tieren natürlich erst recht)
keine „Moral" und entsprechend auch kein „unmoralisches", sondern
allenfalls „vormoralisches" Handeln zuschreiben darf.

Unter dem Strich kommt heraus, dass der in der Primaten-Evolution kontinuierlich fortschreitende Personalisierungsprozess selbst im
sozialen Feld wurzelt und nur dort gedeiht. Die sich vervollständigende
personale Identität gewinnt als normative Komponente zunehmend
Einfluss auf die individuelle Gestaltung des Verhaltens.

59   Kognitiv-intellektuelle Kapazität

Wie steht es nun mit der evolutiv zunehmenden kognitiv-intellektuellen Kapazität und der Beziehung zum Phänomen der personalen Identität?

Experimentelle Laboruntersuchungen mit und an Affen verschiedener Spezies haben erstaunliche, zuvor ungeahnte Potenzen ans Licht gebracht, die es erforderlich machten, den sogenannten Rubikon zwischen Mensch und Tier weiter und weiter in scheinbar exklusiv menschliche Domänen hinaufzuschieben.

Ungezählte Lerntests unterschiedlicher Zielsetzungen haben eindrücklich belegt, dass die höheren nicht-menschlichen Primaten anderen getesteten Säugetieren gerade im Entwickeln komplizierterer Problemlösungsstrategien, im Interproblemlernen („learning to learn") und Problemtransfer, im Beachten und Lernen komplexer Umfeldkonditionalisierungen und in der wichtigen Fähigkeit zur „Selbstbeherrschung", das heißt zur restriktiven Kontrolle des eigenen Verhaltens, gegebenenfalls zur vollständigen Unterdrückung des emotionalen Spontanverhaltens im Dienst einer weitergreifenden Strategie, überlegen sind. In all dem dokumentiert sich unter anderem ein fortschreitender Grad der Fähigkeit, sich vom Hier und Jetzt zu emanzipieren. Dies ist zugleich, wie wir gesehen hatten, eine wesentliche Komponente der Entfaltung von personaler Identität.

In deutlicher Abhebung von den doch relativ seltenen Hinweisen auf Werkzeugverwendung und Werkzeugherstellung aus freier Wildbahn haben Affen in zahlreichen Laborexperimenten ganz erstaunliche Fähigkeiten im „technologischen" Feld bewiesen. Es zeigte sich vor allem auch, dass nicht-menschliche Primaten in der Lage sind, technologische Probleme von erheblichen Kompliziertheitsgraden durch vorheriges „distanziertes" Vergleichen von realen und imaginären Situationen und durch „abwartendes Überlegen" zu lösen. Auch hier findet sich der Bezug zu wesentlichen Grundvoraussetzungen des Erwerbs von personaler Identität wieder.

Herausragendes Interesse finden seit langem die zahlreichen Experimente zum sogenannten Symbolverständnis von Affen (insbesondere Menschenaffen) und die unterschiedlichen Ansätze, sie im Umgang mit Symbolsprachen, beziehungsweise etwas vorsichtiger ausgedrückt, mit „kodierten Repräsentationen" zu unterrichten. Diese Experimente und ihre spektakulären Resultate sind heute allgemein so bekannt, dass ich hier sogleich resümieren kann. Zumindest haben diese Tiere folgende Kriterien des symbolsprachlichen Verständnisses offensichtlich erfüllt: Die Eigenschaften der gemeinten Objekte und Handlungen werden unabhängig von den Eigenschaften der diese bezeichnenden Zeichen beziehungsweise Symbole und bei Tätigkeiten unabhängig von den jeweils handelnden Personen verstanden. Man kann sich auf diese Weise über zurzeit nicht anwesende Gegenstände und nicht ausgeführte Handlungen „unterhalten". Ein syntaktisches Regelsystem findet richtige Verwendung; einfache logische Operatoren werden in ihren spezifischen Funktionen adäquat eingesetzt; das erlernte Repertoire wird kreativ genutzt und neu kombiniert; kurz, man kann mit diesem Instrument „rein gedankliche" Operationen vornehmen und einem Sozialpartner mitteilen. Dass trainierte Schimpansen dieses neue „Werkzeug" auch zur wechselseitigen Verständigung erfolgreich einsetzen, darf als erwiesen gelten (Savage-Rumbaugh et al. 1978).

Mittels dieses Instrumentariums kann unter anderem Vergangenes „vergegenwärtigt" und Zukünftiges „vorhergesagt" werden. Auch hier wird wieder der unmittelbare Bezug zu Grundeigenschaften der personalen Identität deutlich. Symbolsprachen werden individuell erlernt und sozial vermittelt (tradiert). Es mag bei den im Labor nachgewiesenen Fähigkeiten geradezu verwundern, dass Menschenaffen von sich aus offenbar kein symbolsprachliches Kommunikationssystem entwickelt haben.

Symbolverständnis und Symbolverwendung haben ohne Frage etwas mit außerhalb der Gegenstände und Personen gelegener Repräsentation zu tun: Ein benanntes oder dargestelltes Ding ist außerhalb seiner selbst repräsentiert. Der malende Schimpanse Congo von Desmond Morris (1963) hatte genau diese Darstellungs-Stufe nicht mehr erreicht. Er zeichnete zwar kreisähnliche Gebilde, doch blieb der von der humanen kindlichen Entwicklung her bekannte, sich unmittelbar daran anschließende Schritt zur bildlichen Darstellung (Repräsentation) eines vereinfachten Gesichts aus. Es ist nun in diesem Zusammenhang von besonderem Interesse, dass Premacks Schimpansin Sarah nach erfolgreichem Training in ihrer Plastiksymbol-Sprache (Premack 1971) auch im Bereich der bildlichen Repräsentation erfolgreicher war als andere Schimpansen. Premack (1975) ließ die Tiere nicht zeichnen, sondern wählte den manuell einfacheren Weg eines Puzzles, wobei mit vier vorgegebenen (gleich großen) Gesichtsteilen (die beiden Augen, die Nasen- und die Mundregion) ein Schimpansengesicht in einem vorgezeichneten Gesichtsumriss zusammengesetzt werden musste. Sarah löste diese Aufgabe wiederholt deutlich besser als die anderen Versuchstiere. Nachdem sie sich selbst mit einem Hut auf dem Kopf im Spiegel hatte

61 betrachten dürfen, ergänzte sie in ihrem Puzzle das Schimpansengesicht mittels eines Stückes Bananenschale dort, wo sie den Hut gesehen hatte. Man kann sich des Eindruckes kaum erwehren, als sei mit dem Sarah-Verständnis ein prinzipieller Fortschritt oder Durchbruch in Richtung auf Repräsentations-Verständnis allgemein gelungen, der jetzt einen Transfer in den Bereich bildlicher Darstellung gestattete.

Die Schimpansen im Labor von Menzel und Premack orientieren sich anhand von Puppenstuben-Modellen und Video-Luftaufnahmen, also ebenfalls mehr oder weniger stark kodierten Repräsentationen, über reale Raumgegebenheiten und Situationen. Diese Experimente zielen darauf, den Versuchstieren eine Art Karten-Lesen beizubringen (Menzel et al. 1978).

Auch das Erkennen des „Selbst" im Spiegel hat natürlich etwas mit Repräsentations-Verständnis zu tun: Mein Spiegelbild vergegenständlicht (repräsentiert) mich außerhalb meiner selbst. Mit Gallups (1970) berühmten Spiegelversuchen mit Schimpansen sind wir unvermittelt wieder beim Thema des Erwerbs personaler Identität angelangt (siehe oben), und bemerkenswerterweise gelingt beides, das „Sich-selbst-im-Spiegel-Erkennen" und der Erwerb personaler Identität, nur im Kontext mit einer „geglückten" Sozialisation. Isoliert aufgezogene Individuen erreichen beides nicht oder nur sehr unvollkommen. Das gilt für Schimpansen ebenso wie für den Menschen.

Warum aber und zu welchem biologischen Zweck – so fragen wir – haben nicht-menschliche Primaten alle diese im Labor erwiesenen kognitiven und intellektuellen Fähigkeiten phylogenetisch erworben, wenn sie doch aus eigenem Antrieb nie eine Symbolsprache verwendet, geschweige denn entwickelt haben, und wenn sie Werkzeuge in ihrem natürlichen Habitat nur in sehr einfacher Form und in sehr beschränktem Maße einsetzen und herstellen? Wie konnten via adaptive Selektion bei ihnen solche Potenzen angereichert werden, wenn diese doch in der uns vertrauten Art und Weise im Normalleben dieser Tiere gar nicht ausgenutzt werden?

Es gibt derzeit nur eine vernünftige biologische Erklärung dieses scheinbaren Paradoxons: Die entsprechenden Fähigkeiten werden in einem anderen Kontext des täglichen Routinelebens eingesetzt und sind via Selektion auch in diesem Kontext entstanden. Dieser andere Kontext ist nach allem, was wir zurzeit wissen, das soziale Feld.

Welche Charakteristika kennzeichnen das soziale Feld bei frei lebenden
höheren Primaten?

Primatensozietäten sind Generationen überdauernde, dabei zugleich individualisierte, das heißt auf wechselseitiger persönlicher Bekanntschaft und Vertrautheit der Gruppenmitglieder untereinander beruhende soziale Einheiten von individuell überschaubarer Größenord-
nung. Dabei lassen sich unterschiedliche Organisationsprinzipien nachweisen. Die ethologische Feinanalyse solcher Systeme hat gezeigt, dass
Primatensozietäten nicht einfach als die Summe aller interindividuellen
dyadischen Zweierbeziehungen zu verstehen sind, sondern dass sie
komplexe Netzsysteme von miteinander interagierenden sozialen Be-
ziehungsmustern darstellen (Kummer 1975): Jedes Mitglied hat ständig
mit einer Vielzahl von jeweils bestehenden und sich dynamisch verändernden Beziehungen anderer zueinander zu rechnen, was eine hoch
entwickelte soziale Kompetenz der Gruppenmitglieder voraussetzt, die
in einer langen und intensiven Lernphase der Sozietät individuell erworben werden muss. Kummer (1982) hat exemplarische Beobachtungen zusammengestellt, die eigentlich nur verständlich werden, wenn
man den Akteuren intime Kenntnisse der sozialen Beziehungen anderer
Gruppengenossen untereinander unterstellt. Es gibt in Sozietäten von
Makaken, Pavianen und Schimpansen raffinierte soziale Strategien mit
erheblichen Freiheitsgraden der jeweils zu wählenden Taktiken, und das
Gesamtsystem entwickelt eine Eigendynamik, die vor allem aus den
Besonderheiten der sozietätsinternen sozialen Beziehungsmuster erwächst.

Dank seiner während einer langen Lernphase in der Gemeinschaft
erworbenen sozialen Kompetenz kann das Individuum mehr oder weniger geschickt in und mit dem sozialen System seiner Gruppe spielen.
Humphrey (1976) sprach in diesem Zusammenhang von einer permanenten Schachspieler-Situation: A agiert, um B zu einem bestimmten
Verhalten zu bewegen; B reagiert, jedoch im Verfolg seiner eigenen Interessen und schafft so eine neue Situation, die A nun nach seinem Eigeninteresse wiederum in sein weiteres Interaktionskonzept einbeziehen muss und so weiter. So entsteht ein ständig neue Entscheidungs-
alternativen produzierender Entscheidungsbaum, wobei die an den jeweils eigenen Interessen orientierten Strategien allen Störungen zum
Trotz aufrecht erhalten werden müssen beziehungsweise taktisch entsprechend zu modifizieren sind. Dabei muss jedes Individuum ständig

63 die bestehenden Beziehungen seiner Interaktionspartner, mindestens zu allenfalls anwesenden weiteren Gruppenmitgliedern beachten. Je virtuoser ein Akteur die Struktureigenheiten und emotionalen Beziehungssysteme seiner Sozietät handhabt, desto besser wird er seine eigenen Interessen wahrnehmen und desto erfolgreicher seinen Lebensweg in dieser Sozietät gestalten können.

Die von höheren Primaten verwendeten sozialen Strategien und Taktiken erscheinen zum Teil außerordentlich raffiniert und schließen „soziale Werkzeugbenutzung" (Kummer 1971) durchaus ein. Im Besonderen handelt es sich dabei um Fälle, wo ein Gruppenmitglied vom Akteur „intentional" als Mittel zum Zweck zur Erreichung eines weiter reichenden sozialen Zieles eingesetzt wird, ein Ziel, das nur über bestehende und offensichtlich erkannte soziale Beziehungen Dritter untereinander erreicht werden kann. Dabei muss betont werden, dass ein „soziales Werkzeug" komplizierter und in seinen Qualitäten weniger eindeutig kalkulierbar ist als ein „mechanisches Werkzeug". Wie Kummer (1982) mit Recht vermerkt: „Während ein Labyrinth oder ein einfaches mechanisches Werkzeug für die Dauer ihrer Nutzung gleich bleiben, verändert sich ein soziales Werkzeug (in seinen Motivationen) und verfolgt eigene Ziele."

Vorausschauendes Planen unter Abschätzung der Reaktionswahrscheinlichkeiten der Partner bei gleichzeitig beherrschter, oft restriktiver Kontrolle über das eigene emotionale Spontanverhalten, sie gehören gewissermaßen zum täglichen Brot, sie sind Voraussetzung des erfolgreichen Agierens in solchen sozialen Systemen. Dies umso mehr, je kompliziertere Subgruppierungen (wie zum Beispiel genealogische Clans, feste Koalitionen, Rang- und Rollensysteme, kurzfristigere Allianzen) in die Planung einbezogen werden müssen. Die Kompetenz zu entsprechenden Strategie-Anpassungen und -Optimierungen wird über soziales Lernen vermittelt. Diese Kompetenz zu erwerben, bedarf es einer langdauernden lernoffenen Individualentwicklung im sozialen Feld und mithin im Resultat einer starken Sozialabhängigkeit.

In jedem Falle leisten nicht-menschliche Primate im sozialen Feld kognitiv und intellektuell weit mehr, als aus den vergleichsweise spärlichen Belegen für „materielle Werkzeugbenutzung" unter natürlichen Lebensbedingungen je abzuschätzen gewesen wäre. Die bei Primaten parallel geschaltete Entwicklung von individueller Lernoffenheit und kreativ einsetzbarer mentaler Potenz einerseits sowie hoher sozialer Abhängigkeit andererseits schafft im Zusammenhang mit der Bildung von mehrere Generationen simultan umfassenden Sozietäten auf dem

Wege sozialer Einflussnahme und Traditionsbildung einen offenbar evolutiv sehr erfolgreichen Kompromiss zwischen Sicherheit stiftender Stabilität und anpassungsfähiger Flexibilität des Verhaltens. Man kann diesen ganzen Komplex rückschauend als eine geradezu ideale Prädisposition für die Entwicklung der menschlichen Kulturfähigkeit ansprechen.

Nach allem erscheint die Hypothese nicht weit hergeholt, dass Wurzel und primäre Triebfeder für die evolutive Steigerung der kognitiv-intellektuellen Potenzen der Primaten im sozialen Feld gelegen hätten und dass die dort entwickelten Fähigkeiten erst sekundär und auf bereits recht fortgeschrittenem Differenzierungsniveau in den ausnutzenden Umgang mit der dinglichen Umwelt übertragen worden seien. Diese Funktionserweiterung und -übertragung, kennzeichnet dann insbesondere die Hominiden-Evolution. Vorausschauendes (die möglichen Folgen jeweils antizipierendes) Handeln, Planen nach zuvor abgewogenen Wahrscheinlichkeiten unter Einbeziehung komplexer und wechselnder Situations-Konfigurationen, distanzierte Kontrolle des eigenen emotionalen Spontanverhaltens – das alles sind ja gerade die in zahlreichen Laborexperimenten nachgewiesenen besonderen Qualitäten der Primaten – , sie sind es, die gleichermaßen entscheidende Voraussetzungen für die Entwicklung komplizierter sozialer Strategien wie für die zielgerichtete materielle Werkzeug- beziehungsweise Geräteherstellung darstellen. Es bedurfte eigentlich zunächst nur eines Transfers vom sozialen in das technologische Feld. Die eben genannten Qualitäten sind zugleich auch Bedingungen für von der inneren und äußeren Jeweils-Situation losgelöste Bewusstseinsprozesse, die wir als Denken und Reflexivität bezeichnen, und natürlich auch für die Entwicklung von Symbolsprachen.

Katalysator für den genannten Transfer der kognitiv-intellektuellen Fähigkeiten vom sozialen in das nicht-soziale Feld könnte in der frühen Hominiden-Evolution sehr wohl der Ernährungswechsel mit dem Übergang zur subsistentiellen Jagd gewesen sein. Das Beutetier ist ein „Fast-Sozialpartner", darauf deuten sowohl die Beobachtungen zum Jagdverhalten vom Schimpansen gegenüber Pavianen als auch die in so zahlreichen magischen Ritualen zum Ausdruck kommende imaginäre Projektion des Jägers in das erwünschte Beutetier bei Jäger- und Sammler-Völkern hin. Durch Sich-Einfühlen wird die Beute kalkulierbar und in gewissen Grenzen sogar manipulierbar wie ein Sozialpartner. Damit lassen sich die Fähigkeiten und strategischen Konzepte aus dem sozialen Feld einsetzen und übertragen. Der Einsatz dieses bereits vor-

65   gegebenen hochdifferenzierten Instrumentariums in den neuen Funktionskreis der Jagd könnte eventuell auch erklären, warum die frühen Hominiden sich offenbar auf Anhieb in der vorgefundenen hoch spezialisierten Carnivoren-Szene behaupten und sehr schnell als der Konkurrenz überlegen durchsetzen konnten. Ihnen war wohl der geniale Trick gelungen, die Konkurrenz zu überholen, ohne diese erst mühsam durch genetische Anpassung einholen zu müssen. Mir erscheint die Spekulation plausibel, dass dies der erste und entscheidende Schritt der Übertragung der originär im sozialen Feld entstandenen kognitiv-intellektuellen Potenzen über eine fast-soziale in eine außer-soziale Welt war. Nach Humphrey (1976) bestand die Aufgabe vor allem darin, „to try to fit non-social material into a social mould". In diesem außersozialen Feld (der Jagd) wurde es dann entscheidend, sich seiner intellektuellen Fähigkeiten auch auf dem technologischen Sektor der materiellen Werkzeugherstellung zu bedienen, was hier – wie Hans Kummer (1971) meint – umso unbehinderter und somit schneller ging, als das materielle Feld freier von Emotionen war als das soziale Feld und somit die produktive Distanziertheit eher beförderte. Damit war der neue Motor gesetzt, der dann den relativ schnellen Prozess der „technisch-ökonomischen Aneignung der Natur durch den Menschen" antrieb, um Karl Marxs Charakterisierung der Menschheitsgeschichte zu zitieren.

Allein diese Hypothese ist darüber hinaus derzeit in der Lage, konform mit Darwins Theorie zu erklären, warum und wie bereits auf subhumanem Primaten-Niveau durch adaptive Selektion all jene kognitiv-intellektuellen Fähigkeiten entstehen konnten, die dann die Prädispositionen für die Hominisation abgaben. Fast alle eingangs genannten Charakteristika des Menschen entspringen diesem Substrat.

Die Technologie nahm ihren Anfang sehr wahrscheinlich im subsistentiellen Umfeld von Jagd, Nahrungsgewinnung und Nahrungszubereitung. Die Entwicklung vom Symbolsprachen muss wohl primär im Zusammenhang mit einer die unabdingbar notwendige *soziale* Jagd fördernden, vorausplanenden Kommunikation gesehen werden. Diese wiederum waren Voraussetzung für die Entfaltung gedanklicher Reflexivität und zum Aufbau der kulturellen Welt symbolischer Repräsentationen. Damit war ein neues, sekundäres System von Informationsspeicherung und Informationsübertragung geschaffen, das zum Multiplikator kultureller Entfaltung und Überlieferung wurde. Die personale Identität wuchs in die humane Dimension von Verantwortlichkeit und Moral. Die Geschichtlichkeit des Menschen schließlich entstammt dem vorgegebenen Spannungsfeld von sozialer Gemeinschaft und vollwertig personalisierten Individuen, von tradierten Überlieferungsströmen und modifizierenden Innovationen. Der Mensch emanzipierte sich weitgehend, aber keineswegs vollständig von der genetischen Evolution und ihren Mechanismen. Immerhin ging dieser Prozess soweit, dass der Mensch zu echtem, von genetischen Fitness-Zwängen abgekoppeltem Altruismus fähig ist, dass er das erste und bisher einzige Produkt organismischer Evolution wurde, das in der Lage ist, die Strategien und Mechanismen der Evolution zu durchschauen und – zu seinem eigenen Nutzen oder Verderben – mit ihnen zu spielen.

Der Mensch jedoch blieb das extrem sozialabhängige Wesen, als das ihn die Primatenevolution hervorgebracht hat. Mit der einzigartigen intellektuellen Entwicklung der Hominidenlinie trat allerdings eine neue Gefahr auf den Plan, der es ständig gegenzusteuern galt, wenn anders nicht alles zugleich wieder verspielt werden sollte.

Das menschliche Individuum könnte von seinen kognitiv-intellektuellen Potenzen her so „frei" sein, dass sein Verhalten für Sozialpartner kaum oder gar nicht mehr mit der erforderlichen Verlässlichkeit kalkulierbar wäre: ein wahres Desaster für einen auf Gedeih und Verderben dem Sozialleben verhafteten Primaten. Einer derartigen Katastrophe muss kontinuierlich entgegengewirkt werden. Dies kann auf der Stufe unserer individuellen Freiheitsgrade nur durch die Entwicklung und strikte Beachtung von soziokulturell gesetzten, traditional stabilisierten Verhaltensregeln und Normen geschehen, deren Einhaltung das unbedingt notwendige Maß von verlässlicher Vorhersagbarkeit des Verhaltens für Individuen derselben Sozietät garantiert. Zur Durchsetzung dieser Regeln bedarf es zunächst der Ausbildung wirksamer sozialer Sanktionen im Falle der Nichtbeachtung. Durch den Vorgang der psychischen Internalisierung entwickeln sich dann bei Nichtachtung und Regelverstößen Schuldgefühle, Scham und schlechtes Gewissen (Bischof 1978).

Dabei ist es von entscheidender Bedeutung, dass vor allem die biologisch und sozial absolut notwendigen erhaltenden Funktionen erfüllt und geschützt werden: Sie müssen fortwährend und in Zukunft kalkulierbar am Werk bleiben. So dürfte sich das bemerkenswerte Faktum erklären, dass so zahlreiche im tierischen Bereich durch biologisch-genetische Mechanismen geschützte und garantierte Verhaltensweisen und Antriebe die Kristallisationskerne für eine Reihe von universalen soziokulturellen Normen beim Menschen abgeben, die nun in je kulturspezifischer Weise überformt werden. Gesichert ist auf diese Weise, „dass das kulturelle Verhalten im Durchschnitt an der Leine biologischer Fitness-Imperative bleibt" (Markl 1983 a), und dies bei erhöhter Flexibilität, jetzt durch die gegenüber genetischen Systemen gegebenen Möglichkeiten schnellerer anpassender Veränderungen der traditional-kulturellen Normen in historischen Prozessen. Optimiert wird dabei wieder nach dem altbewährten evolutiven Kompromiss von sichernder Stabilität und innovativer Plastizität.

So bleibt der Mensch bis heute der sozialen Evolution verhaftet, der er seinen Ursprung verdankt, und so kommt es, dass nicht die Kulturen selbst und ihre Geschichte, wohl aber die Kulturfähigkeit des Menschen ein integrierender Bestandteil unserer Natur sind. „Es ist uns *natürlich*, unser Dasein durch *Kultur*tradition zu bewältigen", so formulierte es Hubert Markl (1983 a), und „jede funktionierende Kultur ist eine vollwertige und gleichwertige Manifestation unserer Natur".

Geschichte und Geschichtlichkeit

Gleichwohl: Menschen sind Wesen mit Geschichte, und so gilt es, abschließend die Frage nach dem Verhältnis von biologischer und kultureller Evolution hinsichtlich menschlicher Geschichtlichkeit zu erörtern. Die Bezeichnung „Geschichte" verwenden wir allgemein in doppeltem Sinn: einmal für den ablaufenden Prozess an sich, zum anderen für dessen Dokumentation und „geistige" Verarbeitung durch den Menschen. Entsprechend kann auch das Wort „Geschichtlichkeit" eine doppelte Sinnzuweisung erfahren: Es bezeichnet dann zum *einen* die „Teilhabe" an beziehungsweise das „Unterworfensein" unter geschichtliche Prozesse selbst und zum *anderen* das Vermögen, solche Prozesse zu erfassen beziehungsweise zu erkennen. Bevor wir an unsere im Thema formulierte Frage herangehen, müssen wir diese beiden Aspekte noch etwas genauer charakterisieren und abgrenzen.

Im Großen Brockhaus steht zur Kennzeichnung des erstgenannten Aspektes, Geschichte sei „Ablauf und Zusammenhang alles an Zeit und Raum gebundenen Geschehens". Geschichte also besteht aus raum-zeitlichen Prozessen, jedoch wird nicht jeder derartige Prozess die Bezeichnung Geschichte verdienen. Zum Beispiel werden wir kreislaufartig, zyklisch ablaufende raum-zeitliche Prozesse und deren ständige Repetition nicht ohne weiteres Geschichte nennen, obwohl Geschichte solche Prozesse ohne Frage auch enthält. Die „regelmäßige Kausalität, das ist das Ungeschichtliche in der Geschichte" formulierte

Karl Jaspers (1949). Unter Geschichte verstehen wir „gerichtete Entwicklungen", das heißt letztlich irreversible Prozesse, die in vollständi-
ger Gleichförmigkeit nicht wiederholbar sind. Das Abbrennen einer
Kerze zum Beispiel entbehrt der Geschichtlichkeit, obwohl es eine eingleisig gerichtete Entwicklung ist, weil es einer „regelmäßigen Kausalität" unterliegt und entsprechend bis in alle messbaren Einzelheiten jederzeit wiederholbar ist: Der Ablauf des Prozesses ist genau vorhersagbar. Geschichte lebt also offenbar elementar von „besonderen Ereignissen", die selbst nicht sicher vorhersagbar sind, dann aber die Bedingungskonstellationen der weiteren Entwicklung in je bestimmte Richtungen verändern. Wenn wir hier von Entwicklung sprechen, meinen
wir damit keineswegs automatisch Fortschritt im Sinne einer zielorien-
tierten Höherentwicklung (das ist und bleibt jeweils subjektive Interpretation!). Wir meinen aber einen regelhaften Ablauf, denn „eine völlig
einzigartige, in jedem ihrer Bestandteile jeder Erfahrungsregel wider-
sprechende Ereigniskette wäre unverständlich und ebenso uninteres-
sant" (Golo Mann 1974), wir würden sie nicht Geschichte nennen. Hier
erkennen wir zugleich die dialektische Verbindung dieses Aspektes von
Geschichte als Prozess mit dem zweiten Aspekt der Erkenntnis geschichtlicher Zusammenhänge, denn Geschichte stellt für uns in aller
Regel eine retrospektive Rekonstruktion, die nachträgliche Herstellung
eines Bezuges von Vergangenem zu je Gegenwärtigem dar.

Ein raum-zeitlicher Prozess, der nach dieser Erörterung die Bezeichnung „geschichtlich" verdiente, müsste regelhaft, eingleisig gerichtet, irreversibel, nicht genau und beliebig wiederholbar sein und gewisse
Freiheitsgrade enthalten.

Es ist klar, dass in diesem Sinne „geschichtliche Prozesse" nicht
an den Menschen und nicht an ein „Geschichtsbewusstsein" gebunden
sind. Dieser Geschichtsbegriff kann sich auf unterschiedliche Komple-
xitätsniveaus beziehen: von der Geschichte der Galaxien über die Erd-
geschichte und organismische Phylogenese bis hin zur individuellen Lebensgeschichte.

Der zweite Aspekt von Geschichte beziehungsweise Geschichtlichkeit ist gebunden an irgendeine Form von Dokumentation beziehungsweise Überlieferung von Vergangenem *und* an eine Erkenntnis
von Zusammenhängen oder an eine irgendwie „sinnhafte Verknüpfung"
zwischen Vergangenem und Gegenwärtigem, kurz an etwas, das wir
Geschichtsbewusstsein nennen. „Ohne Sinnzusammenhang gibt es im
Grundsatz nur Annalen oder ‚Vergangenheit', aber keine ‚Geschichte'"
sagt Golo Mann (1974).

Im Sinne dieses zweiten Aspektes ist „Geschichte" – jedenfalls nach allem, war wir bisher wissenschaftlich abgesichert aussagen können – an den Menschen gebunden, weil offenbar nur er ein echtes Geschichtsbewusstsein entwickelt hat. Es ist aber zugleich auch klar, dass diese Art von Geschichte nicht auf den Menschen als Objekt dieser Betrachtung beschränkt ist, sondern dass der Mensch geschichtliche Prozesse auch an anderen Gegenständen, von den Galaxien bis zur individuellen Lebensgeschichte einzelner Organismen, erkennen, dokumentieren und „sinnhaft" interpretieren kann.

Wollten wir uns auf diese beiden formalen Aspekte unseres Geschichts- beziehungsweise Geschichtlichkeits-Begriffes beschränken, so wäre die Frage, ob es Geschichte beziehungsweise Geschichtlichkeit bei nicht-menschlichen Primaten gäbe, schnell und eindeutig beantwortet: Im Sinne des erstgenannten Aspektes mit „ja" (sie haben natürlich ebenso ihre Phylogenese wie eine individuelle Lebenshistorie), im Sinne des zweitgenannten Aspektes mit „nein" (sie haben nach allem, was wir derzeit exakt wissen, kein echtes, dem Menschen vergleichbares „Geschichtsbewusstsein").

Wir fragten aber nach eventuellen „Vorstufen menschlicher Geschichtlichkeit", und zur Analyse dieser Frage reicht die bisher vorgenommene Differenzierung offensichtlich nicht aus.

Historiker engen den Geschichtsbegriff auf menschliche Geschichte ein, und dies entspricht auch dem primären Allgemeinverständnis: Wenn wir von Geschichte reden, meinen wir in erster Linie die Geschichte menschlicher Bevölkerungsgruppen, seien diese nun abgegrenzt als Kulturkreise, Nationen, Sozietäten oder Dynastien. Dieser Geschichtsbegriff im engeren Sinne beinhaltet „die Geschichte des Menschen als soziales Wesen" (Meyers Enzyklopädisches Lexikon 1974). Auf diesen Geschichtsbegriff im engeren Sinne bezieht sich die Formulierung „menschliche Geschichtlichkeit" in unserem Thema. Auch er umfasst freilich die beiden beschriebenen Aspekte, den des Prozesses an sich und den der Erkenntnis geschichtlicher Zusammenhänge.

Sollte ein besonderer Typ von *Geschichtlichkeit* unvermittelt mit dem Menschen in die Welt getreten sein? Ein Biologe wird hier ohne Zögern bereits aus sehr generellen Überlegungen heraus Zweifel anmelden, weil der Mensch ein Produkt organismischer Evolution ist. Evolution aber ist ein zu keiner Zeit und auf keiner Entwicklungsstufe unterbrochener, also ein kontinuierlicher Vorgang, der über mehr oder weniger lange Zeiträume zu bedeutenden Umkonstruktionen führen kann, wie ein Überblick über die heute auf unserer Erde lebenden Organismen zeigt. Im charakteristischen Unterschied zu vom Menschen erdachten – gewissermaßen am Reißbrett entwickelten – technologischen Neukonstruktionen muss in der Evolution der Organismen die Kontinuität bei voller Funktionstüchtigkeit aller lebenswichtigen Teile des Organismus jederzeit und in allen Stadien der Veränderung voll gewahrt bleiben: Andernfalls wäre eine Entwicklungslinie unweigerlich zum Aussterben verurteilt. Die Evolution kann also gar keine unvermittelten Sprünge machen. Sie ist darüber hinaus gezwungen, in jeder Phase mit den aus früheren Generationen und Entwicklungsstadien überkommenen Bauelementen und Wirkmechanismen auszukommen und auf diesen aufzubauen. In dieser Eigenart liegt zugleich der Grund dafür, dass alle Lebewesen Spuren ihrer vorangegangenen Entwicklungsgeschichte stets an sich tragen, was es wiederum den Biologen erst ermöglicht, den Ablauf der Stammesgeschichte auf der Grundlage des sorgfältigen Vergleichs von Organismen recht zuverlässig zu rekonstruieren. Das gilt natürlich auch für die Phylogenie des Menschen.

Aus diesen Gedanken heraus ließe sich für unsere Frage zunächst die allgemeine Hypothese formulieren, dass es substanzielle phylogenetische *Vorstufen* dieser menschlichen Geschichtlichkeit geben muss, die sich auch an den heute lebenden nächsten Verwandten des Menschen noch erkennen und analysieren lassen. Nun sagt diese allgemein formulierte Erwartungshypothese nichts Spezifisches. Wir müssen also zunächst die charakteristischen Besonderheiten dieser menschlichen Geschichtlichkeit herausarbeiten, fragen, an welche Bedingungen sie geknüpft sind und dann prüfen, ob und in welcher Form diese Bedingungen im außermenschlichen Bereich irgendwo erfüllt sind und ob sich bei nicht-menschlichen Primaten gewisse (und wenn, welche) dieser Besonderheiten nachweisen lassen.

Wenn Geschichte im engeren Sinn „die Geschichte des Menschen als *soziales* Wesen" ist, dann ist Geschichte an Sozietät gebunden. Sozialität aber ist nicht auf den Menschen beschränkt: Viele Tiere leben sozial, manche sogar in außerordentlich umfangreichen und kompliziert strukturierten Sozietäten, wie sie zum Beispiel die sogenannten Staaten der eusozialen *Insekten* (Termiten, Bienen und Ameisen) repräsentieren. Haben diese Sozietäten Geschichte im hier gemeinten engeren Sinne? Wenn wir den Maßstab der zuvor herausgearbeiteten Charakteristika von geschichtlichen Prozessen (regelhaft, eingleisig gerichtet, irreversibel, nicht so wiederholbar und gewisse „Freiheitsgrade") hier anlegen, dann wohl kaum: Ihre Entwicklung verläuft weitgehend zyklisch und

71 repetierlich, sie wird entscheidend von biogenen Binnen- und von exogenen Umweltfaktoren gesteuert, es gibt kaum Freiheitsgrade.

Wie verhält es sich in dieser Hinsicht aber mit den Sozietäten nicht-menschlicher *Primaten*?

Ich habe oben bereits betont, dass Primatensozietäten nicht einfach die Summe der interindividuellen Zweierbeziehungen repräsentieren, sondern komplizierte Systeme von miteinander interagierenden sozialen Beziehungsstrukturen darstellen, deren Mitglieder eine hohe soziale Kompetenz benötigen, die in einer langen und intensiven Lernphase innerhalb der Sozietät individuell erworben werden muss. Es gibt „raffinierte" individuelle und überindividuelle soziale Strategien mit erheblichen „Freiheitsgraden", und das Gesamtsystem entwickelt eine Eigendynamik, die vor allem aus den Besonderheiten der sozietätsinternen sozialen Beziehungen erwächst. Entsprechend lassen sich einmalige individuelle Gruppenhistorien dokumentieren, die von den sozialen Beziehungen im Inneren der Sozietäten, kaum aber von äußeren Umweltfaktoren bestimmt sind, wie die Ergebnisse von Langzeitstudien unter natürlichen Umfeldgegebenheiten klar belegen: Zum Beispiel an den Rhesusaffengruppen von Cayo Santiago (beispielsweise Sade 1980), die zahlreichen von japanischen Primatologen dokumentierten Gruppen-Historien von Japan-Makaken oder die berühmt gewordene Geschichte der Schimpansenpopulation des Gombe-Reservates, die in zahlreichen Publikationen der Arbeitsgruppe um Jane Goodall niedergelegt ist. Dabei ließen sich auch gewisse historisch besondere Ereignisse dokumentieren, die das Verhalten von ganzen Sozietäten nachhaltig veränderten – zum Beispiel die bekannten „Innovationen" der Koshima-Makaken, das „Kartoffelwaschen" 1953, das „Weizenwaschen" 1956 oder das sogenannte „snatching behavior" 1959 (siehe Kawai 1965). Primatensozietäten sind in diesem Sinne „historische Einheiten". Hans Kummer schloss mit guten Gründen das Vorwort zu seinem bekannten Buch „Sozialverhalten der Primaten" mit dem Satz: „Obwohl die uns ähnlichsten Primaten offenbar keine echten Kulturen bilden, ist ihr Leben deutlich von historischen Faktoren bestimmt" (1975).

Vom Individuum zur Gemeinschaft

Als ein wesentliches Kennzeichen *menschlicher* Geschichtlichkeit gilt die „*Wechselwirkung* zwischen Individuum und Gemeinschaft" (Großer Brockhaus 1978). Menschliche Geschichte ist weder eine Anhäufung sozial ungebundener individueller Lebenshistorien noch die reine Konsequenz biologischer, sozialer und ökonomischer Zwänge. Sie lebt vielmehr aus dem Spannungsfeld zwischen individuell-personaler Freiheit und sozial-traditionaler Gebundenheit. Der scheinbare Widerspruch der beiden Pole dieses Spannungsfeldes ist bereits in der menschlichen Individualontogenese aufgehoben; es gehört zum Grundwissen von Psychologie und Psychiatrie, dass die Entwicklung einer reifen Personalität an geglückte Sozialisation gebunden ist.

Mit Blick auf die Evolution ist die Feststellung interessant, dass es zwar extrem sozial-abhängige Organismen gibt, deren Individuationsgrad auf niedriger Stufe steht (zum Beispiel die eusozialen Insekten), dass aber umgekehrt voll entwickelte Individualität im Sinne von Personalität nur in Verbindung mit gesteigerter Sozialabhängigkeit entstanden ist. Geschichtlichkeit im engeren Sinne ist geradezu an diese Kombination gebunden: „individualisierte soziale Beziehungen" sind Voraussetzung dieser Geschichtlichkeit.

Diese Primatenevolution ist – wie eben erläutert – durchgehend gekennzeichnet durch die zwei bemerkenswerterweise fest miteinander verknüpften, scheinbar gegenläufigen Entwicklungstrends: Zunahme des Individualisierungs- beziehungsweise Personalisierungsgrades einerseits und zunehmende Sozialabhängigkeit andererseits. Genau in diesem Doppelaspekt liegt die entscheidende Prädisposition für die Entstehung menschlicher Kulturfähigkeit und Geschichtlichkeit. Unter dem Strich kommt heraus, dass der in der Primaten-Evolution kontinuierlich fortschreitende Personalisierungsprozess – selbst im sozialen Feld wurzelnd – geradewegs in menschliche „Geschichtlichkeit" einmündet: Die normative Komponente der personalen Identität wird eine entscheidende Kraft der Gestaltung von individuellem Verhalten.

Menschliche *Geschichte* enthält damit zwar auch *biologische* Geschichte, wie zum Beispiel den Ablauf der im Biogramm programmierten individualontogenetischen Lebensstadien, unterschiedliche Fortpflanzungsraten, bevölkerungsbiologische Prozesse und so weiter, sie ist jedoch charakteristischerweise „Kulturgeschichte". Kultur ist äußerlich gekennzeichnet durch die Herstellung und intensive Verwendung von artifiziellen Werkzeugen (materielle Kultur, Technologie), durch symbolische Sprachen, durch Traditionen, durch soziale Institutionen, Sitten, Normen, Regeln, Gebote, Verbote, Tabus, durch Moral, Religionen, Kulte und durch das umfassende Bedürfnis, Wesen, Herkunft, Zweck und Ziel aller im Erlebniskreis des Menschen wesentlichen Dinge, einschließlich seiner selbst, zu deuten und zu erklären, darüber

73   zu reflektieren. Obwohl menschliche *Geschichtlichkeit* nur durch die biologische Evolution möglich wurde, sind die Inhalte und der Lauf menschlicher Geschichte natürlich nicht durch die biologische Evolution determiniert, eine Anmerkung, die trivial ist, vor Biologen aber doch manchmal angebracht erscheint. Der oft verwendete Ausdruck „Kultur-Evolution" täuscht nur zu leicht vor, es könnten alle wesentlichen Gesetzmäßigkeiten und Mechanismen der organismischen Evolution einfach auf die Kulturgeschichte übertragen werden. Das trifft keineswegs zu. Die Kulturgeschichte hat einige Prinzipien der organismischen Evolution im Bereich kultureller Entwicklungen ausgeschaltet, zum Beispiel die primäre wechselseitige Unabhängigkeit von Mutation und Selektion, die an ein physisch-genetisches Substrat gebundene Ausbreitungsweise von Informationsinhalten, die strenge Irreversibilität und so weiter, an ihre Stelle sind neue Regeln und Mechanismen getreten. Grund genug, so will mir scheinen, den Terminus Kultur-Evolution möglichst zu vermeiden und besser von „Kulturgeschichte" oder „Kulturentwicklung" zu sprechen. Einige Prinzipien der organismischen Evolution freilich erscheinen übertragbar oder analog beschreibbar. Das gilt zum Beispiel für das Prinzip einer ökonomischen Optimierung durch konkurrierende Selektionsprozesse, die durchaus unterschiedliche adaptive Spezialisierungen produzieren. Ein anderes übertragbares Prinzip ist das der Kontinuität der Entwicklung, vermittelt durch einen ununterbrochenen Informationsstrom, hier jedoch als Analogie, bezogen auf „Kulturgüter" und nicht auf biologische Substrate.

Schließlich konstatieren wir, dass auch nicht-menschliche Primaten, wie alle anderen nicht-menschlichen Organismen, kein echtes *Geschichtsbewusstsein* entwickelt haben: Dieses ist nach allem, was wir derzeit sicher aussagen können, auf den Menschen beschränkt. „Geschichtsbewusstsein" ist gekoppelt an eine *bewegliche* Raum-Zeit-Repräsentanz in der Imagination, wobei die Identitätsstruktur des Selbst und anderer Personen, von Objekten, Ereignissen und Bedürfnissen erhalten bleibt. Identifikationen mit anderen und Verantwortlichkeit sind weitere Konzepte, die damit in Zusammenhang stehen. Das übersteigt offensichtlich die intellektuelle Kapazität aller Tiere. Geschichtsbewusstsein ist zudem angewiesen auf *Überlieferung* von Vergangenem, in welcher Form auch immer. Dies alles zusammen ist längst gebunden an symbolische Sprache als Arbeitsinstrument und Übermittlungsträger.

Wir hatten im Verfolg der Entwicklung einer personalen Identität die Wegstelle zu markieren versucht, bis zu der die höchsten heute le-

benden nicht-menschlichen Primaten gelangt sind: Echtes Geschichtsbewusstsein liegt demnach (noch) nicht in ihrer Reichweite. Wenn sie
kein Geschichtsbewusstsein entwickelt haben, kann dieses natürlich
auch nicht auf ihre Historie einwirken, wie das beim Menschen in viel-
fältiger Form der Fall ist. Gewisse *Vorstufen* und *Prädispositionen* (s.
Kap. 1) zur Entwicklung eines Geschichtsbewusstseins sind auf ihrem
evolutiven Organisationsniveau aber deutlich angelegt, zumindest lassen sie sich retrospektiv als solche ermitteln. Und mehr noch: Es wird
einsichtig, dass menschliches Geschichtsbewusstsein, wie menschliche
Reflexivität und Kultur überhaupt, nur diesem phylogenetischen Substrat entstammen kann.

Kapitel 3

Menschliches Verhalten: Biogenese und Tradigenese

Nach Darwins Theorie von 1859 spielt natürliche Selektion die Rolle des Motors der Evolution. Sie verbessert ihrer Natur nach die Fähigkeit der Organismen zu erfolgreicher Konkurrenz um begrenzte essenzielle Ressourcen, seien dies nun Nahrungsmittel, sichere Schlupfwinkel beziehungsweise Brutplätze oder – für sich bisexuell fortpflanzende Organismen von zentraler Bedeutung – Geschlechtspartner. Selektion arbeitet über differenziellen Reproduktionserfolg, primär auf der individuellen Ebene. Jene Individuen haben im Durchschnitt gegenüber ihren unmittelbaren Konkurrenten einen relativ höheren Reproduktionserfolg, welche ihre Fortpflanzungsstrategie den Bedingungen ihres ökologischen und sozialen Umfeldes am besten anpassen. Adaptiv – also angepasst – ist jede morphologische Struktur, jeder physiologische Prozess oder jedes Verhaltensmuster, das einem Organismus im Vergleich zu seinen Konkurrenten eine höhere Eignung beziehungsweise Fitness zum Überleben und vor allem zur Fortpflanzung verschafft. Erfolgreich im Sinne des Evolutionsprozesses sind dabei zunächst Individuen, die in direkter Nachkommenlinie überproportional viele Kopien oder Replikate ihrer Gene beziehungsweise Allele in die zukünftige Generation einbringen. Die evolutionsbiologische Eignung oder Fitness, wie Darwin das nannte, wird hier zunächst verstanden als *persönliche Fitness* eines Individuums: Sie misst sich an seinem relativen Reproduktionserfolg im Vergleich zu den Artgenossen seiner Population. Dabei zählt natürlich nicht einfach die Zahl der Geburten oder der gelegten Eier, sondern die Zahl der ihrerseits wieder erfolgreich bis zur Reproduktionsreife aufgezogenen Jungen. Diese Fitness hängt von Eigenschaften und natürlich besonders auch vom Verhalten der jeweiligen Individuen ab, das heißt natürliche Selektion bewertet die Individuen und liest nach deren individuellen, an die je gegebenen Bedingungen möglichst gut angepassten Qualitäten über den relativen Reproduktionserfolg aus.

Der Soziobiologe Richard Dawkins (1976) hat die Individuen daher – mit einem leicht ironischen Zungenschlag – als die Vehikel oder
die Ausbreitungsmaschinen ihrer Gene bezeichnet, wobei der Ausbreitungserfolg der Gene natürlich von den die Ausbreitung der Genreplikate fördernden Qualitäten und Reproduktionsanstrengungen ihrer Vehikel abhängt. Den entsprechenden selektiven Bewertungsprozess – der
selbstverständlich ohne jede teleologische Zielvorgabe abläuft! – nannte
Dawkins (1982) folgerichtig *vehicle selection*. In der Evolution zählt
aber letztlich nicht das Schicksal und Überleben dieser Vehikel, also der
Individuen, sondern das Überleben und die Ausbreitung der Gene
durch die Generationsfolge. Dawkins spricht in diesem Zusammenhang
von *replicator survival*. Darwins von Spencer übernommener Ausdruck
vom *survival of the fittest* ist letztlich nur auf Gene beziehbar – denn
die „Selbsterhaltung des Individuum ist nur ein proximater Mechanismus" zum ultimaten Zweck der Reproduktionsmaximierung, „Organismen evolvieren, um ihr genetisches Material zu reproduzieren, und
nur dazu", so formulierte das Richard Alexander (1988). Im Gegenteil,
die durch die natürliche Selektion ständig geförderte fleißige Reproduktion geht in aller Regel nachweisbar zulasten der eigenen Lebenskraft
und Überlebenswahrscheinlichkeit der Individuen. Es dürfte jedoch
ohne weiteres einleuchten, dass jene Replikationen beziehungsweise genetischen Programme jeweils die besseren Ausbreitungschancen in
künftigen Generationen haben werden, die ihre Vehikel zu mehr erfolgreich aufgezogenen Nachkommen antreiben; und daran sind natürlich
auch Verhaltensprogramme entscheidend beteiligt.

Wenn es das zwangsläufige Resultat der natürlichen Selektion ist,
dass jene genetischen Programme den größten Ausbreitungserfolg haben, deren individuelle Träger durch ihre adaptiven Eigenschaften den
Kopien ihrer genetischen Programme zu erhöhten Vermehrungschan-
cen verholfen hatten, dann braucht dies keineswegs nur die Folge der je
eigenen Fortpflanzung (also der eigenen, persönlichen oder Darwin-
Fitness) zu sein. Vielmehr ist dem Ausbreitungserfolg der gleichen genetischen Programme auch jedes Verhalten ihrer individuellen Träger
dienlich, das die reproduktiven Bemühungen naher genetischer Verwandter unterstützt (Hamilton 1964). Identische Replikate der Erbpro-
gramme stecken ja über gemeinsame genealogische Abstammung mit
nach Maßgabe der Verwandtschaftsnähe definierter statistischer Wahrscheinlichkeit auch in anderen Individuen: in den eigenen Eltern, Kindern und Vollgeschwistern mit höheren Wahrscheinlichkeiten als in den
Großeltern, Enkeln, Halbgeschwistern, Onkeln, Tanten, Vettern, Basen

77   und so weiter, mit je kalkulierbarer Abstufung. Natürliche Selektion sollte also automatisch nicht nur jene Verhaltensprogramme fördern, die dem Einzelindividuum zu mehr Nachwuchs verhelfen, sondern besonders auch jene Verhaltensprogramme mit verstärkter Ausbreitung belohnen, die den jeweils nächsten Verwandten zu einem höheren Reproduktionserfolg verhelfen. Es kann sich unter bestimmten Umständen – wohlgemerkt im Interesse der Gene (Allele) – sogar evolutiv auszahlen, auf die eigene Reproduktion zeitweise oder gar ganz zu verzichten und stattdessen nahen Verwandten zu einem überproportionalen Reproduktionserfolg zu verhelfen (s. Kap. 7). Es kommt also offensichtlich im Evolutionsgeschehen nicht nur auf die oben erwähnte persönliche oder Darwin-Fitness an, sondern auf die Maximierung der sogenannten Gesamtfitness, die den eigenen individuellen Reproduktionserfolg und den Reproduktionserfolg der genealogischen Verwandten umfasst. Das ist zugleich der entscheidende Grund dafür, dass tierliche – und primär auch menschliche – Sozietäten im Kern fast ausschließlich auf dem Prinzip der Verwandtenunterstützung, mithin auf Nepotismus aufbauen.

Kurz, wir müssen davon ausgehen, dass allen Organismen via natürliche Selektion – ganz unbewusst, selbstverständlich – folgender biologischer Imperativ genetisch eingepflanzt ist: „Verhalte dich so, dass deine Gene beziehungsweise ihre Kopien eine größtmögliche Chance erhalten, in den nachfolgenden Generationen gegenüber den Genen deiner unmittelbaren Konkurrenten überproportional vertreten zu sein!"

„Da auch der Mensch als biologische Art evoluierte", so Hubert Markl (1983 a), „schließen Humansoziobiologen daraus, dass wohl auch er angeborenermaßen, von seiner Natur aus – aber durchaus mit vielfältigsten kulturellen Mitteln – im Leben vor allem einen Endzweck verfolgt: Die Gesamtfitness, den Vermehrungserfolg seiner Gene zu maximieren. Wohl nicht zwanghaft und unter allen Umständen, und schon gar nicht immer bewusst, aber doch unter dem fühlbaren Druck genetisch programmierter natürlicher Antriebe".

Wichtig für unser Thema ist die Tatsache, dass natürliche Selektion nicht am Genotyp, sondern am individuellen Phänotyp ansetzt. Das bedeutet, dass Selektion nicht nur nach den genetisch determinierten Merkmalen und Fähigkeiten ausliest, sondern auch nach den Fähigkeiten, die über individuelle Erfahrung und über Lernprozesse die genetisch vorgegeben Freiräume modifikativen Verhaltens optimal gefüllt haben. Natürliche Selektion bewertet also die Ganzheit eines Organis-

mus, die aus einer Kombination von genetischer und erlernter Information besteht. Die Tauglichkeit ihres Zusammenwirkens entscheidet über
den biogenetischen Erfolg. Allerdings müssen auch die erworbenen Erfahrungen eine Art von Vererbung entwickeln, um eine Generationen
überdauernde kumulative Selektion zu bewirken. Nur wenn es Vererbung gibt, findet kumulative Selektion und somit Evolution statt, und
es wird sich dann zwangsläufig über die natürliche Selektion eine kooperative Wechselwirkung zwischen der genetischen und der traditionalen Vererbung einstellen.

Dass die biologische und die kulturelle Entwicklung der Menschheit nicht unabhängig voneinander verlaufen konnten und können, ist
somit evident. Zum einen müssen alle organischen Strukturen und Mechanismen der kognitiven Prozesse menschlicher Kulturfähigkeit sich
über die biologische Evolution auf dem Wege adaptiver Selektionsvor-
gänge und damit zugleich via genetischer Fitness-Steigerung herausge-
bildet haben. Und zum anderen erscheinen erfolgreiche Kulturtraditio-
nen insgesamt auch im evolutionsbiologischen Sinne als adaptiv, das
heißt sie optimieren mehr oder weniger effektiv im Hinblick auf biologische Überlebens- und Reproduktionsvorteile, weil sie ständig entsprechenden Selektionsdrucken unterliegen. Kultur ist also letztlich
eine Äußerung menschlicher Natur und zugleich ein raffiniertes Instrument für biogenetische Fitness-Maximierung. Kurz, die so oft be-
schworene Antinomie von menschlicher Natur und Kultur ist wohl un-
zutreffend, beide unterliegen einem ständigen wechselseitigen Rückkopplungsprozess. Auch sind Kulturen wohl insgesamt keine künst-
lich-rationalen Schöpfungen der menschlichen Vernunft, „Kultur ist
weder natürlich noch künstlich, weder genetisch noch mit dem Ver-
stande geplant. Sie ist eine Tradition erlernter Regeln des Verhaltens, die
niemals erfunden worden sind, und deren Zweck das handelnde Individuum gewöhnlich nicht versteht". So formulierte das der Ökonom und
Nobelpreisträger Friedrich von Hayek (1979) und fuhr fort: „Verhaltensregeln, die den Menschen befähigen, sein Verhalten an seine Umwelt anzupassen, waren sicherlich wichtiger für ihn als das Wissen, wie
sich die Dinge verhielten. Mit anderen Worten: Der Mensch hat sicherlich öfters gelernt, das Richtige zu tun, ohne zu verstehen, warum es
richtig war."

Beide, die biologische Evolution und die Kulturgeschichte, beruhen letztlich auf dem Erwerb, der Verarbeitung und Anreicherung sowie auf der einem Ausleseprozess unterliegenden differenziellen Wei-
tergabe von Information.

79   Biogenetische und tradigenetische Evolution

In der genetischen Evolution werden Informationen in Form der Desoxyribonukleinsäure (DNA) kodiert und gespeichert, durch identische Replikation vervielfältigt (dabei bisweilen über Mutationen verändert) und bei bisexueller Fortpflanzung ständig neu gemischt und rekombiniert weitergegeben. Diesen Prozess nenne ich im Folgenden die biogenetische Informationsübertragung, die daraus resultierende Entwicklung nenne ich *biogenetische Evolution.*

Sehr früh schon etablierte sich aber in der Entwicklungsgeschichte der Organismen ein zweiter, von der DNA-Kodierung im Genom, von deren Mutationen und von der genetischen Fortpflanzung weitgehend unabhängiger Modus des Informationserwerbs, der Informationsspeicherung, Informationsverarbeitung und Informationsweitergabe. Wir bezeichnen diesen Vorgang gemeinhin als Lernen. Die sogenannte Höherentwicklung der Lebewesen lässt sich geradezu charakterisieren als wachsende Fähigkeit, Informationen aus der Umwelt aufzunehmen, sie zu akkumulieren, sie mit anderen Informationen zu kombinieren und so für die Zukunft besser nutzbar zu machen. Hoch entwickelte Organismen lernen mehr und sind daher individuell flexibler und anpassungsfähiger im Verhalten. Die individuell gesammelte Erfahrung wird im Zentralnervensystem (ZNS) gespeichert, auf variable Weise kombiniert und verarbeitet und schließlich über Imitation und Lernvorgänge an andere Individuen weitergegeben. In einem geeigneten sozialen Feld können sich auf diesem Wege echte Traditionen entwickeln, und Traditionsbildung ist ein entscheidender Grundpfeiler von Kulturentwicklung. Den hier kurz vorgestellten Prozess nenne ich im Folgenden – analog zur biogenetischen Informationsübertragung – die traditionale Informationsübertragung, und ich möchte noch einmal hervorheben, dass sie keineswegs auf den Menschen beschränkt ist. In der Menschheitsgeschichte führte diese *traditionale Evolution* allerdings zu einer einmaligen Kulturentwicklung.

Wir sehen also: Beide, die biogenetische wie die traditionale Entwicklung sind essenzielle Bestandteile der biologischen Evolution; Kultur wurzelt in biologischer Evolution!

Im biogenetischen und im traditionalen Entwicklungsgeschehen herrscht darüber hinaus ein ökonomisches Optimierungsprinzip, das sich auf Konkurrenz und differenziellen Erfolg stützt. Im biologischen Evolutionsbereich spricht man hier von natürlicher, also ungeplanter Selektion. In analoger Weise wird man auch im kulturellen Bereich von

Anpassungs- und Optimierungsprozessen sprechen können, die durch 80
wechselseitige Konkurrenz und (mehr oder weniger ungeplante) Selektion (die „unsichtbare Hand" des Adam Smith) angetrieben wird.

Neben den bisher genannten Analogien gibt es jedoch eine Reihe markanter Unterschiede zwischen dem biogenetischen und traditionalen Entwicklungsgeschehen, welche die Vermutung nahe legen, dass es gerade diese Differenzen sind, die letztlich darüber entscheiden, welches der beiden Entwicklungsprinzipien unter den jeweils gegebenen Bedingungen für ganz bestimmt Zwecke oder Aufgaben von der natürlichen Selektion begünstigt wird.

- Im biogenetischen Prozess wird alle Information nur am Beginn des Individuallebens aufgenommen und nur über die genetische Fortpflanzung in weitgehend unveränderter Form weitergegeben. Die traditionale Information kann hingegen jederzeit aufgenommen und in via individueller Lebenserfahrung modifizierter Form weitergegeben werden. Das Lamarck'sche Prinzip der „Vererbung erworbener Eigenschaften" gilt also nur im traditionalen Entwicklungsprozess.
- Im biogenetischen Prozess kann kein Kind genetische Informationen von mehr als zwei Eltern aufnehmen und es kann sich nicht den Genen seiner Eltern verweigern. Im traditionalen Prozess hingegen können Informationen selektiv und prinzipiell von beliebig vielen Eltern (= Informanten) aufgenommen werden.
- Während im biogenetischen Prozess die Informationsweitergabe nur in einer Richtung, nämlich jeweils nur von den Eltern auf ihre leiblichen Kinder verläuft, ist die traditionale Informationsausbreitung weder an eine Richtung noch an genealogische Verwandtschaft gebunden. Die traditionale Informationsweitergabe entspricht eher dem Modell der Kontaktausbreitung einer Infektionskrankheit.
- Im biogenetischen Prozess sind Mutationen und Selektion in der Regel voneinander richtungsunabhängig, in der traditionalen Entwicklung kann dagegen die von der Selektion favorisierte Richtung bewusst oder unbewusst erkannt und für die weiteren Modifikationen (= Mutationen) mitberücksichtigt werden.
- Während in der biogenetischen Evolution Änderungspotenziale in aller Regel schon durch frühere phylogenetische Entwicklungsschritte kanalisiert, eingeengt oder auch prädisponiert werden und nur in kleinen, das Gesamtsystem nicht in seinen Überlebensfunktionen beeinträchtigenden Schritten erfolgen können, gibt es in traditionalen Vorgängen auch die Möglichkeit großer, komplexer Änderungsschritte: So kann zum Beispiel ein technisches Gerät am Reiß-

81 brett in einem Zuge völlig neu durchkonstruiert werden, ohne dabei auf vorhergehende Baupläne und Materialien Rücksicht nehmen zu müssen.

Alle hier genannten Unterschiede laufen letztendlich auf eine größere Geschwindigkeit im Änderungs-, Ausbreitungs- und Entwicklungstempo sowie auf erweiterte Flexibilität und schnellere Modifikabilität von traditionalen gegenüber biogenetischen Prozessen hinaus. In unserer bio-kulturellen Entwicklungsgeschichte spielte daher der biogenetische Prozess ständig eine stabilisierende, eher konservative Rolle, während dem traditionalen Geschehen der dynamisch flexiblere, eher progressive Part zukommt.

Im wechselseitigen Rückkopplungsprozess spielte der biogenetische Imperativ der Gesamtfitness-Maximierung wohl durchgehend die Rolle eines unbewussten Richtungsweisers. Tradierte Verhaltensnormen und technologische Neuerungen zum Beispiel können das Anpassungsspektrum einer Menschengruppe erheblich verbessern und erweitern, sie führen damit zwangsläufig zu gesteigertem Reproduktionserfolg und beschleunigter Ausbreitung der Population. Das Prinzip der Fitness-Maximierung als grundlegender biologischer Antrieb menschlichen Verhaltens kann sich über vielfältige traditionale Mittel realisieren. Via natürliche Selektion kann sich Kultur als adaptives reproduktionsdienliches Instrument durchgesetzt und entwickelt haben. Die Geschichte der Menschheit zeigt, dass im Verfolg traditional bestimmter Normen ein entscheidender Grund für den enormen biologischen Ausbreitungserfolg der Spezies *Homo sapiens* zu erblicken ist. Dabei ist die Fitness-Maximierung eben nicht durch sklavenhafte Anbindung an genetisch determinierte Verhaltensmuster vorangetrieben worden, sondern über die Einbeziehung kultureller Mittel mit allen ihren Freiräumen für bewusste und unbewusste strategische Planungen.

Ich möchte noch einmal hervorheben, dass Human-Evolutionsbiologen keineswegs davon ausgehen, dass Gene die Verhaltensmuster des Menschen festlegen. Zwar sind Gene wesentlich an der Verhaltenssteuerung beteiligt, doch stecken sie eher Rahmen oder Grenzen für Verhaltensplastizität und Flexibilität ab: Biogenetisch werden vor allem Lerndispositionen, Verhaltenspräferenzen und psychische Motivationen vorgegeben und die entsprechenden physiologischen Mechanismen aufgebaut. Derselbe Genotyp kann in je verschiedenen Lebenssituationen oder Umweltbedingungen durchaus unterschiedliche Verhaltensstrategien einsetzen. Unsere genetischen Programme sind über natürliche Selektion eher auf bestimmt „Zwecke" oder „Ziele" ausgerichtet als

auf die Festlegung detaillierter Verhaltensmuster. Im Rahmen dieser
biogenetisch vorgegebenen Zweckorientierung sollte taktisch möglichst
viel an traditionaler Lebenserfahrung, an Lernergebnissen und persönlichen kognitiven Fähigkeiten einbezogen werden: Je mehr nützliche traditionale Informationen in den Handlungsprozess an der elastischen
Leine des biogenetischen Imperativs eingehen, desto erfolgreicher die
Öffnung des genetischen Systems in der biogenetischen Evolution.

So können über natürliche Selektion Lerndispositionen favorisiert
werden, die weite Entscheidungsspielräume der spezifischen Ausgestaltung offen lassen. Eine allgemeine erfolgversprechende Lernregel wäre
zum Beispiel: „Lerne bevorzugt von sozio-kulturell Erfolgreichen!",
oder: „Vertraue vor allem genetisch nahen Verwandten" (wegen der biogenetisch vorgegebenen Interessenkonvergenz)! Die Lerninhalte dieser
Programme bleiben offen. Durch die Belohnung, welche die Einhaltung
dieser übergreifenden Regeln durchschnittlich auszahlt, erhöht sich
zwangsläufig die genetische Fitness des entsprechenden Genotyps, und
diese Lernanweisung wird sich automatisch gegenüber anderen Lern-
alternativen im traditionalen System durchsetzen. Im gleichen Maße,
wie im Verlauf der Stammesgeschichte unsere Ahnen diejenigen Fertig-
keiten und Fähigkeiten gelernt haben, die sich in erhöhter biogenetischer Reproduktion ausgezahlt haben, breitete sich die genetische Basis
genau dieses traditionalen Lernvermögens aus. Insofern ist es zweifellos
evolutionsbiologisch effizienter, wenn nicht Handlungsabläufe genetisch programmiert sind, sondern wenn Zweckorientierungen die Zielvorgaben biogenetisch bedingter Motivationen bilden und die Wahl der
spezifischen Handlungstaktiken über Lernerfahrung gesteuert wird.

Rückkopplungsprozesse im Fortpflanzungsgeschehen

Ich möchte nach dieser theoretischen Erörterung noch einzelne praktische Beispiele solcher biogenetisch-traditionaler Rückkopplungspro-
zesse vorstellen.

Die direkteste Schnittstelle im Zusammenspiel biogenetischer und
traditionaler Prozesse ist ohne Frage die Familie: Sie ist eine über kulturelle Normen gestaltete gesellschaftliche Institution, der zentral die
Funktion biogenetischer Reproduktion obliegt. Genetisch belohnt wird
im Allgemeinen der individuelle und familiale soziokulturelle Erfolg
und mit ihm alle traditionalen Lern- und Lebensstrategien, sich wirt-
schaftlich und sozial, also nach Status und Ansehen in der Gesellschaft

83 gut zu platzieren. Wir müssen davon ausgehen, dass das Streben nach sozialkulturellem Erfolg – eben weil es durchschnittlich reproduktive Vorteile bringt – via natürliche Selektion eine biogenetisch evoluierte Grundlage und Motivation hat, und zugleich umgekehrt, dass sich jene traditional entwickelten Verhaltensstrategien zwangsläufig im traditionalen Konkurrenzkampf durchsetzen, welche den höchsten biogenetischen Reproduktionserfolg unter den je gegebenen Umständen ermöglichen. „Je erfolgreicher eine Familie im biogenetischen Sinne ist, desto häufiger fungiert sie für Kinder als konkretes Lernmodell beim Erwerb entscheidender Verhaltenskompetenzen" (Voland 1988). „Am Fortpflanzungserfolg sind" – so Richard Alexander (1988) – „auch Status und Reputation beteiligt, die ihrerseits von der erfolgreichen Anwendung und Befolgung der Regeln der Gesellschaft abhängen."

Ein Beispiel aus unserem historisch-demographischen Forschungs-Projekt: In der Krummhörn (ostfriesisches Marschland) bestand im 18. Jahrhundert ein positiv-linearer Zusammenhang zwischen den langfristigen Reproduktionserfolg einer Familie und der Größe der von ihr landwirtschaftlich genutzten Fläche. Von einem wohlhabenden Bauernehepaar der Heiratskohorte 1720–1749 lagen hundert Jahre nach seiner Hochzeit durchschnittlich fast doppelt so viel Genreplikate in der lokalen Population vor wie von einer durchschnittlichen Familie der Krummhörn (Voland 1990). Die unmittelbaren Gründe für diesen Unterschied lagen in einer erhöhten ehelichen Fruchtbarkeit der reichen Bauern und vor allem in den verbesserten Chancen ihrer Kinder, die wiederum zu höheren Reproduktionsraten führten (geringere Emigrationsraten und erhöhte lokale Heiratswahrscheinlichkeiten). Die positive Korrelation zwischen Besitz oder Sozialstatus und genetischem Reproduktionserfolg ist mittlerweile für viele Ethnien und Gesellschaften nachgewiesen (Betzig 1986; Borgerhoff Mulder 1987a, b; Hill 1984).

Eine entscheidende Rolle in diesem Zusammenwirken spielt die *Partnerwahlstrategie*: Dabei gilt die alte biogenetische Regel, dass der begrenzende Faktor männlicher Reproduktion die weibliche Fekundität ist, während die begrenzende Ressource für die erfolgreiche weibliche Reproduktion die Investitionspotenz der Männer in den gemeinsamen Nachwuchs darstellt. Die männliche Partnerwahlstrategie sollte also in der Richtung laufen, dass die Männer Frauen mit einem erkennbar hohen Reproduktionswert, also solche, die jung, gesund und vital erscheinen, bevorzugen.

Ein Beispiel: Die Ethnologin Borgerhoff Mulder (1989) untersuchte bei den kenianischen Kipsigis, nach welchen Kriterien die Brautpreishöhe festgelegt wird, welche die Männer für ihre Frauen zu bezahlen haben (im Durchschnitt ein Drittel ihres Vermögens!). Das Ergebnis war eindeutig: Für Frauen, die früh ihre Menarche hatten (unter 15 Jahren) wurde mehr bezahlt als für Frauen, die ihre Geschlechtsreife später erlangten. Der biogenetische Output konnte durch die Analyse der Lebensläufe nachgewiesen werden: Die frühgereiften Kipsigis-Frauen erzielten einen signifikant höheren Lebenszeitreproduktionserfolg als die später reifenden. Dafür kumulierten drei Gründe: Ihre reproduktive Lebensspanne war im Durchschnitt länger; ihre Fertilitätsrate (also „Kinder pro Zeit") war im Mittel höher und die Mortalität ihrer Kinder war im Durchschnitt geringer.

Ob bewusst oder unbewusst, die heiratswilligen Kipsigis-Männer haben ihr Geld entsprechend der Verbreitungswahrscheinlichkeit ihrer Genreplikate ausgegeben. Das entspricht der soziobiologischen Auffassung, dass gesellschaftlich traditionale Transaktionen so organisiert sind, als ob ihnen eine in der Währung biogenetisch-reproduktiver Fitness bilanzierte Kosten-Nutzen-Analyse zugrunde läge. „Durch welche tradierten Normen auch immer sich die Kipsigis-Männer bei ihrer Partnerwahl leiten lassen, die reproduktiven Konsequenzen ihres Verhaltens offenbaren biologische Angepasstheit!" (Voland 1988).

Die weibliche Partnerwahlstrategie sollte dagegen in der Richtung laufen, dass Frauen – sofern sie in der Partnerwahl über eine gewisse Selbständigkeit verfügen – eine kritische Bewertung der männlichen Ressourcensituation als Indikator des väterlichen Investmentpotenzials vornehmen.

Hier wieder ein Beispiel aus unserem Krummhörn-Projekt: Männer der Besitz-Elite, also die wohlhabenden Vollerwerbsbauern, heirateten deutlich jüngere Frauen als der Rest der Population. Während das Heiratsalter der Männer je nach ihrem Sozialstatus durchschnittlich um selten mehr als ein Jahr differierte, unterschieden sich ihre Bräute durchschnittlich um bis über vier Jahre. Die Besitzgruppenzugehörigkeit der Natalfamilien der Bräute hatten dagegen keinen signifikanten Einfluss auf deren Heiratsalter. Eine Partnerwahlstrategie der Frauen könnte der Maxime folgen: „Wenn du jung bist, sei anspruchsvoll und heirate nur einen Mann, der dir einen überdurchschnittlichen Reproduktionserfolg verspricht. Je älter du wirst, desto mehr reduziere deine Ansprüche an deinen Partner!" In der Tat offenbaren die Daten aus unserem Projekt eine je nach Heiratsklasse der Frauen charakteristische Verteilung der Männer nach deren Besitzgruppen: Je jünger die Frauen heirateten, desto wahrscheinlicher einen gut situierten Mann. Fast ein

85   Drittel der unter zwanzigjährigen Frauen, aber nicht einmal zehn Prozent der über dreißigjährigen heirateten einen Großbauern. Und umgekehrt heiratete fast jeder fünfte Großbauer, aber nur jeder 25. Landbesitzlose eine Frau unter zwanzig Jahren (Voland und Engel 1990)!

Wenn für alle Männer, unabhängig von ihrem sozialen Status, junge Frauen gleichermaßen attraktiv als Heiratspartner sind, kann die vom Sozialstatus der Ehemänner abhängige Variation im Heiratsalter der Frauen nur als Effekt einer systematischen Partnerwahl der Frauen mit Bevorzugung sozial erfolgreicher Männer gesehen werden. Wenn Großbauerntöchter einen ihnen sozial gleichgestellten Mann finden, heiraten sie im Durchschnitt 1,3 Jahre früher, als wenn sie durch ihre Heirat sozial absteigen. Am deutlichsten jedoch ist der Heiratsaltersunterschied bei den Töchtern der Landbesitzlosen: Soziale Aufsteigerinnen sind hier bei ihrer Eheschließung im Durchschnitt 2,3 Jahre jünger als jene Töchter, die in ihrer natalen Sozialschicht heirateten.

Entscheidend für unsere biogenetische Hypothese ist jedoch der Nachweis eines durchschnittlich höheren reproduktiven Erfolges dieser weiblichen Partnerwahlstrategie. Frauen von landbesitzenden reichen Männern hatten in allen Heiratsaltersklassen einen Fitness-Vorteil gegenüber gleichaltrigen Frauen aus den anderen sozialen Gruppen. Gleichzeitig stiegen aber mit dem Heiratsalter die „Kosten" einer verspäteten Reproduktion, weil jünger heiratende Frauen im statistischen Mittel mehr Genreplikate in die nächste Generation einbrachten als ältere. Es lohnte sich also nicht, übermäßig lange auf eine gute Partie zu warten. Grundlage für eine biogenetisch erfolgreiche weibliche Partnerschaftsstrategie musste daher ein Abgleich dieser Kosten-Nutzen-Funktion sein. Dies bedeutete zwangsläufig, dass bei einem jungen Heiratsalter der Nachteil einer falschen Wahl am größten war. Eine mit unter zwanzig Jahren einen Großbauern heiratende Frau brachte im Durchschnitt 1,2 erwachsene Kinder mehr in die nächste Generation als eine im gleichen Alter einen Tagelöhner heiratende Frau, und bei den 20- bis 25-jährig Heiratenden betrug dieser Unterschied immerhin noch durchschnittlich 0,5 Kinder (Voland und Engel 1990).

Was immer die Krummhörner Frauen des 18. Und 19. Jahrhunderts dazu verleitet hat, ihre Männer so auszuwählen, wie sie es getan haben, es führte ihr differenziertes Partnerwahlverhalten zu systematischen Konsequenzen für ihren persönlichen genetischen Reproduktionserfolg. Im Durchschnitt ging die soziale Belohnung einer guten Ehepartnerwahl Hand in Hand mit der genetischen Belohnung. Hier korrelierte also wieder die offensichtlich traditional-normative

Angepasstheit des Verhaltens positiv mit der biogenetischen Angepasstheit.

Eine weitere entscheidende Rolle im Familien-Kontext spielen differenzielle *Elterninvestmentstrategien* bezüglich ihrer Kinder. Die evolutionsbiologische Theorie besagt, dass Eltern ihren Pflegeaufwand an der Wahrscheinlichkeit ausrichten sollten, mit der ihre Kinder sich ihrerseits fortzupflanzen vermögen, also an deren „Reproduktionswert" (Fisher 1930).

Eine weitere historisch-demographische Studie Eckart Volands (1984) lieferte hierzu durchaus theoriekonforme Ergebnisse. Er ermittelte in der schleswig-holsteinischen Gemeinde Leezen für den Zeitraum von 1720 bis 1869 eine nach Sozialgruppen unterschiedliche Säuglingssterblichkeit für erstgeborene Jungen und Mädchen. Diese Differenzen zwischen den Sozialgruppen sind mit medizinischen oder soziologischen Begründungen nicht zu erklären, sondern spiegeln – wie Soziobiologen erwarten – unterschiedliche Stellenwerte der Geschlechter in den vom Sozialstatus abhängigen familiären Reproduktionsstrategien wider.

In Leezen – einer expansionsfähigen Bevölkerungssituation – hing für Männer die Aussicht, am Geburtsort eine Familie zu gründen, von ihrer sozialen Herkunft ab. Vollbauernsöhne hatten in dieser Hinsicht nachweislich die größten Chancen und waren deshalb selten zur Abwanderung gezwungen. Zudem spielten die erstgeborenen Söhne in den traditionalen Erbgewohnheiten der Bauern die bevorzugte Rolle. Sie hatten damit die lokal größten Reproduktionschancen. Aus diesen Gründen konnten sie als besonders erwünscht gelten und genossen entsprechende elterliche Aufmerksamkeit und Zuwendung. Erstgeborene Töchter hingegen spielten in den reproduktiven Familienstrategien der Vollbauern eine weniger wichtige Rolle; sie waren nicht als Erben vorgesehen und liefen zudem Gefahr, bei einer möglichen Heirat sozial abzusteigen. Ihre benachteiligte Stellung im bäuerlichen Wertsystem zeigte sich in ihrer deutlich erhöhten Säuglingssterblichkeit. Damit bildeten die Vollbauern die einzige soziale Gruppe, in der mehr Mädchen als Jungen im Säuglingsalter starben. Als physiologisch bedingt ist dieses Faktum ganz sicher nicht zu verstehen, denn es sind ja gerade die Knaben, die aus konstitutionellen Gründen im ersten Lebensjahr normalerweise ein gegenüber den Mädchen erhöhtes Sterberisiko tragen. Auf der Basis anders gelagerter reproduktiver Wahrscheinlichkeiten zeigten die Mortalitätsstatistiken der unter den Bauern stehenden Bevölkerung einen gegenläufigen Trend. Die Leezener Befunde entspre-

87   chen den Voraussagen der generellen soziobiologischen Hypothese von Trivers und Willard (1973).

Anders war die Situation in der ostfriesischen Krummhörn. Entgegen unseren ursprünglichen Erwartungen hatten hier gerade die Töchter der überdurchschnittlich reichen Bauern mit 5,4 Prozent die absolut geringste Säuglingssterblichkeit (Populationsmittelwert für Jungen bei 14 Prozent, für Mädchen bei elf Prozent). Das entsprechende Mortalitätsrisiko ihrer Brüder lag hingegen bei 19,4 Prozent; also überdurchschnittlich hoch (Voland et al. 1991). Die Bauern der Krummhörn – hier herrscht in der Regel ein Anerbenrecht für den jeweils jüngsten Sohn – konnten ihren nicht expansionsfähigen Besitz und damit auch bessere biogenetische Reproduktionschancen (Voland 1989) nur *einem* Sohn weitergeben. Eine Vermehrung der Bauernstellen ohne Besitzreduktion war hier aus naturräumlichen Gründen nicht möglich. Jeder neben dem Erben überlebende Sohn brachte das Risiko, seinen Eltern mehr Fitness-Kosten als -Nutzen zu bringen. Die nachweislich schlechten Heiratschancen der nicht den Hof erbenden Söhne spiegeln das statistisch wider (Engel 1990). Ganz anders die Perspektiven für Töchter der Großbauern, denn eine reale Möglichkeit, ihre Fitness zu maximieren, lag für ein Bauernpaar in der genetischen Invasion einer anderen Bauernstelle durch Einheirat ihrer Töchter. Die Möglichkeit wurde traditionell erleichtert, weil die Mitgiften nur ein Drittel der Abfindungen der Söhne ausmachten (Agena 1938) und mithin schneller und leichter zu erwirtschaften waren. Wegen dieser Differenz waren auch die Risiken der Fehlinvestition durch sozialen Abstieg für Bauernsöhne und -töchter unterschiedlich hoch. Die Heiratschancen der Töchter waren erheblich besser als die der Söhne. Man könnte die Reproduktionsstrategie der reichen Bauern auf die Kurzformel bringen: Wahre erhöhte Fitness durch ungeteilte Vererbung auf einen Sohn, vermehre die Reproduktionschancen durch vielfältige Verheiratung der Töchter! Das Investitionsverhalten der Bauern schien jedenfalls einer solchen Strategie zu entsprechen: Überproduktion von Töchtern (Voland 1989)!

Die Verschiedenartigkeit der Leezener und Krummhörner Verhältnisse bedarf noch einer genaueren Analyse. Zu klären bleibt, welche spezifischen Unterschiede in den sozio-ökonomischen Rahmenbedingungen den Ausschlag für die unterschiedlichen Reproduktionsstrategien gegeben haben. Wir vermuten, dass der Schlüssel zum Verständnis in der unterschiedlichen Populationsdynamik dieser beiden Regionen liegt. „Während Leezen zwischen 1803 und 1871 mit einer jährlichen

Wachstumsrate von durchschnittlich 1,02 Prozent (Gehrmann 1984) am allgemeinen demographischen Take-off des 19. Jahrhunderts teilhatte, mithin ein expandierendes System darstellt, blieb die Bevölkerungszahl der Krummhörn mit durchschnittlich 0,35 Prozent Zuwachsrate pro Jahr (1780–1871) nahezu stabil" (Voland und Engel 1990). Vorteile im Expansionswettbewerb von Leezen wurden offensichtlich über die männlichen Kinder realisiert, während in Verdrängungswettbewerb der gesättigten und bevölkerungsmäßig stagnierenden Krummhörn aus den angeführten Gründen die Töchter an reproduktionsstrategischer Bedeutung gewannen. Dies wäre ein eindrucksvolles Beispiel dafür, dass wir Menschen motiviert und kompetent sind, sehr flexibel und kontextgerecht den differenziellen biogenetischen Reproduktionswert von Kindern abzuschätzen und unsere materiellen und physischen Investitionen entsprechend zu verteilen. Eine präzise biogenetische Anpassung an die traditionalen Bedingungen!

Die kulturellen Normen vieler Ethnien lassen die Manipulation des Geschlechterverhältnisses im Dienste einer Fitness-Maximierung sogar über Infantizide zu und fördern damit die biogenetisch effektive differenzielle Allokation der elterlichen Investitionen nach dem jeweiligen Reproduktionswert der Kinder (Dickemann 1979; Scrimshaw 1984).

Vermieden werden auf traditionaler Schiene auch reproduktive Fehlinvestitionen der Männer, entweder durch eine extreme Monopolisierung der weiblichen Sexualität oder durch das matrilineale Avunkulat. Zwangsläufige Folge von sexueller Promiskuität sind unklare Vaterschaftsverhältnisse. In den wenigen Ethnien, die traditionell eine hohe sexuelle Freizügigkeit der Frauen zulassen, investieren die Männer nicht in die Kinder ihrer Ehefrauen, sondern nach dem Prinzip der Verwandtenselektion in die Kinder ihrer Schwestern. Schon der französische Kanada-Pionier Samuel de Champlain, der den Winter 1615/16 am Huron-See beim Volk der Huronen verbrachte, hatte mit einer gewissen Bewunderung von der für die meisten Ethnien der Welt fast unvorstellbaren eifersuchtsfreien sexuellen Freizügigkeit und Promiskuität bei den in der Regel monogam verheirateten Eheleuten dieser Gesellschaft berichtet. Dem ausführlichen Bericht (vgl. Vogel 1986) schloss er eine für unser Thema beachtliche Bemerkung an: „Die Kinder, die auf diese Weise von einer solchen Frau geboren werden, können nicht sicher sein, dass sie legitim sind. Es gibt dann auch einen Brauch, der dieser Gefahr steuert: Die Kinder sind, was den Besitz und die Würden angeht, niemals die Erben ihres Vaters," – gemeint ist hier der Ehemann ihrer Mutter! – „von dem man, wie ich schon sagte, nicht sicher sein

89   kann, dass er sie gezeugt hat. Die Ehemänner setzen vielmehr zu ihren
Nachfolgern und Erben die Kinder ihrer Schwestern ein, von denen sie
sicher sein können, dass sie von diesen geboren sind."

Warum diese uns merkwürdig erscheinende Praxis? Ein genetisches Modell mag das biogenetisch erklären (Alexander 1979; Kurland
1979). Mit zunehmender Promiskuität (Vaterschaftsunsicherheit) ten-
diert die durchschnittliche genetische Verwandtschaft zwischen einem
Mann und den Kindern seiner Frau gegen null. Weil aber kein Zweifel
an der genetischen Mutterschaft entstehen kann, sind Männer mit ihren
Schwestern (und Brüdern) immer verwandt (zu 50 Prozent wenn Vollgeschwister, zu 25 Prozent wenn Halbgeschwister) und folglich auch
mit den Kindern ihrer Schwestern (25 Prozent beziehungsweise mindestens 12,5 Prozent), nicht jedoch mit den Kindern ihrer Brüder! Nach
der biologischen Funktionslogik der Verwandten-Selektion handeln
Männer, sofern ihre durchschnittliche Vaterschaftswahrscheinlichkeit
einen gewissen Stellenwert unterschreitet (etwa 30 Prozent Vaterschaftswahrscheinlichkeit), durchaus im Vermehrungsinteresse ihrer
Gene, wenn sie die biogenetische Reproduktion ihrer Schwestern mehr
unterstützen, als die ihrer Ehefrauen. Das traditionale Erbrecht zielt
entsprechend auf die Kinder der Schwestern.

Der amerikanische Anthropologe Mark Flinn (1981) hat 288 Ethnien gemäß ihres gelebten Sexualverhaltens in fünf Gruppen unterschiedlicher Vaterschaftswahrscheinlichkeit eingeteilt und sie anschließend nach der Art des jeweils vorherrschenden Ressourcentransfers
durch die Generationen geordnet. Das Ergebnis steht in vollem Einklang mit der evolutionstheoretischen Erwartung bezüglich des Zusam-
menhangs von männlicher Investitionsbereitschaft und Vaterschaftswahrscheinlichkeit: Je niedriger Letztere im Durchschnitt ist, desto
spärlicher fließt der familiäre Ressourcentransfer über männliche Linien
und desto bedeutsamer wird das Avunkulat (die traditionale matri-
lineare Institution) als soziokultureller Ausdruck männlicher Investi-
tionsstrategien.

Das extremste Beispiel eines via Verwandten-Selektion traditional
institutionalisierten *Helfer-am-Nest*-Familiensystems beim Menschen,
das mir bekannt ist, beschrieb der Soziologe Vernier (1984) von den
landbesitzenden Cancares auf der griechischen Insel Karpathos. Die
Cancares sind sozial angesehene und einflussreiche Großbauern, denen
unter den kargen ökologischen Bedingungen jedoch jede landwirt-
schaftliche Expansion verwehrt ist. Um ihre ökonomische und soziale
Vormachtstellung zu erhalten, haben die Familienclans eine äußerst ri-

gide Reproduktionsstrategie entwickelt. Jedes Teilen des Besitzes wird
streng vermieden, stattdessen regelt ein bilaterales Erstgeborenen-Aner-
benrecht die Besitzübergabe: Die erstgeborene Tochter erbt das Vermögen ihrer Mutter, der erstgeborene Sohn das seines Vaters. Die jeweils
jüngeren Geschwister müssen nicht nur auf persönliche Vermögen verzichten, sondern akzeptieren – wenn sie nicht auswandern, was vor allem für die Töchter ein allzu risikoreiches Unternehmen ist – eine total
untergeordnete, sklavenartige Stellung in der Familienhierarchie. Nur
auf diesem Wege erhalten sich die Cancares ihre soziale Vormachtstellung, und dieser Erfolg wird vor allem durch den Beitrag der nachgebo-
renen Geschwister in Form ihrer Arbeit sowie ihrer sozialen und ihrer
reproduktiven Bescheidenheit erreicht: Die jüngeren Töchter bleiben in
der Regel unverheiratet und fristen ein außerordentlich hartes Dasein
als Mägde auf dem Hof ihrer älteren Schwester, wofür sie keinerlei
Lohn ausbezahlt bekommen. Die nachgeordneten Söhne bleiben ebenfalls Knechte, sofern sie nicht die Auswanderung vorziehen. Vor allem
das harte Schicksal der jüngeren Töchter als Helfer der allein sich fortpflanzenden ältesten Schwester spiegelt den evolutionsbiologisch bekannten Mechanismus der Verwandten-Unterstützung wider, einen der
Gesamtfitness dienenden Nepotismus. Ihrem jeweils traditional vorgegebenen späteren Status innerhalb der Familie entsprechend werden die
Töchter von Beginn ihres Lebens an erzogen: die älteste zur verwöhn-
ten Herrin, die jüngeren zu dienenden Mägden. Wie unumstößlich
diese Erziehungsregeln gelten, wird in dramatischer Weise deutlich,
wenn der vorbestimmte Erbe vorzeitig stirbt: Nicht etwa das jeweils
zweitgeborene Kind in jeder Geschlechtsreihe nimmt dann die frei gewordene Vorrangstelle ein, sondern das erste nach dem Tod des ältesten
geborene Kind des gleichen Geschlechts. Erbesein beziehungsweise
Nichterbesein heißt eben, von Geburt an erzieherisch auf diese Rolle
vorbereitet zu werden. In der Tat ein klassisches verwandtschaftliches
Helfer-am-Nest-Syndrom mit reproduktiver Selbstbeschränkung der
Helfer zugunsten einer Fitness-maximierenden Unterstützung der Eltern beziehungsweise der älteren Geschwister im biogenetischen und
traditionalen Reproduktionsgeschäft (vgl. Vogel und Voland 1988).

    In menschlichen Reproduktionsgeschehen bündeln sich somit
evolutiv begründete und kulturell modellierte Verhaltenstendenzen und
entwickeln in interaktiver Wechselwirkung im Durchschnitt biogenetisch adaptive Reproduktionsstrategien. Kulturfähigkeit ist Bestandteil
der biologischen Anpassungsfähigkeit des Menschen, und Kultur ist
manifester Ausdruck seiner tatsächlichen Angepasstheit. Die teilweise

91   vehement, aber letztlich doch so ineffizient geführten Debatten um die Dominanz von menschlicher Natur oder Kultur in der Determination unseres Verhaltens beruht aus der Sicht der Evolutionsbiologie auf einer irrtümlicherweise angenommenen Natur-Kultur-Antinomie und geht deshalb am Kern der eigentlichen erklärungsbedürftigen Phänomene vorbei.

Ich möchte mit einem Zitat von Norbert Bischof (1985) schließen, das die hier dargelegte Sichtweise trefflich zusammenfaßt: „Abweichend von der verbreiteten Ansicht, die Natur sei nur eine Randbedingung, die dem gesellschaftlichen Gestaltungswillen Grenzen setzt, aber keine Inhalte vorgibt, verstehen wir sie als ein Kraftfeld, an das sich die Kultur, indem sie es überformt, zugleich selbst anpassen muss. Die Kultur erscheint in dieser Sicht als Selbstinterpretation der menschlichen Natur. […] Es liegt im Verfügungsbereich unserer Freiheit, unsere Natur zu überhöhen, umzustilisieren, zu vergewaltigen oder zu verraten. Aber all das hat seinen Preis, und den bestimmt die Natur selbst und niemand sonst."

II. Angewandte Anthropologie

IV. Angewandte Anthropologie

Kapitel 4

Der Mythos der Geburtenkontrolle

Spricht heute jemand in unserem Lande von Bevölkerungsentwicklung, so weckt er mit Sicherheit zwei einander in bemerkenswerter Weise gegenläufige Assoziationen:

- Die eine heißt Bevölkerungsexplosion, und wir denken dabei mit Beklemmungen und zugleich vorwurfsvoll an die so genannte Dritte Welt, an die Entwicklungsländer, an die notorischen Habenichtse unter den Völkern unserer Erde.

- Die andere Assoziation knüpft sich an die weite Teile unserer Bevölkerung alarmierende Vision vom Aussterben der Deutschen, die unter dekadenter Vernachlässigung ihrer eigenen Reproduktion ein bevölkerungsbiologisches Vakuum entstehen lassen, das die Überfremdung der Einwohnerschaft unserer Heimat zwangsläufig nach sich zieht.

Was immer auch rationale Bevölkerungspolitik national wie international ersinnen mag, ganz offensichtlich klappt es nicht mit der Populationsdichte-Regulation, weder nach unten dort, noch nach oben hier. Wirklich beschämend, so möchte man meinen, wo doch ganz ohne Planung die meisten natürlichen Tierpopulationen in ihrem Ökosystem auf Dauer stabile Dichteverhältnisse, gewissermaßen von selbst, zu erreichen scheinen! Und das nicht selten (scheinbar) deutlich unterhalb der so genannten Tragekapazität ihres Habitats.

Nun, das wiederum hat den Evolutionsbiologen erhebliche Schwierigkeiten bereitet; es führte und führt noch heute zu erbitterten Diskussionen. Denn – so formulierte das Problem zum Beispiel Hubert Markl (1983b): „Wenn die biologischen Arten in der Tat aufgrund ihrer Entstehungsbedingungen daraufhin selektiert sind, sich so erfolgreich wie möglich zu vermehren, also maximale reproduktive Fitness für ihre Gene anzustreben, wie die neodarwinische Evolutionsbiologie dies ausdrückt, was kann dann überhaupt die, wenn auch zeitlich und räumlich begrenzte, ökologische Stabilität bewirken, die wir doch unstreitig in der Natur antreffen?"

Sind dafür nur äußere Hemmnisse verantwortlich, also die Erschöpfung von Nahrungsressourcen, das überproportionale Florieren von Fressfeinden oder Räubern, das dichteabhängige Überhandnehmen von Parasiten und Infektionskrankheiten, die zwangsläufig steigende innerartliche Konkurrenz um die gleichen Ressourcen, oder auch, primär dichteunabhängig, periodisch wiederkehrende Umweltereignisse wie Überschwemmungen, Dürreperioden, Vulkanausbrüche und so weiter, kurz Katastrophen, die zu mehr oder weniger regelmäßigen Populationszusammenbrüchen führen?

Oder gibt es etwa populationsinterne, selbstregulative Mechanismen, die im Dienste und Interesse der übergeordneten Gemeinschaft der Artgenossen, der Population oder Sozietät, die individuellen Reproduktionsraten steuernd begrenzen? Gibt es so etwas wie eine autonome Homöostase eines gewissermaßen überindividuellen Superorganismus Population als einer selbstregulativen Einheit der Evolution? Wie aber wäre wiederum das mit dem Prinzip der darwinischen Selektion zu vereinbaren?

Oder ist das Ganze nichts weiter als die evolutionär zeitweilig stabile Balance, die sich als Kompromiss aus der Konkurrenz aller in der Population verwirklichten Strategien einer den jeweiligen Möglichkeiten angepassten individuellen Fitness-Maximierung ergibt, also das relativ konstante Resultat einer „gemischten evolutionär stabilen Strategie" (Maynard-Smith und Price, 1973)? Wie aber könnte sich dann ein stabiler Kompromiss auch schon unterhalb der spezifischen „Tragekapazität" der ökologischen Nische einer Spezies auf der Basis einer die jeweils sich am erfolgreichsten reproduzierenden Individuen favorisierenden natürlichen Selektion überhaupt einstellen?

Konzepte der Populationsökologie

Probleme genug, um daran die Frage nach der Tragfähigkeit von Darwins Selektionstheorie insgesamt neu aufzurollen. Darwin selbst hatte diese Problematik bereits weitgehend durchschaut, auch da, wo er keine Lösung finden konnte. Der englische Nationalökonom Thomas R. Malthus hatte schon in seinem 1798 erschienenen Buch „An Essay on the Principle of Population" vorgerechnet: „Die Bevölkerung wächst, wenn keine Hemmnisse auftreten, in geometrischer Reihe an. Die Unterhaltsmittel nehmen nur in arithmetischer Reihe zu." Und weiter: „Die Lebenskeime auf unserem Fleckchen Erde würden, falls sie ausreichend Nahrung und Platz zur Ausbreitung hätten, im Lauf einiger Jahrtausende Millionen von Welten ausfüllen. Die Not als das übermächtige, alles durchdringende Naturgesetz hält sie aber innerhalb der vorgegebenen Schranken zurück. Die Pflanzen- und Tierarten schrumpfen unter diesem großen, einschränkenden Gesetz zusammen. Auch das Menschengeschlecht vermag ihm durch keinerlei Bestrebungen der Vernunft zu entkommen. Bei Pflanzen und Tieren bestehen seine Auswirkungen in der Vertilgung des Samens, in Krankheit und vorzeitigem Tod, bei den Menschen in Elend und Laster." In Hunger, Krieg, Krankheit und „moral restraints" sah Malthus die das menschliche Bevölkerungswachstum eingrenzenden Faktoren.

„Jede lebende Art ist ein potenzieller Sprengsatz, jede trägt in sich die Möglichkeit lawinenhafter Populationsvermehrung. Deshalb wird sie zwangsläufig über kurz oder lang durch die knappsten verfügbaren und nicht durch andere ersetzbaren lebensnotwendigen Umweltfaktoren in ihrer weiteren Entfaltung begrenzt" (Markl 1982). Dies aber war zugleich die Grundbedingung für Darwins (1859) Konzept der „natürlichen Selektion": Da Organismen die Fähigkeit und die Tendenz besitzen, sich exponentiell zu vermehren, die empirische Beobachtung jedoch lehrt, dass unter gleich bleibenden Außenbedingungen natürliche Populationen in etwa konstante Größenordnungen bewahren, muss gefolgert werden, dass nur ein Bruchteil der erzeugten Individuen heranwächst und selbst wieder zur Fortpflanzung gelangt. Da innerhalb von Populationen in aller Regel eine phänotypische Varianz zu beobachten ist, von der wiederum ein erheblicher Anteil auf genetischer Diversität beruht – wobei davon auszugehen ist, dass diese Varianzen zugleich unterschiedliche Anpassungswertigkeiten in der jeweiligen Umfeldsituation besitzen – kann gefolgert werden, dass es vor allem die jeweils besser angepassten Individuen sind, die im Wettlauf um die knappen Ressourcen die besseren Karten beziehungsweise eine höhere Fitness und damit die besseren Überlebens- und vor allem Reproduktionschancen besitzen. Somit muss sich das genetische Material der jeweils besser Angepassten überproportional vermehren und ausbreiten. Diesen Vorgang der differenziellen Reproduktion nach Maßgabe unterschiedlicher adaptiver Wertigkeiten nennen wir seit Darwin „natürliche Selektion", ihr Resultat unter sich ständig wandelnden Umständen ist die biologische Evolution. Das dem Wettlauf zugrunde liegende Prinzip aber heißt Konkurrenz. Die Sozialdarwinisten übertrugen dieses unerbittliche

Prinzip schließlich auf menschliche Gesellschaftsordnungen und machten es zum Mittelpunkt und Motor ihrer gesellschaftspolitischen Ideen.

Vor allem dagegen opponierte unter anderem Peter Kropotkin
(1902). Mit Blick auf Thomas Henry Huxleys Manifest „The Struggle
for Existence in Human Society" (1888) verwirft er Malthus' Konzept
vom unausweichlichen Konflikt einer in „geometrischer Reihe" wach-
senden Bevölkerung und den nur in „arithmetischer Reihe" zunehmenden Nahrungsreserven. Konkurrenz um diese Ressourcen hätten einen
weit geringeren Stellenwert in der Evolution als die Epigonen Darwins
behaupten. Er führt eine ganze Reihe von eigenen und in der Literatur
wiedergegebenen faunistischen Beobachtungen an, die offensichtlich
belegen, dass natürliche Tierpopulationen sehr oft in ihrer Dichte weit
unter der maximalen nahrungsbezogenen Tragekapazität verharren:
„Die jeweilige Anzahl von Tieren in einer Gegend bestimmt sich nicht
durch das Maximum dessen, was die Gegend an Nahrung aufbringen
kann, sondern durch das, was unter den ungünstigsten Umständen an
Nahrung da ist, so dass aus diesem Grund allein, die Konkurrenz
schwerlich ein normaler Zustand sein kann." Nach Kropotkin reguliert
normalerweise also nicht der Konkurrenzkampf um Nahrung die Populationsdichte, er denkt eher an Außenfaktoren wie Klima, Krankhei-
ten, Raubfeinde und so weiter. Er sieht das entscheidende Evolutions-
prinzip eher positiv, nämlich in Konkurrenzvermeidung und Kooperation. „Glücklicherweise ist Konkurrenz weder im Tierreich noch in der
Menschheit die Regel. Sie beschränkt sich unter Tieren auf Ausnahme-
zeiten, und die natürliche Auslese findet bessere Gelegenheiten zu ihrer
Wirksamkeit. Bessere Zustände werden geschaffen durch die Überwindung der Konkurrenz durch gegenseitig Hilfe."

Wir werden noch sehen, dass die hier angedeutete Polarität der
Meinungen über die evolutionsbiologische Bedeutung von interindividueller Konkurrenz und gemeinschaftsdienlicher Kooperation unter
Artgenossen sowie die Frage, ob und wenn, wie eine Populationsdichteanpassung unterhalb der Tragekapazität von Nahrungsressourcen via
natürliche Selektion überhaupt zu erreichen wäre, die wissenschaftliche
Diskussion bis in die Gegenwart durchzieht.

Die empirische Beobachtung natürlicher Populationen lehrt, dass
trotz der Fähigkeit zu exponentieller Vermehrung die Populationsdichten in ungestörten Habitaten doch weitgehend konstant bleiben beziehungsweise sich in kleineren Oszillationen um einen stabilen Mittel-
wert bewegen. Wie schafft es die Natur, die jeweiligen Vermehrungsraten trotz des ständigen Selektionsdruckes auf Fitness-Maximierung

aller Individuen in verträglichen Grenzen zu halten? Bewirken das nur die zum Beispiel von Malthus beschworenen äußeren Hemmnisse der Ressourcen-Verknappung, oder gibt es eine interne Selbstregulation von Populationen, etwa in Form einer von der Relation Tragekapazität des Habitats zur erreichten Populationsdichte gesteuerten altruistischen Reproduktionseinschränkung der Individuen zugunsten der Gesamtheit, und damit so etwas wie eine „autonome Homöostase" der Population?

Auf den ersten Blick scheint die Antwort auf diese Fragen nicht für alle Tierpopulationen in einheitlicher Version möglich. Man kann nämlich in grober Annäherung unter Organismen zwei im Extrem alternative, bei genauerem Hinsehen freilich durch Übergänge verbundene Fortpflanzungsstrategien erkennen: Man nennt sie die r- und K-Strategie.

Unter r-Strategen versteht man Organismen, die ihre individuelle Reproduktion von Anfang an um ein Vielfaches höher einstellen, als sie je Chancen hätten durchzubringen und als ihr Lebensraum je tragen könnte. Sie nehmen gewissermaßen hohe Vernichtungsraten von Anbeginn in Kauf und halten entsprechend das Energie-Investment in das einzelne Produkt möglichst niedrig. Sie stellen Quantität vor Qualität des Nachwuchses. „Die miteinander so konkurrierenden Arten versuchen sich dabei vor allem durch Verbilligung des Einzelstückes und Steigerung der Stückzahl zu überbieten – so wie die Rubik-Würfel aus Hongkong jene aus Budapest und die Armbanduhren aus Singapur jene aus Genf aus den Geschäften verdrängen", so formulierte das anschaulich Hubert Markl (1983 b). Die Bezeichnung r-Strategen führt sich auf den sogenannten Malthus-Parameter r, die maximale Wachstumsrate einer Population, zurück. r-Strategen findet man besonders häufig in wenig stabilen, jedoch möglichst schnell zu besiedelnden, jeweils neu erschlossenen Lebensräumen vor. Unter den Säugetieren denkt man sogleich an einige Kleinsäuger, wie zum Beispiel die Kulturfolger Mäuse und Ratten.

Bei diesen r-Strategen sieht man oft bereits durch ihre Reproduktionstaktik programmierte periodisch auftretende Populationszusammenbrüche bei Überschreiten der Tragekapazität, die die Form von zyklischen Ereignissen annehmen können. Hier herrschen also ganz offensichtlich die äußeren Begrenzungsfaktoren vor, innere Regulationsmechanismen scheint es entweder nicht zu geben oder sie versagen unter günstigen Umweltbedingungen weitgehend.

Eine langfristig etwa gleich bleibende Populationsdichte trifft man vor allem bei den sogenannten K-Strategen (Ökologen bezeichnen mit K die Tragekapazität eines Biotops) an. Zu ihnen gehören unter anderem die großen Säuger und Vögel; doch ist nicht nur die Körpergröße entscheidend, sondern auch die Evolutionshöhe des Zentralnervensystems, was in der Regel mit einer längeren Tragzeit, längerer Laktationsperiode und längerer Abhängigkeit der Jungtiere, kurz, mit höheren elterlichen Energie-Investitionen verbunden ist. Es handelt sich gewissermaßen um die Spezialisten, für die Qualität vor Quantität geht. Man findet sie vornehmlich in relativ stabilen Lebensräumen, wo kaum auf schnelle Expansionschancen zu hoffen ist. Hier zahlt es sich offensichtlich aus, immer weniger, dafür aber immer qualifizierter auf das Leben vorbereitete und intensiver behütete Nachkommen zu produzieren. Unter diesen Umständen handelt eine Mutter ökonomisch richtig, wenn sie nach Möglichkeit nur so viele Eier legt oder Junge gebiert, wie sie unter den jeweils gegebenen Bedingungen auch tatsächlich aufziehen und damit ihrerseits ins reproduktionsreife Alter bringen kann.

Die Populationsdichten von K-Strategen sind besonders häufig langfristig weitgehend stabil oder oszillieren nur mit geringer Amplitude. Und so scheint es, als seien gerade ihre Verhältnisse überzeugende Belege für eine wirkungsvolle und ökonomisch vernünftige Selbstbeschränkung der Population. Man muss jedoch zugleich bedenken, dass auch eine individuelle Reproduktionsmaximierung bei K-Strategen nicht Maximierung der Geburtenzahl, sondern – im Gegenteil – eher Geburteneinschränkung auf das Maß optimaler Aufzucht-Chancen bedeutet. Wer mehr Kinder in die Welt setzt, als er aufziehen kann, verschwendet seine Energievorräte. Natürliche Selektion wird jene favorisieren, die ihre Energievorräte optimal in die mehrere Generationen überdauernde Gen-Weitergabe übersetzen. So könnte es durchaus sein, dass gerade die relative Populationsdichte-Stabilität der K-Strategen eine Selbstregulation eben unterhalb der Tragekapazität ihres Habitats nur vortäuscht, und dass stattdessen zum Beispiel Markls (1982) Ansicht der Wahrheit näher kommt: „Solche Arten mögen einer Erweiterung ihrer Ausbreitungsmöglichkeiten nur langsam folgen können, in der Lage dazu sind sie aber immer. Das heißt, nach kürzerer oder längerer Zeit müssen sie durch ihre Vermehrungsfähigkeit doch an die Grenzen ihrer Tragekapazität stoßen."

Übrigens hat man auch bei typischen K-Strategen Populationsdichte-Zyklen gefunden, wobei die Periodenlänge klare lineare Korrelationen zur Körpermasse und damit zugleich auch zur mittleren Lebensdauer und zur Generationslänge zeigt. Für *Homo sapiens* berechnen sich solche Populationsoszillationen mit einer Periodenlänge von 46

101   plus/minus 15 Jahren – was recht gut den Geburtenraten-Fluktuationen von 40–50 Jahren entspräche, die in den Vereinigten Staaten beobachtet wurden (Peterson et al. 1984). (Noch komplizierter wird die Angelegenheit natürlich, wenn man das Zusammenspiel der Populationsdichte-Zyklen von Räuber- und Beutearten in die Betrachtung einbezieht, was uns hier jedoch nicht weiter beschäftigen soll.)

Bei allen Erwägungen über Populationsdichte-Regulationen spielt das Konzept der Tragekapazität K eine zentrale Rolle. Leider wird dieser Begriff mit unterschiedlicher Bedeutung verwendet. Kulturanthropologen folgen in der Regel der Definition von Hayden (1975), der „Tragekapazität" umschrieb als „die maximale Fähigkeit eines Lebensraumes, die Existenz auf dem von den Bewohnern geschaffenen Kulturniveau fortwährend zu sichern", das heißt, sie beziehen sich ausdrücklich auf die Umweltressourcen. Hier ist Tragekapazität eine Eigenschaft des Habitats; allerdings sind die Nutzungsgrenzen und die Verfügbarkeit der Ressourcen in Bezug auf das jeweilige Kultur-Niveau praktisch schwer messbar und natürlich in Abhängigkeit von diesem „level of culture" variabel.

Ökologen und Populationsbiologen sind da zumeist pragmatischer, „sie begreifen" – wie Bates und Lees (1979) das formulieren – „Tragekapazität als ein logistisches Modell, das die Grenzen des Wachstums vorhersagen kann. Das heißt, Tragekapazität ist der Punkt, an dem die Wachstumsrate einer Population aufgrund von Umweltwiderständen auf null sinkt." Es handelt sich also um eine logistische, sigmoide Wachstumskurve, die unter dem Namen Verhulst-Gleichung bekannt wurde. Sie beschreibt eine Population, die, solange sie klein ist und noch in einen freien Lebensraum hinein expandieren kann, mit der maximalen Wachstumsrate r exponentiell anwächst, dann aber, vom Punkt der Halbsättigung des Habitats an, immer stärker begrenzenden Drucken ausgesetzt ist, so dass die Wachstumsrate zunehmend geringer wird, bis sie sich im theoretischen Idealfall asymptotisch null nähert. K ist also der Punkt der Kurve, wo der Zuwachs gegen null geht, wo demnach kein weiterer nennenswerter Zuwachs mehr erfolgt und wo offenbar die maximal tragbare Populationsgröße erreicht ist. Eine in diesem Sinne stabil gewordene Population füllt per definitionem die Tragekapazität des Lebensraumes für diese Spezies maximal aus. Hier ist Tragekapazität also eine ex post factum ermittelte Eigenschaft der Populationsdichte-Entwicklung und nicht wie bei der zuvor erwähnten Definition eine Eigenschaft des Habitats und seiner spezifischen Ressourcen. Es ist klar, dass es bei Verwendung der letztgenannten Definition bereits per definitionem keine Populationsdichte-Konstanz unterhalb der Tragekapazität geben kann, während das bei der ersten Definition theoretisch durchaus möglich ist. Gemeinsam ist beiden Konzepten, dass K eine dynamische und nicht eine statische Größe ist. Für unsere weitere Erörterung ist vor allem wichtig, ob sich Populationsdichten und individuelle Reproduktionsstrategien an mittlere, maximale oder minimale K-„Levels" und bis zu welchen eventuell zyklischen Periodenlängen (bezogen auf die Generationslänge einer Tierart) stabil adaptieren können (siehe unten).

Mechanismen der Populationsregulierung

In jedem Fall stellt sich die Frage, welche offenbar dichteabhängigen Faktoren dafür verantwortlich sind, dass die Zuwachsraten mit steigender Populationsdichte sich zunehmend reduzieren, bis sie – spätestens bei Erreichen der Tragekapazität des Habitats – gegen null gehen. Sind das die von Malthus erkannten äußeren Faktoren, welche vor allem die Mortalität ansteigen lassen, oder gibt es soziale Mechanismen, welche die Reproduktion einschränken, ist die Population als solche ein selbstregulatives System, das – auf welche Weise auch immer – seine Teile, die Individuen, gewissermaßen im Interesse der Gesamtheit dahingehend beeinflusst, altruistisch ihre je eigene individuelle Fitness-Maximierung zumindest insoweit einzuschränken, dass Katastrophen vermieden werden, dass also eine Populationsdichte mehr oder weniger weit unterhalb der maximalen Tragekapazität als adaptiver Richtwert eingehalten wird?

Ihre entscheidende Zuspitzung erfuhr diese an sich alte Problematik mit dem Erscheinen von Wynne-Edwards' Buch „Animal Dispersion in Relation to Social Behavior" im Jahre 1962. Der Autor vertrat darin klar den Standpunkt, dass es soziale Regulationsmechanismen der Populationsdichte geben müsse, die eine Übernutzung der Nahrungsressourcen verhinderten. Er argumentierte, dass Populationen, die solche sozialen Mechanismen nicht entwickelt hätten, wegen der sich ständig wiederholenden, in ihren Auswirkungen zunehmend schlimmeren Ernährungskatastrophen im Selektionsspiel keine Chance hätten gegenüber solchen Populationen oder Sozietäten, deren Reproduktion intern dahingehend gesteuert ist, dass sie die kritische Populationsdichte gar nicht erst erreichen. Was hier adaptiert, sind also Populationen oder Gruppen beziehungsweise Sozietäten, als Ganzes: Die Selektion spielt sich auf Populationsebene ab, überindividuelle Gruppierungen sind die Selektionseinheiten, an ihnen greift natürliche Auslese an, sie werden eliminiert oder florieren. Gruppenselektion hat man später dieses Konzept genannt: Adaptation auf Gruppen-Ebene.

So verlockend diese Vorstellung auf den ersten Blick auch sein mag, es führt kein Weg an der Einsicht vorbei, dass die Entstehung solcher über-individuellen selbstregulativen Systeme unter Beibehaltung vollwertiger individueller Reproduktionskonkurrenten mit dem darwinischen Konzept der natürlichen Selektion nicht ohne weiteres zu erklären ist. Wie sollten sich innerhalb einer Population solche Individuen „genetisch durchsetzen", die ihre eigene Reproduktion zugunsten der Gemeinschaft einschränken, wo doch zwangsläufig alle Individuen, die sich nicht an dieses Prinzip halten, die größeren Reproduktionserfolge aufweisen müssen? Über diese „paradoxe Situation" war übrigens schon Darwin (1859) selbst gestolpert. Er sah das Problem genau, konnte es jedoch eingestandenermaßen mit seinem Konzept der natürlichen Selektion nicht lösen, sondern nahm – ohne Frage unwillig – zu Lamarcks (1809) Prinzip der „Vererbung erworbener Eigenschaften" Zuflucht.

Die Hypothese von Wynne-Edwards nimmt an, dass Gruppenselektion eine Population von Individuen erzeugen würde, die genetisch disponiert seien, ihren Reproduktionserfolg unterhalb des Niveaus zu halten, den ihre eigene Physiologie und die Umweltressourcen eigentlich erlauben. Aber: Sobald – via Mutation oder Gen-Drift zum Beispiel – Individuen in diese Population kämen, die ihre eigene reproduktive Potenz voll ausschöpften, dann würden diese ohne Zweifel einen überproportionalen Anteil der nächsten Generation erzeugen. Kurz, Selektion auf individueller Ebene müsste gerade die genetische Konstitution favorisieren, die sich nicht an die von der Gruppenselektion als vorteilhaft ausgelesene Verhaltensregelung einer reproduktiven Selbstbeschränkung hält. Dieser zwangsläufige Ausbreitungsprozess könnte nur durch das schnelle und radikale Aussterben der Population unterbrochen werden, die von derartigen Egoisten befallen ist, und zwar bevor Nachbarpopulationen – etwa durch Migration – von Letzteren „infiziert" wurden. Mit solchen Erwägungen hatte besonders G. C. Williams (1966) in seinem Buch „Adaptation and Natural Selection" gegen Wynne-Edwards argumentiert, und die moderne Evolutionsbiologie hat sich diese Argumentation weitgehend zu Eigen gemacht.

Darwin war sich seinerzeit – verständlicherweise – noch nicht ganz eindeutig darüber im Klaren, wer die ihren Nutzen maximierenden eigentlichen „Akteure" seines „Evolutionsdramas" sind: Die Individuen, die Arten, Populationen, Völker, Stämme, Sozietäten oder die Gene, die er freilich noch nicht kannte. Und diese Unklarheit hat sich unter Biologen fortgepflanzt bis in die jüngste Vergangenheit; und noch heute können sich darüber erbitterte Diskussionen entspinnen. Der Streit um die Gruppenselektion zum Beispiel spiegelt diese Unsicherheit wider. Das Konzept beruht nämlich letztlich auf der Prämisse, dass soziale Gruppen oder auch Populationen sich selbst regulierende, gewissermaßen autonome Organismen höherer Ordnung und damit ihrerseits selbständig agierende Subjekte des großen Evolutionstheaters sind. Nahmen das nicht viele Biologen – und darunter außerordentlich renommierte Vertreter ihrer Wissenschaft – ohnehin sogar für Arten, für die systematische Kategorie Spezies als Ganzes an? Es sei hier nur Konrad Lorenz (1955) zitiert: „Jeder lebende Organismus, das Individuum sowohl als die Art, ist ein System, das aus sehr verschiedenen Teilen oder Gliedern besteht und in dem jedes dieser Glieder mit jedem anderen in einem wechselseitigen Verhältnis ursächlicher Beeinflussung steht. Diese Wechselwirkung ist regulativ in dem Sinne, dass das System sich selbst erhält und nach Störungen dem vorherigen Gleichgewichtszustande wieder zustrebt."

Die Spezies gewissermaßen ein selbstregulativer Superorganismus? Warum dann nicht mindestens mit gleichem Recht auch eine Population oder eine Sozietät? Von dieser Position aus wird es – wie Lorenz (1955) das ausdrückte – geradezu ein biologischer „Gemeinplatz" von „arterhaltender Zweckmäßigkeit" zu sprechen, die das Evolutionsgeschehen leitet: Adaptiv ist, was der Arterhaltung dient beziehungsweise nützt; maladaptiv ist, was der Arterhaltung schadet, so lautete die Konsequenz. Und trifft dasselbe nicht mindestens mit gleicher Berechtigung für Populationen und Sozietäten zu? Adaptiv ist, was der Population beziehungsweise der Sozietät nützt, die natürliche Selektion wird solches Verhalten belohnen; dagegen wird sie automatisch allem entgegenarbeiten, was der Population beziehungsweise der sozialen Gemeinschaft als Ganzes schadet. Darin liegt eine gewisse innere Logik, nur führt heute kein Weg mehr daran vorbei, deutlich auszusprechen, dass es sich bei der ganzen Konzeption um einen fundamentalen Irrtum gehandelt hat, einen folgenschweren zudem, wenn man die ideologischen Konsequenzen bedenkt (s. Kap. 7–9).

Der wahre Sachverhalt wird zumeist dadurch kaschiert, dass Individuen, die ihre eigene Fitness maximieren, damit zugleich auch der Arterhaltung dienen, das Florieren ihrer Population und Sozietät för-

105 dern. Auf unser spezielles Thema einer reproduktiven Selbstbeschränkung zugunsten der Population angewendet, müssen wir feststellen: Die unbestreitbare Tatsache, dass soziales Verhalten – und dazu zählen natürlich auch sexuelle Enthaltsamkeit, Infantizid und Krieg – im Effekt dazu führen kann, dass die Population nicht übermäßig wächst, bedeutet selbstverständlich nicht automatisch, dass dieses Verhalten aus diesem Grunde, also im Gruppeninteresse von der Selektion favorisiert wurde: Es kann sehr wohl ausschließlich im Individualinteresse selektiert worden sein. Welcher der beiden Erklärungsansätze richtig ist, wird nur in solchen Situationen eindeutig testbar sein, in denen beide Interessenrichtungen nicht konform gehen, sondern einander diametral entgegenlaufen. Dort nur wird sich unstreitig zeigen, ob Gruppeninteressen oder der Druck auf individuelle Gesamtfitness-Maximierung im Selektionsspiel und damit im Evolutionskonzert den Ton angeben.

Ein Musterbeispiel dieser Art ist der Infantizid. Ich wähle hier die spektakulären Kindermorde bei indischen Languren (*Presbytis entellus*) im Zusammenhang mit adulten Männchen-Wechseln in den Harems dieser Primaten-Spezies, an deren Aufklärung unsere Arbeitsgruppe entscheidenden Anteil hatte. Für viele (so auch für Konrad Lorenz) ein aberrantes beziehungsweise deviantes Verhalten, ausgelöst durch übergroße Populationsdichte bei hoher Störungsrate durch die menschliche Bevölkerung (zum Beispiel Curtin und Dolhinow 1978), maladaptiv, da art-, populations- und gruppenschädigend. Andere hingegen hatten darin gerade einen adaptiven dichteabhängigen Kontrollmechanismus des Populationswachstums erblickt (zum Beispiel Eisenberg et al. 1972; Rudran 1973), ganz im Sinne des oben erwähnten Konzeptes eines populationsinternen Regulationsmechanismus mit dem Zweck und Ziel, eine verträgliche Balance zwischen Populationsdichte und Umweltressourcen aufrechtzuerhalten.

Beide Hypothesen haben sich durch unsere jahrelangen Feldstudien in Jodhpur (Rajasthan) eindeutig widerlegen lassen. Das Rennen aber machte das auf den ersten Blick ungewöhnlichste, von Sarah Hrdy schon 1974 aufgestellte, unter dem Namen „sexual selection" – oder „reproductive advantage"-Hypothese bekannt gewordene Erklärungsmodell, welches den Infantizid durch frisch den Harem übernehmende erwachsene Männchen als hochgradig adaptive und unter bestimmten Umständen sehr erfolgreiche männliche Reproduktionsstrategie anspricht, gegen welche die Weibchen unter den gegebenen Bedingungen keine den Infantizid wirklich unterbindende Gegenstrategie durchsetzen können. Die Logik der Hypothese: Da unter den gegebenen Bedin-

gungen relativ weniger reproduktiver Harems-Chef-Positionen bei hohem Konkurrenzdruck unter den erwachsenen Männchen der Population jedem neuen Harem-Chef nur eine (für ihn selbst unkalkulierbar)
knapp bemessene Reproduktionszeit (nach unseren Daten zwischen 3
und 43 Monaten) zur Verfügung steht, sollte die natürliche Selektion
solche Männchen favorisieren, die diese Zeitspanne optimal für ihre
Fortpflanzung nutzen. Weil aber Weibchen, die gerade ein Baby geboren haben oder schwanger sind, zumindest für diese Zeit und die Dauer
der natürlichen Laktations-Amenorrhoe als Reproduktionspartner ausfallen, hätte ein frisch etablierter Harem-Chef, der die vorgefundenen
Babys, die ja nicht seine eigenen Kinder, sondern die seines Vorgängers
sind, tötet und nach Möglichkeit die Schwangeren zum Abortieren
bringt, zwangsläufig einen Reproduktionsvorteil gegenüber jedem unter diesen Umständen nicht-infantizidalen Konkurrenten, zumindest
unter der Voraussetzung, dass die Mütter der Opfer sogleich wieder
konzeptionsfähig werden und auch mit dem Töter ihrer Kinder ohne
Verzug kopulieren. Kurz, ein frisch in den Harem eingewechseltes
Männchen würde durch Infantizide seinen eigenen Reproduktionserfolg auf Kosten seines Vorgängers mehren, und sofern dieses Verhalten ganz oder teilweise über die genetische Konstitution disponiert
wird, müssten sich zwangsläufig die entsprechenden Allele und damit
dieses – ja unstreitig art-, populations- und gruppenschädigende – Verhalten in der Population ausbreiten; allerdings nur bis zu einem gewissen Proporz, der aus den vollständigen Reproduktionsparametern der
spezifischen Population theoretisch errechnet werden kann (vergleiche
Chapman und Hausfater 1979; Hausfater und Vogel 1982). Wir selbst
stellten zum Test dieser Hypothese insgesamt acht Prognosen auf, die
erfüllt sein müssten, damit die „reproductive advantage"-Hyopthese
akzeptiert werden könnte. In langer Feldbeobachtung hat unser Team
jetzt alle acht Prognosen weitgehend durch empirische Daten bestätigen
können (Vogel 1979; Vogel und Loch 1984; Sommer 1984; Winkler et al.
1984; Sommer und Mohnot 1985). Es gibt heute keine stichhaltigere Er-
klärungshypothese dieses Verhaltens: Das Töten der Kinder des Vorgängers ist unter bestimmten Voraussetzungen eine erfolgreiche und
damit adaptive männliche Reproduktionsstrategie, die sich evolutiv
durchsetzt, obwohl sie weder in einem überindividuellen Art-, noch
Populations- oder Gruppen-Interesse liegt: ganz im Gegenteil!

Wir sehen also: Dieses soziale – oder auch asoziale – Verhalten ist
ohne Frage artschädigend im Sinne von Konrad Lorenz, es trägt zugleich nachweislich nicht unerheblich zur Reduktion der Populations-

107   dichte bei (Winkler et al. 1984), es dient und nützt aber vor allem den individuellen Fitness-Interessen der infantizidalen Männchen, und das ist der ultimate Grund (die „Zweckursache") für die Ausbreitung dieses Verhaltens über natürliche Selektion. Das gibt einen deutlichen Hinweis darauf, dass im Falle der diametralen Gegenläufigkeit von Gruppen-, Populations- oder gar (vermeintlichen) Art-Interessen einerseits und auf das Individuum bezogenen Fitness-Maximierungsinteressen andererseits Letztere eindeutig von der Selektion bevorzugt werden. Konsequenz: Adaptiv ist offenbar nicht, was der Art-, Populations- oder Gruppenerhaltung dient, sondern das, was zur Steigerung der Fitness individueller Organismen beiträgt. Wenn also hier durch den Infantizid eine Populationsdichtebeschränkung erfolgt, so hat sich das entsprechende Verhalten nicht etwa deshalb via natürliche Selektion eingestellt und durchgesetzt, weil es einem selbstregulativen Organismus höherer Ordnung, also einer Sozietät, Population oder Art dient, sondern einzig deshalb, weil es den persönlichen Interessen der männlichen Languren-Individuen in Form einer unter den gegebenen Umständen erfolgreichen Reproduktionsstrategie nützt. Adaptiv bezieht sich auf den individuellen Erfolg, nicht auf die Sozietät, Population oder Art.

Natürliche Selektion arbeitet prinzipiell mittels differenzieller Reproduktion von Individuen. Man tut schon aus dieser theoretischen Erwägung grundsätzlich gut daran, alle jene Fälle, in denen zur Erklärung einer Reproduktionsbeschränkung der Nutzen für die Art, Population oder Gruppe herangezogen worden war, erneut kritisch daraufhin zu überprüfen, ob sie nicht besser im Sinne von individuellen Fitness-Maximierungsstrategien zu erklären sind. Wo immer man diesen Versuch ernsthaft unternahm, zeigte sich, dass dies in der Tat der Fall ist. So belegte David Lack schon 1954, dass Vögel mit zahlenmäßig kleinerer Brut durch intensivere Pflege jedes einzelnen Nestlings sehr wohl die Zahl ihrer flügge werdenden Jungen gegenüber Artgenossen mit größerem Gelege maximieren können. Natürliche Selektion prämiert eben nicht die Maximierung der Gelegegröße oder der Geburtenzahl, sondern die Zahl erfolgreicher Aufzuchten und deren möglichst günstige Platzierung im Reproduktionswettstreit der nächsten Generationen. Geburtenbeschränkung kann sehr wohl – und ist oft! – ein sehr effektives Mittel der individuellen Fitness-Maximierung sein: Das gilt insbesondere für die K-Strategen unter den Organismen (siehe oben), die auf diesem Wege die Qualität der Aufzuchtbedingungen und damit ihre eigene Kosten-Nutzen-Bilanz optimieren. Man verwechsle nicht Fertilität mit Reproduktionserfolg! Der K-Stratege – so erläutert Markl

(1983b) – „beschränkt seine Fortpflanzungsrate ja keineswegs, um weniger erwachsene fortpflanzungsfähige Nachkommen in die nächste Generation zu entlassen als seine Konkurrenten, sondern wenn irgend möglich mehr!"

Es hat sich also nachweisen lassen, dass die unter dichtebedingter Ressourcenverknappung häufig zu beobachtende Reduktion der Jungenzahl einer Erklärung im Sinne von intrinsischer Populationsdichteregulierung via Gruppenselektion gar nicht bedarf, sondern dass beides ohne Zusatzhypothesen direkt auf der Ebene von Individualselektion verständlich ist.

Dass auf rein individualselektionistischer Basis sogar Anpassungen der Populationsdichte scheinbar unterhalb der Tragekapazität erfolgen können, hat Jim Moore (1983) theoretisch überzeugend dargestellt. Erinnern wir uns: Schon Peter Kropotkin (1902) hatte behauptet, dass natürliche Populationen oft weit weniger groß sind, als es die Nahrungsressourcen ihres Habitats erlauben (siehe oben). Seine Begründung lautete: „Die jeweilige Anzahl von Tieren in einer Gegend bestimmt sich nicht durch das Maximum dessen, was die Gegend an Nahrung aufbringen kann, sondern durch das, was unter den ungünstigsten Umständen an Nahrung da ist." Ganz ähnlich argumentierten zum Beispiel auch Gaulin und Konner (1977) für vorindustrielle Gesellschaften des Menschen: „Vorindustrielle Gesellschaften haben eine unterdurchschnittliche Reproduktionsrate, eine geringe Populationsdichte, produzieren genügend Kalorien und Freizeit, weil sie sich an periodisch wiederkehrende Zeiten des Mangels angepasst haben." Nun mögen extreme Ressourcenminima im Abstand von mehreren tausend Jahren auftreten; an solche Minima, die selbst von den langlebigsten Organismen als singuläre Ereignisse perzipiert werden müssen, ist eine biologische Anpassung wohl prinzipiell unmöglich. Jim Moore beschäftigte vor allem die Frage, wie lang die Abstände zwischen periodischen Minima sein dürften, damit noch eine biologische Anpassung via Individualselektion möglich ist. Die Tragekapazität K eines Habitats definierte Moore als bestimmt durch periodisch auftretende Minima („shortages"), deren Abstand λ nicht länger ist, als dass eine Anpassung des entsprechenden Organismus an diese Minima noch möglich ist. Der Autor meint, diesen relevanten Abstand individualselektionistisch in der Währung von Investment in direkten und indirekten Nachwuchs erfassen zu können. Die Grenzwerte λ max und λ min bestimmen sich nach Moore folgendermaßen: „Intervalle, die kürzer sind als die Zeit, die zur Erzeugung eines unabhängigen Nachkommen erforderlich ist, werden Egos reproduktive Taktik massiv unter Druck setzen, während Intervalle von mehr als einer durchschnittlichen Lebensspanne, Egos Verhalten nur indirekt beeinflussen werden." Aus solchen Überlegungen folgt, dass „λ max wahrscheinlich ungefähr der durchschnittlichen Lebensspanne entspricht", während λ min „durch das Alter bestimmt wird, in dem Nachkommen das in sie geleistete Investment zurückzahlen können, indem sie entweder in (normalerweise jüngere) Geschwister oder in eigene Nachkommen investieren." Für den Menschen lägen diese Grenzwerte bei zirka 50 (λ max) und 5 Jahren (λ min). Zwischen diesen Grenzwerten müssen also jene periodischen Knappzeiten nach Moore liegen, die den K-Wert determinieren, um via natürliche Selektion eine Adaptation der Populationsdichte noch zu ermöglichen. Das mag dann für die Zeiten der Fülle eine Adaptation mehr oder weniger weit unterhalb der Tragekapazität vortäuschen, weshalb ich zuvor von einer Populationsdichteanpassung scheinbar unterhalb von K sprach.

Wir sehen: Alle bisher beschriebenen Formen einer reproduktiven Selbstbeschränkung lassen sich ohne die Annahme eines im Dienste des übergeordneten Systems Population selektierten Spezialmechanismus erklären: Populationen regulieren ihre Größe beziehungsweise Dichte nicht als autonome Superorganismen, sondern wo Begrenzung auftritt, geschieht das im konkurrierenden Gesamtfitness-Interesse der reproduzierenden Individuen, also der Einzelelemente dieser Population. Und die tendieren zwangsläufig dazu, die Summe ihres direkten und indirekten relativen Reproduktionserfolges unter den ökologischen und sozialen Rahmenbedingungen ihrer Population zu maximieren. Eine echte altruistische Populationsregulation hat und wird natürliche Selektion nie hervorbringen können.

Auch *Homo sapiens* macht da natürlich keine Ausnahme: Im Durchschnitt haben sich die Vertreter unserer Spezies sogar als einzigartig erfolgreiche Fitness-Maximierer im Kreise der K-Strategen erwiesen. Den durchschlagenden Erfolg wird niemand bestreiten wollen, der den fast exponentiellen Anstieg der Wachstumskurve der menschlichen Erdbevölkerung vor Augen hat: zirka 5 Millionen vor 50 000 Jahren; zirka 10 Millionen vor 10 000 Jahren; zirka 40–50 Millionen vor 3500 Jahren; um Christi Geburt etwa 200–300 Millionen; 1850: 1 Milliarde; 1930: 2 Milliarden; 1980: 4,5 Milliarden. Im Jahr 2000: 6 Milliarden?

Der Mensch verwendete seine Intelligenz offenbar ganz vordringlich dazu, mit immer effizienteren kulturellen und immer raffinierteren technologischen Mitteln das alte darwinische Fitness-Rennen nur umso rasanter fortzusetzen. Indem er mit wachsendem Erfolg und Tempo die

populationsbegrenzenden Faktoren seiner Lebensräume durch Errun-
genschaften seines Erfindergeistes ausschaltete und somit die Tragekapazität für sein eigenes Bevölkerungswachstum immer weiter nach
oben hinausschob, waren ökologische und ökonomische Krisen und
Katastrophen langfristig programmiert.

„Wenn uns dieser grandiose ökologische Erfolg unserer Art nun
zunehmend mehr Probleme bereitet und zugleich aller Natur um uns
herum, so nicht, weil wir den Pfad natürlicher Tugend verlassen hätten,
sondern weil wir ihn bisher geradezu besinnungslos konsequent verfolgten" (Markl 1984). Und das, was hier mit unverhohlenem Sarkas-
mus der „Pfad natürlicher Tugend" genannt wird, ist nichts anderes als
der seit Jahrmilliarden im Lebensstrom von der natürlichen Selektion
belohnte Weg der Fitness-Maximierung.

Der zweifelhafte Lohn unseres beispiellosen Sieges heißt Verantwortung, nicht mehr nur für uns selbst, sondern für das gesamte von
aus der Balance gebrachte globale Ökosystem. Uns bleibt zu hoffen,
dass die uns eigene Potenz einer rationalen, die Folgen unseres Handelns langfristig antizipierenden Planung sowie unsere Fähigkeiten, als
notwendig erkannte Verhaltensnormen mittels sozialer Sanktionen auch
durchzusetzen, ausreichen werden, das Schlimmste zu verhüten. Wir
wissen, dass uns die natürliche Selektion dazu leider nicht gut ausgerüs-
tet hat.

Der Traum einer autonomen Selbstregulation von Populationen
ist jedenfalls endgültig ausgeträumt. Kritisch betrachtet: Es hat sich dabei offenbar immer nur um einen Mythos gehandelt.

Kapitel 5

Über das Töten von Menschen

Seit Jean-Jacques Rousseau hängen viele Vertreter der Humanwissenschaften der Idee an, dass der Naturmensch friedlich, ausgeglichen, hilfsbereit und dem Gemeinwohl dienlich, kurz: Moralisch gut veranlagt gewesen sei und dass erst die Zivilisation die Habgier und den Eigennutz, kurz: das Unmoralische im Menschen geweckt hat. Egoismus, Unterdrückung, Brutalität, Mord und Krieg seien Folgen einer sich mehr und mehr vom Naturzustand entfernenden Kulturentwicklung.

Die „klassische" deutsche Ethologie hat diese Ideologie immer wieder unterstützt. „Das Töten von Artgenossen bei Tier und Mensch" – so schrieb zum Beispiel Konrad Lorenz (1955) – „ist im Sinne der Arterhaltung höchst unzweckmäßig". „Ziel der innerartlichen Aggression ist niemals die Vernichtung des Artgenossen" (Lorenz 1963); er nannte das Töten von Artgenossen „maladaptiv", „abnorm" oder „deviant". Der Evolutionsprozess habe im Gegenteil bei sozialen Tieren mit gefährlichen körpereigenen Waffen eine angeborene – also genetisch determinierte – innerartliche Tötungshemmung entwickelt, „die Tieren ein selbstloses, auf das Wohl der Gemeinschaft abzielendes Verhalten aufzwingen". Auch unsere frühen Vorfahren haben damit offensichtlich eine angeborene, die eigene Art egalitär umspannende „Tötungshemmung" besessen, die – wie Konrad Lorenz (1963) sagte – erst „unter den Lebensbedingungen der Zivilisation sehr gründlich aus dem Gleise geraten" ist. Kultur, Zivilisation und eine – wie Lorenz das nannte – biologische Selbst-Domestikation des Menschen haben seine angeborene Tötungshemmung gegenüber seinen Artgenossen abgebaut und somit den Homizid zu einem weit verbreiteten – an sich jedoch widernatürlichen – Phänomen gemacht.

Die Ansicht der klassischen Ethologie, dass in der Natur Gemeinwohl den Vorrang vor Eigennutz habe, hat sich als falsch erwiesen. Schon Charles Darwin betonte 1859: „Da die Individuen derselben Art immer am meisten miteinander in Wettbewerb treten, so ist gewöhnlich auch zwischen ihnen der Kampf am heftigsten." Der die biologische Evolution letztlich antreibende Mechanismus heißt interindividuelle Konkurrenz zwischen Artgenossen, um möglichst gute Reproduktionschancen unter den mit steigender Populationsdichte zwangsläufig ungünstiger werdenden Bedingungen einer Ressourcenverknappung. Diese evolutionsbiologische Sichtweise hat zur Folge, dass in der biogenetischen Evolution nicht die arterhaltende Zweckmäßigkeit, also nicht das Prinzip der gemeinschaftsdienlichen Selbstlosigkeit, das Verhalten der Individuen steuert, sondern dass einzig das Prinzip der interindividuellen Konkurrenz und des individuellen Reproduktionsvorteils zählt, das wiederum letztlich nicht an den Individuen selbst, sondern an ihren weitergegebenen genetischen Programmen orientiert ist. Denn Fortpflanzung geht nachweislich immer auf Kosten des eigenen Überlebens. Reproduktion ist „scheibchenweiser Selbstmord", wie Wolfgang Wickler betont. „Eigennutz" – und nicht „Gemeinwohl" – ist letztlich die Taktik der natürlichen Selektion, doch nicht primär auf die Individuen bezogen, sondern auf die genetischen Programme, ihre Fortsetzung und proportionale Vermehrung.

Da jedoch Kopien beziehungsweise Replikate der Gene nicht nur durch die eigene Fortpflanzung weitergegeben werden, sondern mit kalkulierbarer Wahrscheinlichkeit auch in anderen Blutsverwandten nach Maßgabe ihrer Verwandtschaftsnähe stecken, wird die natürliche Selektion zwangsläufig auch solche Verhaltensstrategien „belohnen", die jeweils nahen genealogischen Verwandten zu einem erhöhten Reproduktionserfolg verhelfen. Entsprechend reden Evolutionsbiologen eben nicht nur von der persönlichen Fitness eines individuellen Organismus, sondern auch von seiner Gesamt-Fitness, die wiederum gemessen wird am eigenen individuellen Reproduktionserfolg plus dem seiner Verwandten (s. Kap. 3). Verwandtenunterstützung, Nepotismus, ist also durchaus auch eine Auslese der natürlichen Selektion! Interindividuelle Konkurrenz unter nicht nahe verwandten Artgenossen wird damit zur Konsequenz der Evolution.

Natürliche Selektion, die ihre Effekte seit Jahrmilliarden immer über differenzielle Reproduktion entfaltet, produziert folglich unter vorhersagbaren Bedingungen auch das Töten von Artgenossen als eine natürliche und normale Verhaltenseigenschaft, sobald es den Tötern nur einen durchschnittlich höheren Reproduktionserfolg der eigenen genetischen Programme gegenüber den artgleichen – nicht nah verwandten – unmittelbaren Konkurrenten verschafft.

Eine erste Erkenntnis lautet also, dass wir das Töten von Artgenossen und somit auch das Töten von Menschen durch Menschen, also den Homizid, unter bestimmten Umständen nicht als widernatürlich, als maladaptiv und somit naturfern und kulturbedingt verstehen dürfen, sondern vielmehr als einen ganz natürlichen, über die Selektion entstandenen Vorgang begreifen müssen. Daraus kann und darf freilich keinerlei moralische Rechtfertigung abgeleitet werden, denn der Evolutionsprozess ist moralisch vollkommen indifferent.

Die moderne Evolutionsbiologie bringt neue Einsichten über die Natur des Menschen, und ich glaube, dass sie auf dieser Basis auch vielfältige Homizidmuster einheitlich erklären kann. Ich vermute, dass die darwinische Evolutionstheorie eine der geeignetsten Metatheorien für kognitive, emotionale und motivationale Bedürfnisse und Strategien des Menschen ist, die viele, eher vielfältige Antworten auf Fragen der Gewaltanwendung unter einer Perspektive sinnvoll bündelt und eine grundlegende Begründung dafür liefern kann.

Diese Metatheorie würde voraussagen, dass Tötungen beziehungsweise ernste aggressive Akte bei Säugetieren und Menschen am häufigsten in dem Lebenslaufstadium stattfinden wird, in dem die Reproduktivität mit Konkurrenz verbunden ist; also vor allem am Anfang der Reproduktionszeit, in einem jungen Alter mit noch hohem Restreproduktionswert; vorwiegend unter Männern aufgrund der starken Rivalität um die wichtigste Reproduktionsressource „Frau" und wieder vor allem unter nicht genetischen Verwandten, weil sonst die Gesamt-Fitness gestört würde. Die Subtheorie über die sexuelle Selektion würde erklären, warum die Gewalttaten und die Risiken bei Männern höher sind als bei Frauen; in Kombination mit der Spieltheorie könnten die unterschiedlichen demographischen Daten der Homizidraten bei verschiedenen Ethnien, Völkern und Staaten verständlich werden. Durch die bekannten evolutionären Konzepte der Eltern-Investition und der Eltern-Manipulation ihres Nachwuchses wäre sogar die interkulturelle Variabilität von Infantiziden erklärbar, und das evolutionsbiologische Modell des Nepotismus würde auch verständlich machen, warum kollaboratives Töten durch Verwandtschafts-Clans, also die Blutrache, erfolgt.

Im Folgenden möchte ich nur zwei Beispiele von Homizid-Mustern und statistischen Homizidraten herausstellen, die einheitlich nur unter evolutionsbiologischer Perspektive zu erklären sind, weil ihr gemeinsamer Faktor die Reproduktion ist: die geschlechtsdifferente intrasexuelle Rivalität und die Infantizide als Folge unterschiedlicher Elterninvestitionen.

Als ganz besonders risikoreich haben sich vor allem bei Säugetieren die männlichen Rivalenkämpfe um die Einnahme und den „Besitz" von fruchtbaren Weibchen erwiesen. Da für Männchen die den Reproduktionserfolg limitierende Ressource vor allem die Zahl der verfügbaren und monopolisierbaren fruchtbaren Weibchen ist, wurde über die sexuelle Selektion ein höherer intrasexueller Konkurrenzdruck um diese knappe Reproduktionsressource erzeugt, als dies für Weibchen hinsichtlich der Zahl verfügbarer Männchen gilt. Die Grenzen für den weiblichen Reproduktionserfolg sind eben nicht die Zahl der männlichen Geschlechtspartner, sondern zum einen liegen sie in der eigenen Reproduktionsphysiologie und zum anderen in den verfügbaren physischen und psychischen Investitionsmöglichkeiten für die Aufzucht der Jungen.

Dass dies beim Menschen nicht anders ist, lässt sich aus vielen empirischen Untersuchungen und zahlreichen statistischen Daten von sogenannten Naturvölkern bis in unsere industriellen Gesellschaften, vom Altertum bis in die Gegenwart, nachweisen. Schon Konfuzius sagte: „Unfrieden" – unter Männern – „kommt nicht vom Himmel, sondern wird durch die Frauen hervorgebracht." Und Darwin schrieb 1871: „Die Frauen sind die beständige Ursache des Krieges sowohl zwischen Männern desselben Stammes als auch zwischen verschiedenen Stämmen." Chagnon hat 1988 die extrem hohe Tötungsrate unter Männern der Yanomami-Indianer in Rivalität um junge Frauen belegt, und in ihrem ebenfalls 1988 erschienenen Buch haben Daly und Wilson anhand von sorgfältig analysierten Statistiken aus mehreren Großstädten der USA und aus Kanada sowie aus der reichen ethnologischen Literatur und aus einzelnen historischen Studien aufgezeigt, in welch überproportional hohem Maße Homizide weltweit im Kontext von sexueller Rivalität unter Männern vorkommen. Die Daten aus Kanada (von 1974 bis 1983) belegen, dass die intrasexuelle Tötungsrate unter Männern in der Rivalität um Frauen 38,9mal höher als die intrasexuelle Tötungsrate unter Frauen in Konkurrenz um Männer liegt. Die extrem hohe Töter-Rate der Männer liegt zwischen 20 und 34 Jahren, also im jungen Alter hoher sexueller Rivalität, und die „Killer" sind im Durchschnitt jünger als ihre Opfer, sie sind zudem signifikant mit geringeren materiellen Ressourcen ausgestattet, häufiger unbeschäftigt und häufiger unverheiratet als ihre Opfer. Es gibt eine knapp halb so hohe weibliche Opferrate und eine um zirka achtzig Prozent geringere weibliche Täterrate.

Übrigens töten auch viel mehr Männer ihre Ehefrauen oder Sexualpartnerinnen aus Eifersucht, wegen Untreue oder Ehebruch als umgekehrt Frauen ihre Männer. Sie töten extrem häufig gerade ihre jungen Partnerinnen – vor allem unter zwanzig Jahren –, die entsprechend noch einen hohen Reproduktionswert haben, während das Alter ihrer Männer bei den wenigen weiblichen „Killern" keine Rolle spielt. Ein Mann tötet nicht selten auch seine Frau nach ihrerseitiger Auflösung der Ehe oder Partnerschaft: „Wenn ich sie schon nicht behalten kann, soll sie kein anderer Mann besitzen!" Die Frau tut dies nicht.

Das alles ist weltweit ähnlich. Diese extreme Asymmetrie erklärt sich evolutionsbiologisch aus der männlichen Vaterschaftsunsicherheit bei Untreue der Partnerin; die Frau dagegen ist sich ihrer Mutterschaft immer sicher. Das macht auch das weltweite Phänomen verständlich, dass eine unterschiedliche Wertung von Ehebruch durch Frau oder Mann in 75 von 93 daraufhin untersuchten Gesellschaften die normative Regel ist, was zu einer härteren Bestrafung der Frauen führt. Im alten britischen Recht und in den USA gilt die Rache des Mannes bei dem in flagranti entdeckten Ehebruch nicht als Mord, nur als Totschlag. Es gibt in der Kriminalstatistik ganz wenige Belege, dass auch eine Frau ihren Gatten tötet, wenn sie in flagranti seinen Ehebruch entdeckt!

Infantizide als Konflikte um elterliche Investitionen

Ein weiteres biogenetisches Konfliktpotenzial sind die hohen physischen, psychischen und materiellen Investitionen in die Aufzucht von Kindern, die ohne Frage auf Kosten des eigenen elterlichen Lebens gehen. Das führt nicht selten zu selektiven Tötungen von genetisch nicht eigenem und sogar genetisch eigenem Nachwuchs. Infantizide und Fötizide sind im Tierreich ebenso verbreitet wie die Kindstötungen und Abtreibungen in menschlichen Gesellschaften. Sie können evolutionsbiologisch nicht einfach als maladaptiv oder abnorm bezeichnet werden. Es gibt verschiedenartige Muster des Infantizids, die sich unter evolutionsbiologischer Perspektive als durchaus adaptiv im Sinne einer erfolgreichen Reproduktionsstrategie erweisen und deshalb von der natürlichen Selektion offensichtlich gefördert wurden.

Das Töten von genetisch nicht eigenen Kindern

Es ist im Tierreich typisch, dass Eltern ihren genetisch eigenen Nachwuchs gegenüber genetisch nicht eigenem deutlich bevorzugt behandeln. Oft wird der Nachwuchs von Nachbareltern bekämpft, weggebissen oder sogar getötet. Von einigen Vogel- und Säugetierarten ist bekannt, dass erwachsene Weibchen – manchmal auch Männchen – Gelegenheiten wahrnehmen, die wehrlosen und gerade ungeschützten Jungen ihrer artgleichen, aber nicht genealogisch nah verwandten Konkurrenten zu töten und bisweilen sogar als Energieressource aufzufressen. Selbst verwaiste Jungtiere werden in der Regel nicht von Nicht-Verwandten adoptiert, auch nicht von Eltern, die ihre eigenen Jungen grade verloren haben. Im Sinne der klassischen Theorie des allgemeinen Arterhaltungsinteresses wäre das fraglos ein Fehler. Vom Brutpflege-Programm des Individuums her betrachtet, ist das allerdings adaptiv. Denn ein Individuum, das seinen Pflegeaufwand in fremde statt in eigene Junge steckt, verringert seine Chancen der eigenen Gen-Verbreitung. Ein genetisches Handlungsprogramm, das hieße: „Pflege fremden Nachwuchs", entzieht sich selbst die Aussicht, in den nächsten Generationen zu überleben, wird also bald via natürlicher Selektion aus der Population verschwinden, und zwar zugunsten des effektiveren Programms, das da heißt: „Pflege nur deinen eigenen Nachwuchs!"

Kurz, das Töten von nicht genetisch eigenen Kindern kann durchaus eine erfolgreiche Reproduktionsstrategie beider Geschlechter sein: So zum Beispiel wenn jemand unter extremer Ressourcenknappheit die mit dem eigenen Nachwuchs konkurrierenden Kinder anderer – möglichst nicht nahe verwandter – Eltern tötet, oder wenn Männchen oder Männer die von ihrem Vorgänger gezeugten Babys töten, um die Mütter dieser Babys für die eigene Reproduktion schneller (denn es unterbricht die Laktationsamenorrhoe) und hindernisfreier zugänglich zu machen (s. Kap. 4).

Weltweit weiß man auch aus menschlichen Gesellschaften, dass Stiefväter und Stiefmütter für junge Kinder ein vielfach höheres Überlebensrisiko darstellen als die genetischen Eltern. Hill und Kaplan (1988) verfolgten zum Beispiel bei den Aché-Indianern in Paraguay das Schicksal von 67 Kindern, die nach dem Tode ihres genetischen Vaters von ihrer genetischen Mutter und einem Stiefvater aufgezogen wurden: 43 Prozent starben aus unterschiedlichen Gründen vor ihrem 15. Geburtstag, während die Mortalität von jungen Kindern, die bei ihren beiden genetischen Eltern aufwuchsen, nur bei 19 Prozent lag.

Wilson et al. (1980) kamen zu dem Ergebnis, dass im Jahre 1976 für ein Kind in den USA das Risiko, schwer misshandelt zu werden, annähernd hundert Mal größer war, wenn es bei einem Stiefelternteil und einem genetischen Elternteil lebte, als für ein jeweils gleichaltriges

117   Kind, das bei seinen beiden genetischen Eltern aufwuchs. In Kanada fanden Daly und Wilson (1988) für die Zeit von 1974 bis 1983 eine extrem hohe Tötungsrate von Kindern, die von einem Stiefelternteil im Vergleich zu einem genetischen Elternteil getötet wurden. Was die Altersverteilung der durch einen Stiefelternteil getöteten Kinder betrifft, so liegt der Löwenanteil in den ersten beiden Lebensjahren. Dabei „sparen" (nach evolutionsbiologischer reproduktionsstrategischer Erklärung) die jeweiligen Stiefeltern gewissermaßen aufwendige weitere Investitionen in die Aufzucht von nicht mit ihnen verwandten Kindern, eine Einsparung, die der eigenen genetischen Reproduktion durchaus zugute kommen mag. Eine moralische Bewertung der natürlichen Selektion ist nicht anzurechnen!

Das Töten von genetisch eigenen Kindern („Filizid")

Auf den ersten Blick scheint das Töten von genetisch eigenem Nachwuchs evolutionsbiologisch schwer verständlich. Die Tötung bestimmter eigener Kinder kann jedoch unter bestimmten Bedingungen im Sinne einer Kosten-Nutzen-Bilanzierung für die eigene, sich über Generationen fortsetzende Reproduktionsmaximierung durchaus erfolgreich und somit adaptiv sein. Filizide können gewissermaßen die Notbremsen einer langfristig erfolgreichen gebremsten Fertilität und einer Vermeidung von reproduktiven Fehlinvestitionen sein, was sich an sehr vielen Fällen und Situationen bei höher entwickelten Tieren und beim Menschen faktisch belegen lässt. Zwei Zielrichtungen sind dabei zu beachten: zum einen die den jeweiligen Bedingungen angepasste Regulation der Zahl der Jungen und zum anderen die optimale Verteilung der knappen elterlichen Investitionen nach Maßgabe der prospektiven reproduktiven Qualität der Kinder.

Das erstgenannte Ziel kann zum Beispiel ein Primatenweibchen oder eine menschliche Frau erreichen, indem sie selbst ihre Geburtenabstände in eine möglichst effektive und zugleich verlustarme Balance bringt. Eine Reduktion der Geburtenrate kann also im Interesse der Maximierung des eigenen Reproduktionserfolges liegen. „Geburtenplanung" im Sinne einer optimalen ökonomischen Nutzung der eigenen Reproduktionskapazität und der jeweils zur Verfügung stehenden Ressourcen ist also durchaus angebracht. Die zweitgenannte zielgerichtete Strategie nennen Evolutionsbiologen „differenzielles Elterninvestment" (oder auch „differenzielle Allokation der Ressourcen"). Eltern, deren Ressourcen stark begrenzt sind, sollten ihre Kinder nach Maßgabe von deren prospektiver Reproduktionskapazität unterschiedlich versorgen. Unter diesen beiden Gesichtspunkten kann also auch das Töten von eigenem Nachwuchs, ein entsprechend selektiver Filizid, Fitness-fördernd und somit natürlich sein. Wiederum: Die moralische Dimension spielt in evolutionsbiologischen Prozessen keine Rolle. Von vielen Tierarten wissen wir, dass Mütter ihre noch unselbständigen Jungen unter besonders ungünstigen Aufzuchtbedingungen nicht selten verlassen oder auch direkt töten und manchmal sogar auffressen, was der Wiederaufnahme eines Teils der bereits investierten Energie entspricht. Die Mutter schützt sich damit vor weiteren Fehlinvestitionen und spart ihre Energie für zu erwartende günstigere Reproduktionschancen auf. Auch „missgebildete" und nicht normal reagierende Neugeborene werden von Säugetiermüttern nicht selten verlassen, getötet oder aufgefressen.

Filizid hat auch in der Menschheitsgeschichte eine uralte Tradition und wird auch heute noch in zahlreichen Gesellschaften ausgeübt und in vielen Kulturen keineswegs als ein krimineller Akt gesehen. Wenn die elterlichen Emotionen und Motivationen der Fortpflanzung durch den Jahrmilliarden durchgreifenden Mechanismus der natürlichen Selektion geformt wurden, dann gibt es zumindest vier Bedingungen, unter denen man voraussagen kann, dass die Eltern sich in der Versorgung eines Kindes eher zurückhalten, es vernachlässigen oder gar aktiv töten:

- bei Hinweisen auf Missbildung des Neugeborenen oder auf zukünftige schlechte Reproduktionsqualität;
- bei allen äußeren Umständen wie Nahrungsmangel, Fehlen von sozialer Unterstützung oder bei Überlastung durch Versorgungsbedürfnisse der bereits älteren Kinder, in die schon mehr investiert wurde, weshalb sie bevorzugt werden;
- bei Zweifeln an der Vaterschaft des Ehemannes oder bei einem unehelichen Kind, das der Mutter geringere Chancen gibt, zu heiraten und ihren Reproduktionserfolg zu steigern;
- bei sozio-ökonomischen Bedingungen in sozial stratifizierten Gesellschaften, wo unterschiedliche Strategien der Geschlechts-Regulation (*sex-ratio-manipulation*) in der nächsten Generation wirksam werden: Vor allem Mädchen-Filizide sind weltweit häufiger als Jungen-Filizide.

Viele ethnologische, historische und demographische Untersuchungen sowie statistische Daten aus unseren modernen Industriegesellschaften bestätigen, dass die genannten vier Bedingungen vorrangig für Infantizide sind. Auch ist die Filizidrate bei jungen Müttern erheb-

119 lich höher als bei älteren Müttern, weil bei ersteren der Restreproduktionswert höher liegt, sie also bessere Chancen haben, weitere Kinder zu gebären und aufzuziehen als die älteren Mütter, deren Restreproduktionswert deutlich abgenommen hat. Das heißt, dass Infantizide grundsätzlich durch die erfolgreicheren Reproduktionsstrategien zu erklären sind.

So könnten noch viele andere Homizidmuster evolutionsbiologisch erklärt werden, etwa die Blutrache über die Gesamtfitness oder gar Todesurteile und Hinrichtungen über die „moralistic aggression"-Theorie von Trivers. Ich hoffe aber, dass verständlich geworden ist, wie die Metatheorie der modernen Evolutionsbiologie die vielfältigen Homizidmuster unter einer einheitlichen Perspektive zu bündeln und damit basal zu erklären vermag.

Kapitel 6

Soziobiologische Aspekte der Reproduktionsmedizin

Die Manipulation unserer Fortpflanzung wird zumeist als ein neuartiges Phänomen des wissenschaftlich modernen und hoch technisierten Zeitalters gesehen, womit wir uns selbst gewissermaßen endgültig vom natürlichen Reproduktionsprozess abgekoppelt haben. Die Soziobiologie interpretiert das anders, nämlich in dem Sinne, dass die moderne Reproduktionsmedizin eigentlich vor allem eine „technologische Ökonomisierung" der uralten biologischen Fortpflanzungsstrategien (vgl. Kap. 2 und 3) geschaffen hat. Das hat auch Folgen für die ethischen Fragen, die sich deshalb im Kern eben nicht mehr auf die technologisch erworbenen Neuerungen der Menschheit, sondern auf unsere natürlichen, also evolutiv entstandenen und genetisch programmierten Veranlagungen und Motivationen beziehen, welche diese modernen Techniken in ihrem alten Interesse ausnutzen möchten.

Gemäß dem soziobiologischen Paradigma haben jene genetischen Programme automatisch seit jeher weitere Verbreitung gefunden, die Individuen dazu bringen, sich ohne Rücksicht auf eigene Nachteile und Risiken für die Reproduktion von Nachwuchs einzusetzen. Wen könnte es da noch wundern, dass der Drang zur Fortpflanzung allen Organismen – einschließlich des Menschen – seit Jahrmilliarden so tief und unauslöschlich eingepflanzt ist?

Der Reproduktionsmediziner Geisthövel (1992) schreibt: „Menschliche Existenz ist wie jede Form von Leben ohne das Prinzip Fortpflanzung nicht denkbar. Für viele Menschen nimmt der Wunsch sich fortzupflanzen eine zentrale, oft nicht rational begründbare Bedeutung in ihrem Leben ein. Daher werden Störungen im Fortpflanzungsgeschehen von den meisten Betroffenen als schwer wiegendes Unglück empfunden."

Für viele Ehepaare bedeutet Infertilität ein Stigma. Schwere Depressionen und Ehekrisen sind eine relativ häufige Folge. Hierzu zwei charakteristische Aussagen:

● Frau: „Meine Unfruchtbarkeit ist ein Schlag für meine Selbstachtung. Meine Unfruchtbarkeit ist ein Bruch in der Kontinuität des Lebens. Vor allem aber ist sie für mich wie eine Wunde – für meinen Körper, meine Psyche und meine Seele."

● Mann: „Plötzlich fühlte ich mich minderwertig und in meiner Ehre getroffen. Ich schaffe nicht, was andere Männer schaffen" (aus der Zeitschrift „Stern" 50, 1986).

Die Infertilität erfüllt eben nicht den biogenetischen Imperativ, der allen Organismen durch natürliche Selektion eingepflanzt ist und dessen letztendlicher Zweck einzig in der reproduktiven Fitness-Maximierung liegt. Die Menschheit hat sich ihre schwersten Probleme nicht etwa dadurch geschaffen, dass sie den natürlichen Reproduktionspfad verließ, sondern eben dadurch, dass sie den biogenetischen Imperativ weiter verfolgte. Und da hilft die moderne Reproduktionstechnologie in zwei manipulativen Richtungen, die den evolutionsbiologischen Tendenzen entsprechen: Sterilitätstherapien, hormonelle Ovulationsstimulation, künstliche Insemination, In-vitro-Fertilisation und der Embryo-Transfer schaffen neue technische Lösungen, den natürlichen Wunsch der eigenen Fortpflanzung zu erfüllen.

Die modernen vorgeburtlichen Diagnose-Techniken, wie Chorion-Biopsie, Amniozentese und pränatale Ultraschall-Diagnostik liefern die Möglichkeiten, schon sehr früh in der Schwangerschaft etwa das Geschlecht des Embryos, chromosomale und genetische Defekte, Missbildungen oder Mehrlingsschwangerschaften zu ermitteln, was zu frühzeitigen Schwangerschaftsabbrüchen oder zu helfenden Korrekturen führen kann.

Das schafft auch ethische Probleme – wie der Neonatologe von Loewenich (1986) vorwurfsvoll feststellte: „Bedauerlicherweise begegnen wir Neonatologen immer mehr einer Art von Reklamationsmentalität. Man lehnt ein Neugeborenes" – und auch ein Ungeborenes – „mit Defekten ab, so wie man defekte Ware innerhalb der Garantiezeit zurückweist. Nicht selten wird einem versichert, das Kind sei ein geplantes Wunschkind, aber man akzeptiere lieber den Verlust des Kindes als ein funktionell nicht perfektes Kind."

Haben sich durch diese neuen Techniken die evolutiv entstandenen psychischen Motivationen und unbewusste Zweckorientierungen drastisch verändert? Nein! Aus der Sicht der Evolutionsbiologie hat die

123   moderne Reproduktionstechnologie nur eine „Ökonomisierung" der uralten biologischen Fortpflanzungsstrategien vorgenommen.

Fötizid und Infantizid

Nicht-menschliche Organismen haben eine erstaunliche Vielfalt manipulativer Reproduktionsstrategien entwickelt, die unter anderem auch den selektiven Fötizid und Infantizid im Dienste der Vermeidung reproduktiver Fehlinvestitionen einschließen. Fortpflanzung verbraucht – vor allem bei den „höher" entwickelten Tieren – viel Zeit und Energie. Das hat einen selektiven Druck darauf ausgeübt, die Reproduktion unter zeitlich und energetisch schlechten Bedingungen zu unterdrücken, um Zeit und Energie für bessere Bedingungen aufzusparen. Wer mehr Kinder in die Welt setzt, als er erfolgreich aufziehen kann, verschwendet seine Energievorräte, und wer die Zahl und die reproduktive Qualität seiner Jungen (etwa über den Zeitpunkt der Geburt oder über das Geschlecht seines Nachwuchses) nicht den gegebenen ökologischen und sozialen Bedingungen optimal anpasst, wird von seiner Konkurrenz reproduktiv schnell überflügelt. Natürliche Selektion wird automatisch immer jene favorisieren, die ihre eigenen Energievorräte ökonomisch optimal in die sich ständig wiederholende Gen-Lotterie einbringen. Das war und ist seit Jahrmillionen so und wird sich nicht ändern. Auch wir verdanken unsere Entstehung diesem unbestechlichen Selektionsprozess und müssen daher davon ausgehen, dass auch in uns genetisch programmierte Motivationen stecken, die unsere Reproduktion im Sinne von ökonomischen Anpassungen strategisch manipulieren.

Zwei Zielrichtungen spielen dabei eine entscheidende Rolle: a) Regulation der Zahl der Kinder und b) optimale Verteilung der eigenen Investitionen (vgl. Kap. 4).

Je höher die notwendigen physischen und psychischen Investitionen in die erfolgreiche Aufzucht von eigenem Nachwuchs werden, desto energiesparender und selektiver sollten sie eingesetzt werden. Primaten und insbesondere der Mensch nehmen hier Spitzenpositionen ein. Eine Reduktion der eigenen Geburtenrate kann also durchaus im Interesse der Maximierung des eigenen Reproduktionserfolges liegen. Unbewusste oder auch bewusste Geburtenplanung im Sinne einer optimalen ökonomischen Nutzung der eigenen Reproduktionsressourcen ist also angezeigt: „gebremste Fertilität", ein Mittel zur Steigerung des eigenen Reproduktionserfolges.

Musterbeispiele für die Reproduktionsstrategie einer gebremsten Fertilität sind die Schimpansen und beim Menschen die so genannten Naturvölker. Der normale Intergeburtenabstand (während eines diese Phase überlebenden Vorkindes) beträgt bei den frei lebenden Schimpansen im Durchschnitt etwa 6 Jahre, bei den Jägern und Sammlern 4–6 Jahre. Die Mutter muss enorm viel Zeit und psychophysische Energie in die frühe Entwicklungsphase ihres Kindes investieren. Die nächste Konzeption wird in der entscheidenden Phase durch die physiologische Laktationsamenorrhoe und bei manchen menschlichen Stämmen zusätzlich durch ein normatives Koitus-Tabu hinausgezögert. Die Laktationsamenorrhoe, und damit die Unterdrückung der ovarialen Zyklen, dauert bei diesen Stämmen in der Regel 2–4 Jahre, was eben durch ständige Brustfütterung des Kindes bei Tag und Nacht erreicht wird: Eine adaptive Fertilitätsbremsung, hormonell gesteuert durch das Säugen des überlebenden Vorkindes (Short 1984). Blurton Jones und Sibly (1978) haben durch eine sehr komplexe Computer-Simulation aller erdenklicher Einflussfaktoren an den !Kung-Buschleuten der Kalahari nachgewiesen, dass der 4-jährige Intergeburtenabstand das Optimum zur Reproduktionsmaximierung für die Lebenszeit einer Frau ist, weil es unter den vorgegebenen ökologisch-ökonomischen und soziokulturellen Bedingungen keine bessere Reproduktionsstrategie mit einem höheren Aufzuchterfolg gibt.

Auch die Resorption von Embryonen, der spontane oder induzierte Abort, der Fötizid und der Infantizid sind und waren im Tierreich und in menschlichen Gesellschaften immer weit verbreitete reproduktive Taktiken. „Parental manipulation" nennen das die Evolutionsbiologen. Eltern, deren Ressourcen nicht unbegrenzt sind, „sollten" (dies ist nicht normativ, sondern prognostisch gemeint!) ihre Kinder nach Maßgabe von deren Überlebenswahrscheinlichkeit und prospektiver Reproduktionskapazität unterschiedlich versorgen. Soziobiologen sprechen hier von differenziellem Elterninvestment. Embryonen-Resorption, frühe Aborte und Fötizide sind dabei natürlich ökonomischer als der nachgeburtliche Infantizid, weil die Höhe der elterlichen Investitionen positiv mit dem Lebensalter des Nachwuchses korreliert. Je stärker zum Beispiel die Anomalie des Embryos oder Fötus, desto früher im Durchschnitt auch der Abort (Shepard und Fantel 1979) – desto geringer eben die „Fehlinvestition".

Ein klassisches Beispiel liefert das Hausschwein. Eine Sau gebiert im Durchschnitt etwa 10 Ferkel pro Wurf. Die Schwangerschaft dauert normalerweise 115 Tage, die Laktationszeit noch einmal etwa 55 Tage,

125 ganz gleich wieviele Ferkel sie ausgetragen hat. Wenn jedoch am Tag 12 nach der Konzeption weniger als 5 Embryonen in die Uteruswände eingenistet sind, so bricht die Sau diese unökonomische Schwangerschaft sofort ab, abortiert die Embryonen und beginnt einen neuen Zyklus mit der erwarteten vollen Jungenzahl. Die interne Kosten-Nutzen-Kalkulation, die hier offensichtlich ganz unbewusst abläuft, orientiert sich jedoch nicht an der absoluten Zahl der angelegten Embryonen, wie operative Uterusverkürzungen belegt haben, sondern hormonell an der Relation von jeweils implantierten zur optimal möglichen Embryonenzahl (Polge et al. 1966). „Mütter mit diesem Verhaltensprogramm hinterlassen pro Lebenszeit mehr Nachkommen ihres Programms als Mütter, die in einem Zyklus auch mit wenigen Jungen vorlieb nahmen; und so breitet sich das Abortierungsprogramm (via natürliche Selektion) automatisch stärker aus" (Wickler 1991).

Es gibt Indizien und Befunde, dass auch im menschlichen Uterus eine selektive Auswahl von Embryonen im Sinne einer Kosten-Nutzen-Bilanz stattfindet. Nach unterschiedlichen Schätzungen werden zwischen 50 und 75 Prozent aller angelegten Embryonen nicht ausgetragen. Mit hoher Wahrscheinlichkeit stehen hier genetische Defekte und Missbildungen dahinter. Daly und Wilson (1984) vermuten, dass auch der menschliche Uterus eine Art von genetischem Screening betreibt und entsprechend aktiv selektiert. Dieses Screening verschlechtert sich offenbar mit zunehmendem Alter der Mutter. Die deutliche Zunahme der Neugeborenen mit dem Down-Syndrom bei Müttern über 35 Jahren hatte schon Sved und Sandler (1981) zu der Annahme geführt, dass die sorgfältige negative Auslese der Embryonen mit dem ständigen Alter der Mütter abnimmt. Das wurde von Ayme und Lippmann-Hand (1982) bestätigt: Die Rate der Erzeugung von Trisomien steigt zwar mit dem mütterlichen Alter, die Rate der Aborte jedoch nimmt signifikant ab (Wasser 1990).

Man kann unter soziobiologischer Perspektive auch erwarten, dass ein Weibchen im Interesse seiner eigenen Reproduktionsmaximierung Embryonen oder Föten abortiert, wenn diese aus sozialen Gründen keine oder sehr geringe Überlebenswahrscheinlichkeiten besitzen. Eines der bekanntesten Phänomene in dieser Richtung ist der sogenannte Bruce-Effekt, den man zunächst bei Hausmäusen entdeckte. Wenn ein Mäuseweibchen von einem Männchen konzipiert hatte, aber dann in den folgenden zwei oder drei Tagen nur mit einem anderen Männchen und nicht mehr mit demjenigen zusammentrifft, das sie begattet hatte, dann wird die Schwangerschaft sofort abgebrochen, und das Weibchen wird nach wenigen Tagen wieder östrisch, um mit dem neuen Männchen zu kopulieren. Man hat nachgewiesen, dass diese Wirkung über Geruchsstoffe aus dem männlichen Urin entsteht; es genügt schon, dem Weibchen Streu aus dem Käfig eines fremden Männchens zu geben. Notwendig ist auch, dass gleichzeitig der Geruch des ersten Männchens verschwindet, das neue Männchen also nicht nur hinzukommt, sondern das Erste ersetzt. Das Weibchen bricht die Schwangerschaft ab, weil diese Jungen praktisch keine Überlebenschancen hätten: Der neue Mann würde die von seinem Vorgänger gezeugten Kinder töten – was man inzwischen nicht nur von Mäusen, sondern von vielen anderen Säugetieren weiß, die in polygynen Haremsystemen leben (Nagetiere, Löwen, Primaten; vgl. Kap. 4 und 5). Das Austragen der Kinder ist oder wäre eine reproduktive Fehlinvestition der Mutter. Soziobiologisch interessant ist dabei auch noch, das der Bruce-Effekt in einem besonders hohen Prozentsatz auftritt, wenn das erste und das zweite Männchen sich genetisch sehr fern stehen und umso seltener, je näher sie genealogisch miteinander verwandt sind. Das stützt die Hypothese, dass sich genetisch nahe Verwandte in ihrer Reproduktion unterstützen sollten – weil sie einen hohen Prozentsatz gleicher Gene weitergeben –, während Nicht-Verwandte konkurrieren sollten. So unterbleibt in künstlich geklonten Mäusestämmen wegen der genetischen Identität der Männchen der Bruce-Effekt überhaupt.

Auch bei in Indien über viele Jahre beobachteten Langurenaffen-Weibchen kam es vor, dass ein vom Vorgänger gezeugter Embryo oder Fötus aufgegeben wurde – offenbar um rasch ein Kind mit dem neuen Harem-Chef zu zeugen. Beim Menschen existieren ebenfalls höhere Abortraten bei „unehelich" entstandenen Embryonen oder Föten, und die Kriminalstatistik belegt, dass unverheiratete Frauen signifikant höhere Infantizidraten haben als verheiratete Frauen (Daly und Wilson 1987). Von den Yanomami-Indianern in Venezuela berichtet Scrimshaw (1984), dass unehelich oder von einem Vorgänger gezeugte Föten direkt durch die Bauchwand der Mutter getötet werden können.

Unter den gleichen reproduktionsstrategischen Gesichtspunkten wie der Fötizid ist der Infantizid zu betrachten, der die evolutionsbiologisch und historisch selektiven Zielvorgaben übrigens leichter erkennen lässt als der an sich ökonomischere Fötizid.

Von 112 rezenten vorindustriellen Kulturen – so berichtet Susan Scrimshaw (1984) – praktizieren 36 Prozent den Infantizid regelmäßig und 13 Prozent gelegentlich. Die Methoden reichen vom aktiven Töten über das Aussetzen, das Vernachlässigen bis zur gezielten Unterversor-

127 gung. „Auch in der 2000-jährigen Geschichte des christlichen Abend-
landes gibt es Berichte davon," – so schreibt der katholische Moraltheo-
loge Gründel (1987) – „dass Ärzte und Hebammen ein schwerbehinder-
tes Kind bei der Geburt sterben ließen oder töteten und der Mutter nur
eine Totgeburt bescheinigten."

Wenn menschliche Infantizide reproduktionsstrategisch bedingt
sind, dann sollten wir annehmen, dass sie geschehen, (1) wegen einer
schlechten Qualität des Kindes, (2) wegen unsicherer Vaterschaft und
(3) wegen zu knapper Ressourcen, Mangel an sozialer Unterstützung
oder wegen Überlastung der Ansprüche des zuvor geborenen, also älteren Nachwuchses. Genau das haben Ethologen in unterschiedlichen
Gesellschaften ausgemacht.

Manipulation des Geschlechterverhältnisses

Die Manipulation des Geschlechterverhältnisses beim eigenen Nachwuchs ist ebenfalls eine im gesamten Organismenreich verbreitete Reproduktionsstrategie. Von vielen sozial lebenden Säugetieren weiß man,
dass ranghohe Weibchen signifikant mehr Söhne als Töchter gebären
(beispielsweise Berberaffen) oder aufziehen, während das Verhältnis bei
rangniederen Müttern umgekehrt ist. Die evolutionsbiologische Erklärung zielt darauf, dass Säugetiermännchen nach ihrem jeweiligen So-
zialrang eine erheblich weitere Reproduktionsvarianz aufweisen als
Weibchen (Trivers und Willard 1973).

Ein Paradebeispiel für die Bevorzugung von männlichem Nachwuchs unter sozioökonomisch günstigen Lebensverhältnissen bei Menschen stellten die reichen Rajputen in der Feudalgesellschaft des indischen Rajasthan mit ihren regelmäßigen Töchter-Infantiziden dar. Alle
Eltern des Landes konkurrieren unter einem ungeheuren Mitgift-Ein-
satz um die Einheirat (Hypergamie) ihrer Töchter in eine Rajputen-
Familie. Den Rajputen selbst brachten ihre Söhne somit zunehmenden
Reichtum und entsprechend durch die Polygynie auch überdurchschnittlichen Reproduktionserfolg ein. Ihre Töchter hätten ihre Familie
finanziell – angesichts der hohen Konkurrenz – eher ruiniert, oder sie
müssten sozioökonomisch nach unten heiraten, was ihren Reproduktionserfolg im Durchschnitt gegenüber den Söhnen noch weiter reduziert hätte. Bevorzugte Investitionen in Söhne, Vernachlässigung oder
Infantizid der Töchter erscheint demnach reproduktionsstrategisch als
eine erfolgreiche Manipulation, wobei ich mich hier natürlich jeder mo-

ralischen Bewertung enthalte. Der präferenzielle Mädchen-Infantizid
hat eine relativ weite Verbreitung in menschlichen Gesellschaften (Dickemann 1979).

Entsprechende Unterschiede wurden – mehr oder weniger verkappt – auch im christlichen Abendland gemacht. Ich zitiere noch einmal den Moraltheologen Gründel (1987): „Wir hatten selbst im katholischen Bereich die Situation, dass die Exkommunikation für den Abort der Schwangerschaft für eine bestimmte Zeit festgelegt war. Dabei stellte man auf die Beseelung ab. Man sprach von einer Sukzessivbeseelung: beim Mädchen in der 8. Woche, beim Jungen in der 4. Woche. Bis dahin trat keine Exkommunikation ein."

Durch eine Flut von Zeitungsmeldungen der letzten Jahre hat man erfahren, dass immer mehr schwangere Frauen aus Indien und Pakistan sich in England – zunehmend häufiger jetzt auch in ihren Heimatländern – eines möglichst frühen medizinischen Tests bedienen (Chorion-Biopsie oder Amniozentese), der auch das Geschlecht des zu erwartenden Kindes diagnostiziert. Wenn es sich um ein Mädchen handelt, lassen diese Frauen meist eine Abtreibung vornehmen. Über Amniozentese-Technik – so ermittelten Ramanamma und Bambawale (1980) – wurden dann nur 5 von 100 Abtreibungen männlicher Embryonen oder Föten betrieben! Aus China kommen ähnliche Meldungen.

Neue Techniken – neue Ethik?

Der Mensch hat seine Reproduktion seit eh und je manipuliert, und die differenzielle Allokation der Elterninvestition, die sich am jeweiligen prospektiven Reproduktionswert der betroffenen Kinder orientiert, war von jeher eine von der natürlichen Selektion favorisierte Strategie, mit der Eltern ihre Fitness steigerten. Dahinter stand und steht teilweise noch heute eine unbewusste Rationalität (Wrigley 1978), eine „quasirationale" Ökonomie, die eine komplexe Vielfalt von Einflussfaktoren berücksichtigte: die Ressourcen-Bedingungen, die Konstitution, das Geschlecht, den Geburtsrang der Kinder, die Vaterschaft, den Intergeburtenabstand, den ökonomischen und sozialen Status sowie den Restreproduktionswert der Eltern. Die „unsichtbare Hand" der natürlichen Selektion belohnte jeweils diejenigen Eltern mit erfolgreicherer Genweitergabe, die so gehandelt hatten, als ob sie optimal kalkuliert hätten. Die an die erfolgreiche Genverbreitung angepasste traditionale Anwei-

129 sung „Folge immer dem Erfolgreichen!" hat wahrscheinlich dazu geführt, dass über den weitaus längsten Teil der menschlichen Geschichte die moralischen Normen, welche diese reproduktiven Manipulationen stützten, im Dienste adaptiver Reproduktionsstrategien standen. Denn – wie Friedrich von Hayek (1979) betonte – „Tradition ist das Ergebnis eines Auswahlvorgangs, der nicht vom Verstand, sondern vom Erfolg gelenkt wird."

Die moderne Reproduktionsmedizin ergänzt, verbessert und „ökonomisiert" gewissermaßen investitionssparend jene uralten, evolutionsbiologisch modellierten Reproduktionsstrategien, an die wir via natürliche Selektion adaptiert sind.

Über sehr früh ansetzende pränatale Diagnose-Techniken, wie Chorion-Biopsie, Amniozentese und pränatale Ultraschall-Diagnostik, werden reproduktionsstrategisch entscheidende Parameter, wie das Geschlecht des Embryos, chromosomale und genetische Defekte, Missbildungen oder Mehrlingsschwangerschaften auf einem optimal frühen Stadium entdeckt, was zu einer energiesparenden Vorverlegung selektiver Investitionsabbrüche oder zu einer rechtzeitigen Verbesserung der Konditionen via bewusster Entscheidung führen kann – beispielsweise durch operative oder gentechnologische Eingriffe oder auch durch selektive Abtötung von überzähligen Mehrlingen. Die (legale) Freiheit zum frühen Abort von „schwer Geschädigten" hat zu einer deutlich geringeren neonatalen Sterblichkeit geführt (Joyce 1987), was man auch ethisch bedenken sollte.

Weiterhin können die Fortpflanzungsbedingungen verbessert und somit dem uns tief eingepflanzten Drang zur eigenen Fortpflanzung geholfen werden. Sterilitätstherapien, hormonelle Ovulationsstimulation, künstliche Insemination, In-vitro-Fertilisation und der Embryo-Transfer sind Fitness-steigernde Hilfsmittel, die unseren Vorfahren nicht zur Verfügung standen, die jedoch die uralten Reproduktionsstrategien verbessern. Allerdings produziert die In-vitro-Fertilisation einen signifikant geringeren Prozentsatz von gesunden und überlebenden Kindern (Shearer 1988; Wasser 1990), was ebenfalls ethisch zu bewerten wäre.

Immer effektiver gelang es dem Menschen im Lauf seiner historischen Entwicklung zudem, die Befriedigung seiner sexuellen Gelüste – also die unmittelbare „Lohnauszahlung" an das Individuum für seinen mit der Reproduktion verknüpften „scheibchenweisen Selbstmord" (Wickler 1991) – artifiziell über Kontrazeptiva oder Sterilisation von der Fortpflanzung abzukoppeln. „Sex without reproduction", eine spezifisch menschliche Erfindung! Jedoch erst mit den modernen reproduktions-

medizinischen Techniken gelang es uns auch, das „natürlich" unter bisexuellen Organismen absurde Gegenstück, „reproduction without
sex" zu erreichen: über künstliche Befruchtung und In-vitro-Fertilisation. Und wir haben es durch den Embryo-Transfer sogar geschafft,
dass eine Leihmutter ein genetisch nicht eigenes Kind austragen kann.
Das ist zwar ein Phänomen, das im Tierreich nicht entwickelt wurde,
doch dient es durchaus der Fitness der Familie, welche die Leihmutter
gemietet hat.

Diese neuen Techniken der Reproduktionsmedizin haben die
evolutiv in uns entstandenen psychischen Motivationen zur eigenen Reproduktion nicht verändert, sie haben nur die klassischen Manipula-
tionstaktiken der alten Fortpflanzungsstrategien auf ein neues, weitgehend „ökonomischeres" Niveau gehoben. Daher beziehen sich auch die
aktuellen ethischen Fragen zur Reproduktionsmedizin im Kern nicht
unbedingt auf die technisch erworbenen Neuerungen, sondern auf unsere natürlichen, also evolutiv entstandenen Veranlagungen und Motivationen, welche die neue Technologie in ihrem Interesse ausnutzen
wollen.

Es wäre allerdings ein Fehler, das „Soll" der Moral direkt aus dem
„Ist" der Natur ableiten zu wollen (vgl. Kap. 7) , was aber offenbar einige der Reproduktionsmediziner tun – was Eve-Marie Engels (1987)
problematisiert: „Andere wiederum sehen in den überzähligen Embryonen gar kein Problem, indem sie sich auf ein bestimmtes Bild von
der Natur berufen: Auch bei natürlicher Zeugung gehe ein hoher Prozentsatz von befruchteten Eizellen ohnehin ab. Zur Natur gehöre offensichtlich das Prinzip der Verschwendung. Und warum sollte etwas
ethisch nicht gerechtfertigt sein, was in der Natur ohnehin vorkomme!"
Die ethische Frage, ob beispielsweise Neugeborene, die Defekte haben,
ohne weiteres getötet werden dürfen, sollte unabhängig davon sein,
dass Infantizide als natürliche Reproduktionsstrategien gedeutet werden können – denn das wäre ein naturalistischer Fehlschluss (s. Kap. 7).

Dennoch werden ethische Prinzipien vernünftigerweise der (moralisch indifferenten!) Natur des Menschen Rechnung tragen müssen,
sollen sie nicht in das Reich der platonischen Ideen verschwinden.
Manche Geisteswissenschaftler, die die Natur des Menschen aus man-
gelnder Kenntnis oder aus ideologischen Gründen extrem vernachlässigen, stellen daher allgemein nicht realisierbare Anforderungen an die
Menschheit. Die Fehleinschätzung zeigt sich am folgenden Zitat von
Staudinger und Schlüter (1981): „Wenn heute Biotechniker durch künstliche Manipulationen Eltern, denen die Möglichkeit von Natur versagt

131   ist, zu einem *eigenen* Kind verhelfen, indem sie Samen- und Eizelle zusammenfügen, so zeigt sich [...] hierin eine unrealistische Überschätzung des Biologischen gegenüber dem Geistigen." Geradezu grotesk ist
die Aussage von Lukesch (1983): „Der Wunsch nach Nachkommenschaft ist der menschlichen Natur *nicht* eingegeben; es ist dies ein erworbenes Motiv, das dauernd durch soziale Belohnungen und Bestrafungen verstärkt werden muss."

Je weiter Ethik von den natürlichen Motivationen des Menschen
entfernt ist, desto schwieriger wird sie realisierbar oder durchsetzbar.
Zwar werden sich viele auf bestimmte moralische Normen hin „verkleiden". Doch je weiter die Ideale von der Natur des Menschen abgehoben sind, desto wahrscheinlicher wird es, dass sich die Individuen verkappt und maskiert nicht an die ethischen Postulate halten und ihre
Forderungen korrumpieren. Die Gesellschaft wird dadurch zu einem
„Netzwerk von Lügen und Täuschung" (Alexander 1975). Selbsttäuschung aber ist ein Instrument, sich nicht selbst als unmoralisch zu
empfinden.

Es empfiehlt sich also, unsere Natur sehr gut zu kennen. Die moderne Evolutionsbiologie hat zweifellos dazu beigetragen. Gleichwohl
sind unsere traditionellen – vor allem theologischen – Moralvorstellungen noch immer auf ein falsches Natur-Bild zugeschnitten. Wir sollten
(und dieses „sollte" gibt sich normativ) dies ändern, wollen wir Selbstbetrug vermeiden.

III. Politik der Anthropologie

Kapitel 7

Evolution und Moral

*Im Menschen hat die Natur sich selbst gestört
und nur in seiner moralischen Begabung einen
unsicheren Ausgleich für die erschütterte Sicherheit der Selbstregulierung offen gelassen.*
Hans Jonas

Wie steht Moral zur biologischen Evolution? Ist Moral ein menschliches Spezifikum, ein Charakteristikum, das den Menschen prinzipiell von allen anderen Organismen abhebt, oder geht menschliche Moral bruchlos aus tierischen Verhaltenstendenzen hervor? Kommt das, was wir Moral nennen, unseren natürlichen Neigungen entgegen, ist Ethik eine Art „Veredelung" dessen, wozu wir ohnehin aufgrund natürlicher Veranlagungen neigen oder muss Moral unseren biologischen Trieben und Verhaltenstendenzen hart gegensteuern, ihnen gewissermaßen abgetrotzt werden? Konvergieren im Großen und Ganzen „natürlich" und „gut" einerseits, und „widernatürlich" und „schlecht" oder „böse" andererseits? Alte und zugleich ewig junge Fragen!

Der Streit um die Natürlichkeit der Moral

Im abendländisch-christlichen Denken hat der Dualismus Leib und Seele, Natur und Geist seine tief greifenden Wurzeln. Der Geist – so eine unerbittliche Forderung aufgeklärter Moralphilosophie – müsse die Natur des Menschen beherrschen. Da liege zugleich auch der prinzipielle, der ethisch verpflichtende Unterschied zwischen dem Menschen und aller anderen Kreatur. Der Aussage des Galen: „Die Tiere werden durch ihre Organe belehrt" hatte Goethe entgegengesetzt: Der Mensch aber „belehrt die seinigen und beherrscht sie". Der sittliche Geist bändigt die amoralische „Bestie Natur" im Menschen; dieses oft entworfene Bild hat eine lange abendländische Tradition, und kantische Ethik fordert geradezu, von moralischem Handeln nur zu sprechen, wenn einer seine (natürlichen) Neigungen im Dienste „höherer Ziele" überwindet. Nicht alle freilich mochten sich solchem hohen sittlichen Anspruch beugen. So klagte bekanntlich Schiller: „Gerne dien' ich den Freunden, doch tu' ich es leider mit Neigung; und so wurmt es mir oft, dass ich nicht tugendhaft bin". Er propagierte dagegen „Tugend" als „Neigung zur Pflicht".

Doch nicht die Diskurse und Argumentationen, die Meinungen und Urteile von Philosophen oder Theologen sollen Hauptgegenstand dieses Beitrages sein, sondern wir fragen nach den Ansichten und Argumenten der Evolutionsbiologen, sofern sie sich explizit mit der Problematik moralischen Verhaltens und Aspekten seiner biogenetischen Evolution auseinander gesetzt haben. Verständlicherweise klafften und klaffen auch hier die Urteile und Meinungen weit auseinander.

In Darwins Vorstellungen entsteht menschliche Moral bruchlos, ja gewissermaßen zwangsläufig aus den im Tierreich weit verbreiteten sozialen Instinkten. Zwar, so formulierte er 1871, unterschreibe er „vollständig die Meinung derjenigen Schriftsteller, welche behaupten, dass von allen Unterschieden zwischen den Menschen und den Tieren das moralische Gefühl oder das Gewissen der weitaus bedeutungsvollste sei", doch „es scheint mir in hohem Grade wahrscheinlich zu sein, dass jedwedes Tier mit wohlausgebildeten sozialen Instinkten (Eltern- und Kindesliebe eingeschlossen) unausbleiblich ein moralisches Gefühl oder Gewissen erlangen würde, sobald sich seine intellektuellen Kräfte so weit wie beim Menschen entwickelt hätten".

Der Streit um die Natürlichkeit von Moral jedoch brach wenig später innerhalb der geistigen Gefolgschaft Darwins aus. 1888 verfasste T. H. Huxley sein scharfsinniges Manifest „The Struggle for Existence in Human Society", in dem er die „Nicht-Sittlichkeit" des Evolutionsgeschehens und der menschlichen „Naturtriebe" schonungslos aufdeckte. „Die Anstrengung des sittlichen Menschen, auf ein sittliches Ziel hinzuarbeiten", so schrieb er, „hat die tiefwurzelnden organischen Triebe, die den natürlichen Menschen antreiben, die nicht-sittliche Bahn zu beschreiten, keineswegs abgeschafft, ja vielleicht nicht einmal eingeschränkt. Eine der wesentlichsten Bedingungen, wenn nicht sogar die Hauptursache des Daseinskampfes, ist die Tendenz, sich grenzenlos zu vermehren, die der Mensch mit allen Lebewesen teilt. Bemerkenswerterweise ist das Gebot ‚Seid fruchtbar und mehret euch' der Überlieferung zufolge sehr viel älter als die Zehn Gebote und ist vielleicht

137   das einzige, dem die große Mehrheit der Menschengattung freiwillig und von Herzen gehorcht hat." „Unvermeidliches Ergebnis dieses Gehorsams" sei die unverkennbare Tatsache, dass sich die „Härte des Daseinskampfes und des Krieges" entgegen den Bemühungen sittlicher Instanzen immer wieder unversehens einstellten. So kommt es, „dass der Weg, den der sittliche Mensch, das Gesellschaftsmitglied oder der Bürger gestaltet, notwendigerweise dem zuwiderläuft, welchen der nichtsittliche (also der natürliche) Mensch, der ursprünglich Wilde, oder der Mensch als bloßes Glied des Tierreiches einzuschlagen die Tendenz hat. Letzterer ficht den Daseinskampf bis zum herben Ende aus wie jedes andere Tier."

Heftig widersprach dem Peter Kropotkin (1902) – ebenfalls ein Anhänger Darwins – in seinem Buch „Mutual Aid. A Factor of Evolution": „Streitet nicht! – Streit und Konkurrenz ist der Art immer schädlich, und ihr habt reichlich die Mittel, sie zu vermeiden!' Das ist die Tendenz der Natur. […] Das ist es, was die Natur uns lehrt, und das ist es, was alle die Tiere, die die höchste Stufe in ihren Klassen erreicht haben, getan haben. Das ist es auch, was der Mensch – der primitivste Mensch getan hat; und darum hat der Mensch die Stufe erreicht, auf der wir jetzt stehen."

Wie auch immer die Einstellung der Kontrahenten in diesem anhaltenden Streit, beide Parteien waren jedenfalls in dem Punkt einig, dass Moral und biologische Evolution, sei es in einem sich unterstützenden, sei es im antithetischen Sinne, überhaupt etwas miteinander zu tun haben.

Die Kontroverse freilich um die Art der Beziehung von Moral und Evolution hat viele Facetten. Sagt die eine Seite, wahre Sittlichkeit erweise sich erst in der Überwindung natürlicher Neigungen, in der Bekämpfung des sogenannten inneren Schweinehundes, so fragt die andere dagegen, ob der Mensch denn von Natur aus so falsch konstruiert sei, dass er, um gut zu handeln, ständig gegen seine Konstruktion ankämpfen müsse. Mit theologischer Begründung ließe sich sogar das Gegenteil behaupten: „Die Theologie lehrt, dass Gott die Natur geschaffen und gut geschaffen hat", argumentiert zum Beispiel Wickler (1969) und folgert: „Nimmt man an, dass der Schöpfer die vernunftlosen Geschöpfe durch Naturgesetze auf das von ihm gesteckte Ziel hinordnet, dann ist im Bereich der vernunftlosen Geschöpfe ‚natürlich' und ‚gut' gleichzusetzen. Wenn daraus überhaupt etwas für den vernunftbegabten Menschen abzusehen sein soll, dann dies: Dass ‚böse handeln' gleichbedeutend ist mit ‚wider die (menschliche) Natur handeln'."

Könnte man auf die eine oder andere Weise die „richtigen" Prinzipien und sittlichen Normen menschlichen Zusammenlebens durch wissenschaftliche Analysen ermitteln oder – wie Stent (1984) formuliert – „das Sittengesetz auf tragfähige naturwissenschaftliche Grundlagen stützen"? Viele Biologen haben das behauptet, ja gefordert, und viele Biologen vertreten auch heute diese Überzeugung; mit sehr unterschiedlichen Argumenten und Perspektiven: Entweder, einfach „weil moralische Urteile physiologische Produkte des Gehirns sind" (so zum Beispiel Lumsden und Wilson 1983), oder weil moralisches Verhalten und moralische Normen natürlicher Selektion unterworfen sind und entsprechend von dieser geformt worden sein müssten. Eibl-Eibesfeldt (1984) spricht von „kollektiven stammesgeschichtlichen Anpassungen" und meint, biologische Analysen würden das phylogenetische Alter „bestimmter Normen und ihre feste Verankerung im Erbe" erweisen. In einem weiteren Sinne fordert Alexander (1983), wir müssten in der moralischen Praxis die Ergebnisse und Lehren der Evolutionsbiologie berücksichtigen: „Dies nicht als Argument für Determinismus, sondern – ganz im Gegenteil – als möglicher Weg zur Freiheit, die wir aus einer genaueren Kenntnis von Ursache und Wirkung gewinnen, wie sie unserer Geschichte und unserer Natur zugrunde liegen."

Wie dem auch sei, muss man nicht – Immanuel Kant folgend – daran festhalten, dass die empirisch erforschbare Welt der Natur ohne direkte Verbindung zur Welt der Sittlichkeit sei? Wenn jedoch Markl (1986) mit seiner Kant-Paraphrasierung Recht hat, dass „die Evolutionstheorie die Gesetze des gestirnten Himmels über uns mit dem moralischen Gesetz in uns verbindet", dann wiederum hat Biologie einen eminent wichtigen Beitrag zu unserem Thema zu leisten, zumindest im pragmatischen Sinne Patzigs (1984): „Die moralischen Prinzipien mögen immerhin der reinen Vernunft abgelauscht werden; moralische Regeln für das Verhalten konkreter Menschen und moralische Rechtsinstitutionen müssen auf die menschliche Natur Rücksicht nehmen."

Wir wollen im Folgenden zwei einander ergänzende Fragestellungen als heuristischen Ariadne-Faden verwenden, um etwas Ordnung in das offensichtliche Meinungschaos über das Verhältnis von biologischer Evolution und Moral zu bringen:

● Verhalten wir uns aus natürlichen, aus evolutionsbiologisch erklärbaren Gründen moralisch, oder: Wie kann biogenetische Evolution moralisches Verhalten hervorbringen?

• Lassen sich die Inhalte unserer sittlichen Normen evolutionsbiologisch ableiten oder gar begründen, gibt es also eine „naturgewachsene" Moral?

Beide Fragestellungen sind Teilaspekte desselben Problems, ob nämlich der Mensch eine „moralische Natur" besitze. Es lohnt sich jedoch, diese beiden Aspekte zunächst separat anzugehen.

Natürliche Selektion und die „Moral der Gene"

Natürliche Selektion, der Motor der biogenetischen Evolution, ist ein plan- und ziellos arbeitender Mechanismus, der nach der klassisch-darwinischen Konzeption auf dem zwangsläufig perpetuierten unerbittlichen Kampf ums Überleben (Darwins „struggle for life") und um möglichst gute Fortpflanzungschancen beruht und so ein als ganz und gar unmoralisch empfundenes „uregoistisches" Prinzip produziert und fördert. Umso unverständlicher muss es erscheinen, dass diese Evolution an so vielen phylogenetischen Zweigen des Tierreiches kooperatives, ja altruistisches soziales Verhalten hervorgebracht hat.

Schon in seinem die Selektionstheorie begründenden Werk „On the Origin of Species by Means of Natural Selection" (1859) hatte Darwin das Paradoxon beunruhigt, wie eigentlich auf der Basis des Prinzips von strikter interindividueller Konkurrenz so zahlreich und offensichtlich außerordentlich erfolgreich kooperative soziale Systeme entstehen konnten, in denen über die eigene Brutfürsorge hinaus wechselseitige Hilfe und gruppendienliches Verhalten (trotz eines gerade dadurch erhöhten persönlichen Risikos!) oder sogar individuelle Selbstaufopferung im Dienste an der Gemeinschaft an der Tagesordnung sind. Er sah in der mit seiner Theorie der natürlichen Auslese widerspruchsfrei vereinbarten Auflösung dieses Paradoxons geradezu einen ganz entscheidenden Prüfstein seiner ganzen Theorie. (Darwin selbst fand eine befriedigende Lösung übrigens nicht, er nahm – wie oben, Kap. 4, erwähnt – Zuflucht zu Lamarcks Idee vom „Erblichwerden generationslang ausgeübter Gewohnheiten").

Verschärft tritt diese Problematik 1871 in Darwins „The Descent of Man and Selection in Relation to Sex" zutage, hier vor allem mit Bezug auf die Entstehung und Fortentwicklung der sittlich-moralischen Qualitäten des Menschen. Innerhalb eines Volkes oder Stammes nämlich hätten die moralisch Hochwertigsten oft weniger Kinder als die weniger Tugendhaften. „Es ist doch sehr zweifelhaft", so schreibt Darwin, „ob die Nachkommen der ihren Kameraden mit Wohlwollen, Uneigennützigkeit und Treue entgegenkommenden Eltern in größerer Zahl aufgezogen werden als die Kinder der selbstsüchtigen und treulosen Eltern desselben Stammes. Wer bereit war, lieber sein Leben zu opfern als seine Kameraden zu verraten, wie mancher Wilde getan hat, wird häufig keine Nachkommen hinterlassen können, die seine edle Natur erben. Die Tapferen, die im Krieg stets an der Spitze der Schlachtreihe kämpfen und ohne Zögern ihr Leben für die anderen in die Schanze schlagen, werden im Durchschnitt eine höhere Anzahl Toter aufweisen als die anderen. Deshalb scheint es kaum wahrscheinlich zu sein, dass die Zahl der mit solchen Tugenden geschmückten Menschen oder der Maßstab ihrer Vortrefflichkeit durch natürliche Zuchtwahl, das heißt durch das Überleben des Geeignetsten, erhöht werden könnte." Anders freilich verhält es sich dann auf der höheren Ebene der Konkurrenz zwischen Völkern und Stämmen, da greift nach Darwins Überzeugung das Selektionsprinzip sogleich wieder, denn „eine Vermehrung der Zahl gutbegabter Menschen und ein Fortschritt der Sittlichkeit verleiht doch dem Stamm eine ungeheure Überlegenheit über alle anderen Stämme. Wenn ein Volk viele Mitglieder hat, die aus Patriotismus, Treue, Gehorsam, Mut und Sympathie stets bereitwillig anderen helfen und sich für das allgemeine Wohl opfern, so wird es über andere Völker den Sieg davontragen: Dies würde natürliche Zuchtwahl sein". Wie es aber zu einer derartigen Anreicherung „tugendhafter Menschen" innerhalb eines Stammes mittels natürlicher Auslese überhaupt erst kommen kann, das bleibt unklar. Darwins Theorie genau beim Wort genommen, müsste jeder Feigling und Drückeberger, jeder selbstsüchtige Egoist und eigennützige Betrüger voraussichtlich eine höhere direkte Nachkommenzahl aufweisen als der sich für die Gemeinschaft aufopfernde „Held". Die natürliche Selektion würde folglich ständig selbstsüchtiges Verhalten favorisieren und altruistisches Verhalten eliminieren, das heißt es gäbe eine stetige, starke Kontraselektion gegen jene Tugenden. Übrigens stand es für Darwin ganz außer Zweifel, dass diese sittlichen Charakterzüge und Verhaltenstendenzen genetisch vererbt werden, nur unter dieser Voraussetzung konnten sie ja durch natürliche Selektion ausgelesen und weiterentwickelt werden.

Erst W. D. Hamilton (1964) hat dieses Paradoxon wieder beleuchtet und zugleich die erste mit Darwins Selektionskonzept konforme Erklärung für die ja ganz offensichtlich so erfolgreiche evolutive Entstehung von „altruistischem" Verhalten im Tierreich gegeben. Hamilton erkannte, dass neben der seit Darwin immer beachteten direkten Selek-

141 tion, welche die individuelle oder Darwin-Fitness über die direkten Nachfahren eines Individuums steigern kann, eine indirekte Selektion am Werk ist, bei der bestimmte Gene sich auf die Weise erfolgreich in einer Population ausbreiten, dass ihre Träger-Individuen anderen Individuen mit identischen Gen-Replikaten zu erhöhter Nachkommenschaft verhelfen. Da alle Replikate eines Allels – gleich welches Individuum sie trägt – identische Kopien darstellen (wir sehen hier einmal von möglichen neuen Mutationen ab), wird es im Hinblick auf die Selektion eines bestimmten Alleltyps gleichgültig, ob die Allele das Überleben und die Fortpflanzung des je eigenen Träger-Individuums oder die Vermehrung identischer Kopien über andere Träger-Individuen fördern. Letzteres kann unter bestimmten Umständen sogar wesentlich günstiger für die Ausbreitung eines Alleltyps sein und muss dann zwangsläufig durch die natürliche Selektion favorisiert werden, was somit automatisch zur weiteren Ausbreitung des altruistischen Verhaltens führt. Klassische Beispiele für solche Prozesse finden sich in den zahlreichen Helfer-am-Nest-Systemen bei hymenopteren Insekten, bei Vögeln und Säugern (zum Beispiel Krebs und Davies 1981).

Eine zentrale Vorbedingung für die Wirksamkeit dieses Mechanismus der „indirekten Selektion" ist freilich, dass die Individuen anderen Individuen selektiv, das heißt hier, nach Maßgabe jener Wahrscheinlichkeit helfen, mit der die Hilfe empfangenden Individuen identische Allele mit den Helfern teilen. Und diese Wahrscheinlichkeit steigt selbstverständlich mit zunehmenden Graden genetisch-genealogischer Verwandtschaft. Nach diesem Konzept gilt die Vorhersage, dass die Bereitschaft zu wechselseitiger Hilfeleistung umso größer sein sollte, je näher Helfer und Hilfsempfänger genetisch miteinander verwandt sind. Genetiker drücken den statistischen Wahrscheinlichkeitsgrad, mit dem zwei bestimmte Individuen über gemeinsame genealogische Abstammung identische Allele tragen, quantitativ im so genannten Verwandtschaftskoeffizienten r aus, der mithin ein biologisches Verwandtschaftsmaß darstellt. Dieser r-Wert beträgt beispielsweise für die Eltern-Kind-Kombination oder für Vollgeschwister 0,5, für Halbgeschwister und Großeltern-Enkel-Dyaden 0,25, zwischen Vettern und Basen ersten Grades 0,125 und so weiter. Da die für die natürliche Selektion allein entscheidende Kosten-Nutzen-Bilanz einer bestimmten Eigenschaft oder eines Verhaltens in der „Münze" des (relativen) Reproduktionserfolges gemessen wird, dürfen die individuellen Fitness-Kosten eines Altruisten im Durchschnitt umso höher ausfallen, je größer der Verwandtschaftskoeffizient r zwischen dem „altruistischen" Akteur und dem Empfänger des „altruistischen" Aktes ist, ohne für das entsprechende Allel einen Ausbreitungsnachteil zu bewirken. Ein Ausbreitungsvorteil ergibt sich so lange, wie die reproduktiven Kosten (K) des Altruisten kleiner bleiben als der durch den altruistischen Akt erzeugte reproduktive Nutzen (N) des Empfängers, multipliziert mit dem Verwandtschaftskoeffizenten r (mathematisch ausgedrückt in der Ungleichung: $K < r \times N$). Dieses nicht mehr auf das Individuum zentrierte, sondern auf die Gene beziehungsweise Allele bezogene Modell eines abgestuften Altruismus setzt an die Stelle der individuellen, in direkter Nachkommenlinie gemessenen Darwin-Fitness das Konzept der Gesamt-Fitness oder „inclusive" Fitness beziehungsweise Hamilton-Fitness, die sich vom altruistisch handelnden Individuum her aus seinem eigenen direkten Reproduktionserfolg plus dem Reproduktionserfolg seiner genetischen Verwandtschaft, jeweils gewichtet entsprechend der Höhe des Verwandtschaftskoeffizienten r, ermitteln lässt.

Selbstverständlich unterstellen soziobiologisch argumentierende Evolutionsbiologen weder den beteiligten Genen irgendwelche bewussten Absichten noch den agierenden Individuen rationale Kalkulationen über „Inclusive fitness"-Auswirkungen ihres Verhaltens; sie konstatieren lediglich, dass die natürliche Selektion automatisch solche Allele favorisieren wird, die ihre Träger-Organismen so agieren lassen, *als ob* sie eine rationale Kosten-Nutzen-Bilanzierung richtig durchgeführt hätten – wie immer dieses „als ob" auch zustande gekommen sein mag.

Wir verstehen nun eine mögliche Form der theoriekonformen Auflösung des oben zitierten darwinischen Parodoxons, den dafür erforderlichen selektiven Filtermechanismus nennen Soziobiologen „Verwandtschafts-Selektion" („kin selection", Maynard Smith 1964). Auf dieser Grundlage erklärt sich das auffallende Phänomen, dass praktisch alle, auch die komplexeren sozialen Systeme im Tierreich auf genealogischer Verwandtschaftsbasis aufbauen (sie stellen gewissermaßen „extended families" dar) und dass man tatsächlich – wo immer man empirische Analysen ansetzte – die oben formulierte Prognose bestätigt fand: je enger genetisch-genealogisch verwandt, desto intensiver die wechselseitigen Unterstützungsbeziehungen zwischen den Sozialpartnern. Niemand wird unter diesem Blickwinkel die weite Verbreitung und herausragende Bedeutung nepotistischer Unterstützungssysteme auch in menschlichen Gesellschaften aller Kulturkreise übersehen können.

Die Kehrseite der Medaille ist, dass unter diesem Blickwinkel niemand erwarten darf, dass sich auf genetischer Basis über natürliche Selektion ein alle Artgenossen gleichermaßen umfassendes, also ein nichtselektiv investierendes altruistisches Verhalten entwickeln und durchsetzen könnte. Das war übrigens schon Darwin (1871) klar, der darüber hinaus darauf hinwies, dass die sozialen Tugenden der Kooperation und Hilfsbereitschaft im ursprünglichen Zustand des Menschen und bei den „Wilden fast ausschließlich nur innerhalb der Gemeinschaft eines Stammes gepflegt" würden. „Bis jetzt hat man noch bei keinem Lebewesen Anzeichen für einen echten Altruismus gefunden, der sich ohne Diskriminierung auf die ganze Art oder die ganze Bevölkerung erstreckt", schreibt Alexander (1983).

Das Gebot einer biogenetisch entstandenen natürlichen Moral würde vielmehr lauten: „Hilf deinen Verwandten nach Maßgabe ihrer jeweiligen genealogischen Verwandtschaftsnähe zu dir, jedoch im Zweifelsfalle allen weniger als dir selbst (und deinen leiblichen Kindern)." Ethik hin, Moral her: Man wird kaum bestreiten können, dass Menschen sich weltweit und zu allen Zeiten häufiger an dieses „Gebot" als etwa an das christliche Gebot einer generellen Nächstenliebe gehalten haben und halten. Diese Art von abgestuftem Altruismus lässt sich letztlich auf „genetischen Eigennutz" zurückführen, sie erscheint als zwingende Konsequenz des evolutionsmächtigen Gen-Egoismus, ist genau genommen so etwas wie Schein-Altruismus und würde nach den strengen Maßstäben kantischer Ethik überhaupt nicht das Prädikat „moralisch" verdienen. Wir werden auf diese Problematik noch ausführlich zurückkommen.

Soziobiologen haben weitere mit Darwins Selektionstheorie vereinbare Erklärungsmodelle für die genetische Ausbreitung von altruistischem Verhalten im Tierreich entwickelt. So stellte Trivers (1971) der „Verwandtschafts-Selektion" ein anderes Prinzip zur Seite, aufgrund dessen altruistisches Verhalten, auch unter genetisch nicht-verwandten Individuen, eine theoriekonforme Ausbreitungschance habe: den reziproken Altruismus. Das Prinzip greift biogenetisch unter der Voraussetzung, dass die reproduktiven Kosten des Altruisten das Ausmaß des Gewinns nicht übersteigen, den er wahrscheinlich dadurch erreicht, dass der momentane Empfänger seines altruistischen Aktes sich bei entsprechender Gelegenheit im Sinne einer Fitness-Steigerung des vormaligen Altruisten zumindest gleichwertig revanchiert. Die Effizienz solcher Reziprok-Beziehungen steigt mit längerer Lebensdauer der Akteure bei längerem sozialen Zusammenleben und persönlicher interindividueller Bekanntschaft beziehungsweise Vertrautheit, also gerade bei jenen Konstellationen, die für die Primaten- und Hominiden-Evolution so kennzeichnend sind. Auch hier handelt es sich, genau betrachtet,

wieder um ein egoistisches, also letztlich eigennütziges oder schein-
altruistisches Prinzip.

Ich nehme an, dass ein an kantischer Ethik geschulter Betrachter auch diesen Fällen das Prädikat „moralisch" versagen würde, weil diese Form von Altruismus jede selbstlose Motivation vermissen lässt. Schlimmer noch: Die kompromisslosen, an den Genen orientierten Konstrukte der Soziobiologie entwerten das Individuum als autonomes Subjekt des Handelns und reduzieren es in extremer Sichtweise zu einer Art von „Überlebens- und Reproduktionsmaschine" im Dienste seiner Gene (Dawkins 1976; 1982). Das Individuum mag sich zwar autonom fühlen, es gehorcht jedoch letztlich vornehmlich den Propagationsinteressen seiner Gene, ganz und gar unbewusst, versteht sich, aber doch durch stetige Selektion programmiert, sich so zu verhalten, als ob es die Ausbreitungschancen seiner Allele richtig kalkuliert hätte. Gerade ein autonomes, in seinen Entscheidungen weitgehend freies Individuum aber fordern wir als ethisches Subjekt und als Voraussetzung echten moralischen Handelns.

Immerhin, die Soziobiologie hat verständlich gemacht, wieso und durch welche Mechanismen unsere biologische Evolution auch uns bereits „von Natur aus" nicht als rücksichtslose nackte Egoisten geschaffen hat. Die Menschen sind vielmehr „schon durch ihr biologisches Erbteil auf Kooperation, Kommunikation und Loyalität programmiert", so formuliert es der Philosoph Patzig (1984). Diesen natürlichen Altruismus freilich nannte Mackie (1982) mit Recht „self-referential" und meinte damit einen die Gesamt-Fitness fördernden Altruismus. Es kann keinem Zweifel unterliegen, dass auch Hilfe und Aufopferung für Verwandte sowie verlässliche Erwiderung von altruistischen Aktionen –also verwandtschaftsselektierter und reziproker Altruismus im Sinne der Soziobiologen– in den Kanon menschlich-moralischen Verhaltens eingehen, aber sie reichen offensichtlich nicht aus, echte Moral zu definieren oder zu charakterisieren, sie treffen eben nicht deren entscheidenden Kern. Was in beiden Fällen unseren Ansprüchen nicht genügt, ist vor allem die selektive Adressierung altruistischen Agierens und mithin genau das, was seinen evolutionsbiologischen Erfolg von jeher ausmachte. Die „Moral der Gene" reicht nicht: Echte Moral muss diese Anbindung transzendieren, sie darf ganz offensichtlich nicht am eigenen Überleben und am gesteigerten Reproduktionserfolg orientiert sein; so jedenfalls wollen es die Idealvorstellungen aufgeklärter Moralphilosophie.

Wie aber könnte –wenn überhaupt– biologische Evolution mehr als selbstbezogenen Altruismus hervorbringen und damit die Voraus-

145   setzungen zu echter Sittlichkeit schaffen? Darwin sah darin keine besondere Schwierigkeit. Alle sozialen Tiere hätten von Natur aus einen angeborenen „Geselligkeitsdrang", sie entwickelten „Sympathie-Instinkte", das wiederum lieferte die evolutive Grundlage des spezifisch menschlichen Gefühls für „Gut" und „Böse" und stellte so die natürliche Quelle der sittlichen Werte und unserer Moral dar, welche das höchste Gut des Menschen sei und uns wesentlich aus dem Tierreich heraushebe. Eben an diese natürliche Weiterentwicklung wachsender „Sympathie-Gefühle" knüpfte Darwin (1871) seinen Optimismus im Hinblick auf die Zukunft der Menschheit. Die Entwicklung menschlicher Ethik als eine simple, geradezu zwangsläufige Verlängerung biologischer Evolution? Viele Biologen und noch mehr „Biologisten" dachten und denken bis heute in dieser Schablone. Ich hoffe jedoch, dass zunächst deutlich geworden ist, dass natürliche Selektion als absolut „moralfreier" Mechanismus primär immer nur zur Maximierung kurzsichtigen Eigennutzes führen kann, was freilich einen gewissen Altruismus nicht ausschließt. „So, wie Selektion sich abspielt, gibt es keinen Weg, auf einen unmittelbaren Fortpflanzungsvorteil zu verzichten, selbst wenn er in wenigen Generationen in einen Nachteil umschlägt" (Wickler 1983). Und noch einmal: Dazu bedarf es keiner teleologischen Zielvorgaben und keines bewussten Kalkulators.

Denkbar wäre es, dass ab einem gewissen Grad rationaler Entscheidungsfreiheit gegenüber den biogenetischen Fitness-Zwängen eine Erweiterung der „Moral der Gene" in dem Sinne erfolgte, dass der Erfolg der Gruppe in Konkurrenz mit benachbarten Gruppen eine zunehmend wichtigere Rolle spielte, wobei soziokulturelle Entwicklungsprozesse und damit auch „kulturelle Selektion" mehr und mehr ins Spiel kamen, Prozesse, die über tradierte Normen das Verhalten der individuellen Societäts-Mitglieder zunehmend steuerten und im Interesse der Gruppe beeinflussten. Die alte „Moral der Gene" aber wurde dadurch keineswegs außer Kraft gesetzt, sie erfuhr nur eine erste Erweiterung des Adressatenkreises in Richtung auf eine kulturelle Gemeinschaft. Der ständige Druck des biogenetischen „Prinzips Eigennutz" (Wickler und Seibt 1977) ist dadurch nicht aufgehoben. Unsere Freiheit bleibt deutlich begrenzt und eingeschränkt.

Um überhaupt Moral entwickeln zu können, bedarf es offenbar einiger Eigenschaften und Fähigkeiten, die nur der Mensch in der erforderlichen Kombination besitzt. Diese Eigenschaften sind ihrerseits natürlich ein Produkt der Evolution, doch ist ihr Ursprung wahrscheinlich nicht primär mit der Entwicklung von Moral gekoppelt. Unbe-

streitbar ist, dass ein als moralisch (oder auch als unmoralisch!) bewert-
bares Verhalten geknüpft ist an die Fähigkeit zu absichtlichem Agieren,
an die Möglichkeit, zwischen mehreren Handlungsalternativen (mehr
oder weniger frei) zu entscheiden, und an die Potenz, die Folgen des eigenen Handelns im Voraus abschätzen zu können.

Darüber hinaus ist die Perzeption einer „personalen Identität"
über Zeitverläufe und Situationswechsel hinweg erforderlich, und zwar
sowohl für das handelnde Selbst als auch hinsichtlich der vertrauten Sozialpartner. Erst aus der Kombination dieser Fähigkeiten entsteht Verantwortung. Moral ist unmittelbar an die Verantwortlichkeit geknüpft.
Die Wahrnehmung von personaler Identität ist zugleich Voraussetzung
für die Potenz, sich mit anderen Personen zu identifizieren, und damit
die Vorbedingung für Empathie und Sympathie, von Einfühlungsver-
mögen und Mitleid. Empathie und Sympathie sind geradezu zentrale
Konzepte in humanwissenschaftlichen Definitionen von Altruismus geworden, während sie in den entsprechenden Definitionen der Soziobiologen überhaupt keine Rolle spielen.

Im sozialen Feld ist Moral durch weitere Kriterien gekennzeichnet: Durch die Existenz allgemeinverbindlicher Verhaltensnormen und
Wertsysteme, in deren Rahmen Handlungen oder auch Unterlassungen
hinsichtlich ihrer moralischen Qualität bewertet werden, sowie durch
soziale Sanktionen, mittels derer die Einhaltung dieser Normen kon-
trolliert und notfalls auch erzwungen wird. Normen, Wertsysteme und
Sanktionen können universal menschliche und/oder kulturspezifische
Elemente enthalten. Via Internalisierung der sozialen Verhaltensregeln
und der jeweiligen Wertsysteme entstehen Schuldgefühle, Gewissen
und Scham als wichtige Selbst-Regulative im handelnden Subjekt. Auf
alle diese Fähigkeiten und Besonderheiten werden wir später noch ausführlich zurückkommen.

Alle genannten Eigenschaften, Qualitäten und Kriterien sind universal und nach derzeitigem Wissen zumeist auch spezifisch menschlich. Zwar wird man bis zu bestimmten Graden auch anderen hoch entwickelten Säugetieren Verhaltensabsichten, ein gewisses Maß an Entscheidungsfreiheit zwischen Verhaltensalternativen, Antizipation bestimmter Handlungsfolgen und (zumindest bei Schimpansen) eine Art
normatives Selbstbild und damit personale Identität nicht ganz abspre-
chen können, doch fehlen trotz intensiver Nachforschungen sichere Belege oder auch nur überzeugende Hinweise auf die Fähigkeit, „den ob-
jektiven Wert eines Genossen durch Zeit und Kontext hindurch integrieren zu können" (Kummer 1978). Es fehlen selbst bei den höchstent-

147 wickelten nicht-menschlichen Primaten eindeutige Anzeichen für Empathie und Sympathie, also für das „mitleidende" Sich-Einfühlen in einen Gruppengenossen (zum Beispiel Goodall 1971; Vogel 1985); es gibt weiterhin offensichtlich weder tradierte und internalisierte Wertsysteme und damit über je spezifische Situationen und Kontexte hinausgehende soziale Sanktionen (siehe Goodall 1977, 1979; Kummer 1978), noch eindeutige Hinweise auf Schuldgefühle, auf Scham oder Gewissen. Es ist schon aus diesen Gründen vollkommen verfehlt, Tieren (gleich welcher Spezies) moralisches beziehungsweise unmoralisches Verhalten zuschreiben zu wollen. Sie agieren vielmehr ganz und gar „nicht-moralisch" beziehungsweise „außer-moralisch" oder, von unserer eigenen Phylogenie her betrachtet, „vor-moralisch". Moralisch beziehungsweise unmoralisch handeln kann allein der Mensch, und menschenspezifisch sind weit weniger bestimmte Formen und Inhalte altruistischer Akte als vielmehr deren moralische oder unmoralische Qualität als solche.

Wenn es trotz dieser zahlreichen menschlichen Spezifika dennoch eine wie immer geartete inhaltliche Beziehung zwischen menschlicher Moral und der alten „Moral der Gene" gibt, dann kann dies nur eine Folge der für die Phylogenie des Menschen so charakteristischen biologisch-kulturellen Koevolution sein. Evolutionsbiologen verstehen darunter das kooperative Interagieren von Natur und Kultur des Menschen, ein sich wechselseitig stützendes und provozierendes Ineinandergreifen biogenetischer und tradigenetischer Prozesse im Dienste, oder doch jedenfalls mit dem unverkennbaren Effekt einer weiteren biologischen Fitness-Steigerung. Da auch der Mensch als eine biologische Spezies durch natürliche Selektion entstanden ist, müssen wir davon ausgehen, dass auch er über alle Stadien seiner biologischen Geschichte aus natürlichem Antrieb, dann aber zunehmend auch unter Einsatz der jeweils verfügbaren kulturellen Mittel, vor allem einem Ziel verpflichtet war, seine biologische Fitness, das heißt den Vermehrungserfolg seiner Gene zu maximieren. Den biologischen Erfolg dieser Koevolution wird niemand bestreiten wollen, der den exponentiellen Anstieg der Wachstumskurve der menschlichen Erdbevölkerung vor Augen hat. Das bedeutet aber nichts anderes, als dass im Großen und Ganzen tradigenetische und biogenetische Fitness-Maximierung Hand in Hand arbeiteten und gleichsinnig wirkten. Selbstverständlich sind Kultur und Zivilisation im biologischen Sinne nicht selektionsneutral, sie müssen vielmehr letztlich auch biologischen Anpassungswert haben, wenn sie auf Dauer nicht der natürlichen Selektion zum Opfer fallen sollen. Kultur und Zivilisation bilden einen zentralen Anteil der biologischen Anpassungsfähigkeit des Menschen. In der einschlägigen Literatur finden sich eine Fülle sehr markanter Beispiele für dieses Ineinandergreifen biogenetischer und tradigenetischer Prozesse, mal mehr im Sinne einer Steuerung von Kultur durch die Natur des Menschen, mal mehr im umgekehrten Sinne, oft auch in Form einer mehrfach rückgekoppelten Wechselwirkung (Blurton Jones und Sibly 1978; Chagnon 1979; Durham 1982; Lumsden und Wilson 1983; Reynolds 1984).

Nach einem groben Raster lassen sich vielleicht die stärker biologisch bestimmten Anteile menschlicher Moral und die stärker kulturell bestimmten einigermaßen auseinander halten. So schreibt Mackie (1982): „Unter biologischer Evolution lassen sich die prä-moralischen Tendenzen zusammenfassen, die wir mit anderen nichtmenschlichen Lebewesen teilen, wie Fürsorge für Kinder und nahe Verwandte, Freude an Gruppenzugehörigkeit, reziproken Altruismus und Belohnung und Bestrafung, während wir der kulturellen Evolution diejenigen moralischen Eigenschaften zuschreiben, die Sprache und andere typisch menschliche, beziehungsrelevante Fähigkeiten voraussetzen, wie Ehrlichkeit, Wahrhaftigkeit, Halten von Versprechen, Fairness, Bescheidenheit gegenüber Arroganz, sowie jene moralischen Prinzipien, in denen menschliche Gesellschaften variieren." Dieses grobe Raster darf nicht darüber hinwegtäuschen, dass es auf beiden Seiten praktisch kein Element gibt, das nicht letztlich auch von der je anderen Seite beeinflusst wird: Kein biologisches Element, das nicht kulturell überformt und maskiert wäre, und kein kulturelles, das letztlich ohne eine biologische Wurzel und/oder ohne biologische Auswirkung ist und sich gerade deshalb erfolgreich behaupten konnte.

Soziobiologen haben in dieser Entwicklung gerade jene vormoralischen Aspekte hervorgehoben, die sich mit dem „biologischen Imperativ der Fitness-Maximierung" in Verbindung bringen lassen. Nepotismus, gewisse Formen von Ethnozentrismus, differenzielles Elterninvestment, eine ganze Reihe von Partnerwahl-, Reproduktions- und Kooperationsstrategien in unseren Gesellschaften und vieles andere mehr sind solchen Erklärungsansätzen durchaus zugänglich, und manche auf dieser Basis entwickelte Interpretationsmodelle haben bereits weiter gehende Plausibilitäten erlangt, als konventionelle rein humanwissenschaftliche Erklärungsversuche je erreicht haben.

Ein wirkungsvolles Mittel der Effizienzsteigerung moralischer Normen dürfte es sein, Ideale zu propagieren, die den Zustand des faktisch geübten kooperativen und altruistischen Verhaltens deutlich übersteigen. Der Zielcharakter solcher allgemein hoch bewerteter Ideale

149 würde dann wohl zunächst insofern einen wirksamen Sog erzeugen, als jedes Sozietätsmitglied in seinem Eigeninteresse einen gewissen Druck auf steigende Moralität, also auf möglichst viel altruistisches Verhalten *anderer* Sozietätsmitglieder ausüben würde. Alexander (1983) meint geradezu: „Die moralischen Wertsysteme von Philosophie und Religion sind als Modelle für das Verhalten anderer, nicht aber für das Verhalten der eigenen Person (oder in stärkerem Maße für das Verhalten anderer) entwickelt worden." Es sei dann wahrscheinlich, „dass sich dieser Druck, den jeder Einzelne ausübt, so auswirkt, dass dadurch der Nachbar möglicherweise ein wenig moralischer wird als er selbst. Mit anderen Worten, es läge im Interesse jedes Einzelnen, wenn andere Mitglieder der eigenen Gesellschaft – vor allem die, mit denen man eng verbunden ist – das Ideal vollkommen moralischen Verhaltens verwirklichten." Dieser Zustand würde freilich nicht generell erreicht werden können, weil – wie wir gesehen haben – eine Person, die sich gleichermaßen allen Gruppenmitgliedern gegenüber ohne Unterschied altruistisch beziehungsweise wohltätig verhielte, verstärkt der eigennützigen Ausnutzung durch andere ausgesetzt wäre, die ihrerseits daraus Konkurrenzvorteile ziehen würden, so dass wir mit einer stetigen Kontra-Selektion zu rechnen hätten. Das Resultat müsste also faktisch immer deutlich hinter dem Ideal zurückbleiben. Dennoch würde es sich nach Alexander im Interesse jedes Einzelnen immer lohnen, „andere aufzufordern, sich etwas moralischer (altruistischer) zu verhalten, als sie es vielleicht unaufgefordert getan hätten. Dieses Ziel lässt sich zum Beispiel durch die Schaffung eines moralischen Vorbildes verfolgen, verbunden mit der Aufforderung an alle, ihm nachzueifern". Und als solche moralischen Idole eignen sich natürlich am besten einzelne Personen, die, aus welchen Gründen auch immer, wider die selbstbezogene Moral der Gene verstoßen, sich also dem biologischen Druck der eigenen Fitness-Maximierung bewusst entzogen haben, um gleichermaßen allen Hilfsbedürftigen zu dienen (zum Beispiel Mutter Teresa) und/oder Personen aus ferner Vergangenheit, deren Lebensrealität und wahre Motive sich der Überprüfung schon so weitgehend entziehen, dass sie widerspruchslos zu idealen Vorbildern aufgewertet werden können, was zur idealisierten Legendenbildung führt.

Auch die Motive, die einzelne Personen bewegen könnten, auf freiwilliger Basis wider die „selbstbezogene Moral der Gene", also gegen das biogenetische Prinzip der eigenen Fitness-Maximierung zu handeln, sehen Soziobiologen als weit weniger selbstlos und uneigennützig an, als das idealistischen Moralisten lieb sein mag. In diesem Punkt unterscheiden sich die modernen Evolutionsbiologen sogar von ihrem Altmeister Charles Darwin, der sich dagegen wehrte, den „Grund der Sittlichkeit in einer Art Selbstsucht" zu sehen und auch das utilitaristische „Prinzip des ‚größtmöglichen Glücks‘ [...] nicht als das Motiv des Handelns" anerkennen mochte. Statt dessen rekurrierte er wieder auf den „tief eingegrabenen sozialen Instinkt", dessen Entstehen er individualselektionistisch freilich nicht erklären konnte (siehe oben). Selbst viele Philosophen und Psychologen haben das anders gesehen; indem sie hinreichenden Lohn im selbstbezogenen Befriedigungsgefühl über die eigenen altruistischen Taten erblickten (zum Beispiel Cohen 1978, Wispé 1978). Der Lohn erscheint umso höher, je mehr Menschen man „beglückt", dem Altruisten wird entsprechend mehr an Achtung, Gunst, Verehrung und Liebe zurückgegeben, und das wiederum kann sich – so meinen viele Soziobiologen – unter anderem auch günstig auf die Gesamt-Fitness des „Beglückers" auswirken.

Die Idee dieses rückwirkenden Nutzens edler Taten geht letztlich schon auf Darwins Vetter Francis Galton (1869) zurück; viele Soziobiologen setzten derart selbstbezogene, das heißt hier, auf die Steigerung der Gesamt-Fitness des Altruisten zielende unbewusste oder bewusste Strategien geradezu voraus. „Das Individuum kann sich gegenüber anderen moralisch und selbstlos verhalten, aber dieses Verhalten bewirkt eine sogar größere Verbreitung seiner Gene, als wenn es nur von konsequentem Eigennutz bestimmt wäre", schreiben zum Beispiel Lumsden und Wilson (1983), und sie denken dabei natürlich auch und gerade an die verbesserten Reproduktionsbedingungen, die den näheren Verwandten einer (moralisch) hochangesehenen Person aus ihrem mitgesteigerten Ansehen erwachsen. Das heißt: Auch wenn der Wohltäter selbst überhaupt keine direkten Nachkommen hat, sondern aus altruistischen Gründen auf individuellen Reproduktionserfolg verzichtet, so werden seine besonderen Eigenschaften doch über Nebenlinien weitergegeben und angereichert, und zwar umso stärker, je mehr die Blutsverwandten von den moralischen Qualitäten ihres Familienangehörigen „reproduktiv" profitieren, was zum Beispiel auf dem Weg über gesellschaftliches Ansehen und daran geknüpfte materielle Vorteile geschehen kann (Wind 1980). Dadurch müsste sich dann altruistisches Verhalten geradezu zwangsläufig ausbreiten. Das alles bleibt natürlich unterhalb der Bewusstseinsebene, ja, Alexander (1975, zitiert nach Campbell 1978) hat die Hypothese hinzugefügt, „dass die biologische Evolution das rücksichtslos eigennützige Verhalten im Bewusstsein der Menschen unterdrückte und stattdessen echte Heuchelei selektierte". Wen wundert

151   es da, dass Soziobiologen – und nicht nur sie – es generell eher mit Edward Gibbon halten: „Man traue keinem erhabenen Motiv für eine Handlung, wenn sich auch ein niedriges finden lässt." Und dieses niedrige Motiv suchen sie bei der „selbstbezogenen Moral der Gene", bei dem biogenetischen Imperativ der Fitness-Maximierung, tief im Genom des Menschen verankert.

Neben dem weit verbreiteten Nepotismus erscheint reziproker Altruismus (Trivers 1971) als ein gängiges Verhaltensmuster, das sich auch gegenüber Nicht-Verwandten in der Münze sowohl von individueller Fitness als auch von Gesamt-Fitness gewinnbringend auszahlen kann, und es steht zu erwarten, dass derart nützliches Verhalten von der Selektion zu allen Zeiten favorisiert wurde und weiter favorisiert wird. Spieltheoretische Ansätze, nach dem Muster des sogenannten „Gefangenen-Dilemmas" haben belegt, dass dies überhaupt für die Einhaltung kooperativer sozialer Regeln und für verlässliches wechselseitiges Helfen gilt (siehe zum Beispiel Axelrod und Hamilton 1981), so dass Hofstadter (1983) mit guten Gründen behaupten konnte: „Der wahre Egoist kooperiert!" Moralisches Verhalten und verbindliche moralische Normen können offensichtlich biologische Fitness steigern, müssen es aber nicht. Tun sie es nicht, so sollten sie doch wenigstens biologischer Fitness nicht dauerhaft abträglich sein, andernfalls würde strikte Kontra-Selektion sie auf lange Sicht auslöschen. Moralische Normen stehen ihrerseits in einem kulturellen Wettbewerb, und der muss letztlich zur Folge haben, dass vor allem solche moralischen Systeme breiten Erfolg haben, die zugleich auch der biologischen Fitness ihrer Anhänger dienen (Kummer 1978; Markl et al. 1978). Insoweit besteht mindestens kein drastischer Widerspruch zwischen der alten biogenetischen „Moral der Gene" und der neuen tradigenetischen Moral der Hominiden, beide marschieren vielmehr eher in die gleiche Richtung. Ja, man kann vielleicht sogar im Hinblick auf die zwischenartliche Konkurrenz sagen, dass die Moralfähigkeit der evoluierten Hominiden, diese Befähigung zur Setzung und Durchsetzung sozialer moralischer Normen, die Überlegenheit der Primatenart Mensch gegenüber ihren Konkurrenten begründete (Markl 1983b).

Auf der anderen Seite kann es natürlich keinem Zweifel unterliegen, dass menschliche Moralität keineswegs unbedingt oder ausschließlich einer biologischen Fitness-Steigerung dienen müsste: Echte Moralität transzendiert die Moral der Gene. Auf der individuellen Ebene kann das bis zur altruistischen Selbstaufopferung führen, die nicht nur die individuelle Fitness, sondern auch die Gesamt-Fitness des Altruisten ent-

scheidend schädigt, doch wird natürliche Selektion sicher dafür sorgen,
dass solches Verhalten eine Ausnahme bleibt – geeignet als ideales Vorbild, nicht jedoch durchsetzbar als allgemeinverbindliche Vorschrift.
Das Zölibat einer sozialen Klasse, bestimmter Kasten oder Orden, die
gerade dadurch ihre ganze Kraft in den Dienst der Gesamtbevölkerung
stellen, kann hier als Beispiel dienen, wobei man jedoch kaum annehmen darf, dass etwa ganze Sippen ihre gesamte Reproduktionspotenz
auf solchen Wegen opfern würden.

Für das Individuum können subjektive Befriedigungsgefühle (bis
hin zur Befriedigung über die eigene moralische Qualität) unmittelbar
angestrebtes Ziel von altruistischen Handlungen sein. Unter dem
Aspekt der biologischen Evolution haben solche „Befriedigungsgefühle" über eine mehr oder weniger direkte Kopplung an reproduktiven Erfolg eine entscheidende Funktion als wirkungsvolle „Sofortbelohnung" für Aktionen, die letztlich das immer gleiche evolutive Fernziel, den an das entsprechende Verhalten mittelbar geknüpften Reproduktionserfolg sicherzustellen beziehungsweise zu verbessern helfen.
Ein klassisches Beispiel solcher Verknüpfung liefert die sexuelle Befriedigung als subjektiv angestrebte und begehrte *proximate* „Sofortbelohnung" für die Durchführung eines Aktes, dessen evolutiv entscheidende
ultimate Funktion natürlich in Befruchtung und Reproduktion liegt.
Solche Kopplungen hat natürliche Selektion zwangsläufig produziert,
sie sind Garant für die im ultimaten „Interesse" jeweils „richtige" proximate Motivation und Antriebsstärke der Individuen (siehe auch Bischof 1978). Es gehört nun zu den herausragenden Besonderheiten des
Menschen, dass er durch bewusstes Eingreifen an bestimmten Stellen
die proximaten Befriedigungsziele von den ultimaten Reproduktionszwecken abkoppeln, also die Sofortbelohnungen von ihren evolutiven
Funktionen isolieren und Erstere dann ohne die entsprechenden ultimaten Folgen genießen kann (so zum Beispiel sexuelles Vergnügen
ohne reproduktive Folgen). Wir können mit den alten Sofortbelohnungen spielen. Auf diese Weise verselbständigen sich die evolutiv via Selektion in Anbindung an ultimate Selbsterhaltungs- und Reproduktions-"Ziele" entwickelten Befriedigungsgefühle zu selbständigen „Werten", die einen erstrebenswerten Selbstbefriedigungscharakter gewinnen. Vielleicht sind auch die moralischen Befriedigungsgefühle nach guten Taten via Selektion als solche Sofortbelohnungen entstanden, um sicherzustellen, dass die Fitness verbessernden altruistischen Handlungen
auch subjektiv angestrebt werden. Zum sogenannten Gen-Egoismus
der biogenetischen Evolution tritt der Selbsterfüllungs-Egoismus kul-

153 tureller, also tradigenetischer Evolution, und dieser kann sich – wie allgemein bekannt – auf die ethisch allerhöchsten Ziele richten, und sei es auf das „Bedürfnis, moralisch überlegen zu sein" (Wispé 1978).

Resümieren wir kurz: Biochemie, Molekularbiologie und Genetik demonstrieren, dass sich unsere Gene nicht in prinzipieller Weise von den Genen anderer Organismen unterscheiden. Da wir unsere Entstehung denselben Evolutionsmechanismen (also vor allem natürlicher Selektion) verdanken wie die anderen Organismen, müssen wir grundsätzlich davon ausgehen, dass auch der Mensch versucht, die Ausbreitung seiner Gene zu fördern. Die Mittel dieser Bemühungen haben wir kulturell stark erweitert und teilweise erheblich verändert, das Generalziel jedoch offensichtlich kaum; natürliche Selektion hat dafür Sorge getragen. Auch moralische Normen sind nicht selektionsneutral, im Gegenteil, sie müssen im statistischen Mittel zumindest auch biologischen Anpassungswert haben, das heißt adaptiv sein: Sie werden auch im biogenetischen Sinne Fitness-fördernd wirken müssen, wenn sie auf Dauer nicht der Selektion zum Opfer fallen sollen. Zwar ist absolut unbestritten, dass die Evolution uns eine beispiellose Emanzipation von unseren Genen beschert hat, unbestreitbar ist auch, dass unsere Natur uns in vieler Hinsicht eher Verhaltensvorschläge als bindende Verhaltensvorschriften macht, so dass sich der Einzelne auch strikt gegen den biologischen Fitness-Imperativ der Gene entscheiden kann; dennoch: Unbewusst handeln wir unter einem permanenten Druck unserer genetisch fundierten Antriebe, und auch unser moralisches Verhalten bleibt – im Durchschnitt zumindest – an der elastischen Leine biologischer Fitness-Zwecke. Wer wollte das angesichts der ungeheuerlichen biologischen Vermehrungsraten der Menschheit ernsthaft in Frage stellen! „Die angeborene Natur des Menschen mag ihm große, fast völlige Verhaltensfreiheit geben, die gleiche Natur entfernt aber mit der Zeit regelmäßig jene Genotypen, die von dieser Freiheit einen Gebrauch machen, der dem Vermehrungserfolg ihrer Gene allzu nachteilig ist" (Markl 1983 a).

Wir hatten weiter oben darauf hingewiesen, dass es unter den Bedingungen interkultureller Konkurrenz des Menschen wichtig wird, die biogenetische Effektivität des sozialen Gemeininteresses dadurch zu steigern, dass vorbildhafte idealisierte Normen für kooperatives und altruistisches, kurz moralisches Verhalten entwickelt werden, die weit über das hinausgreifen, was die Moral der Gene via natürliche Selektion an altruistischem Potenzial in einer hoch entwickelten sozialen Primatenspezies hervorbringen kann. Derartige moralische Idealnormen, von denen Alexander (1983) meint, sie seien als Modelle für das erwünschte

Verhalten *anderer*, weniger für das Verhalten der eigenen Person entwickelt worden, sollten einen Sog erzeugen, der das allgemeine moralische Verhalten auf ein Niveau anhebt, das irgendwo zwischen der basalen Ebene der biogenetisch präformierten Altruismus-Werte und dem fiktiven Idealwert liegt: Hier sollte sich mit Hilfe des guten Beispiels und sozialer Sanktionen eine an den jeweiligen Bedingungen orientierte Balance einstellen. Da auch eine solche Balance wiederum der Selektion ausgesetzt wäre, würde sich ein faktisches Gleichgewicht zwischen gutem und bösem Handeln etwa dort stabilisieren, wo – mit Wickler (1983) zu sprechen – „Vor- und Nachteile für beides sich die Waage halten (zum Beispiel sich das Böse so weit ausbreitet, bis die Vorteile, die ein Böser hat, wenn er auf Kosten des Guten lebt, aufgewogen werden durch die Nachteile, die er in Kauf nehmen muss, wenn er auf seinesgleichen trifft)." Das gilt schon unter den natürlichen Verhältnissen sozialer Tiere. Wenn man zum Beispiel in einer in der Regel monogamen Graugans-Population ein stabiles Verhältnis von zirka 80 Prozent partnertreuen und zirka 20 Prozent partneruntreuen Individuen vorfindet, so kann das sehr wohl eine durch die natürliche Selektion hervorgebrachte und stabil gehaltene Balance sein. „Es ist dann grundfalsch, im Sinne einer Normalverteilung die Minderheit für abnorm, die Mehrheit für normal zu halten und von ihr eine Norm als allgemein verbindliche Vorschrift abzuleiten. Diese Minderheit ist nicht ein fehlerhafter Rest, den die Natur noch nicht hat beseitigen können; wenn man der ‚Natur' nämlich zu Hilfe käme und diese Minderheit abzubauen begänne, würde sie von der Natur im gleichen Maße wiederhergestellt. Ob es sich bei einer Minderheit um fehlerhaften Ausschuss oder um eine chancengleiche Minderheit handelt, kann man feststellen, wenn man den Erfolg in der natürlichen Konstellation untersucht. Erst, wenn man das getan hat, kann man ein (biologisches) Werturteil fällen" (Wickler 1983).

Genau dasselbe gilt natürlich für kulturelle Bedingungen und Konstellationen. Wirkungsvolle Vorbilder und soziale Sanktionen können solche natürlichen Gleichgewichte mehr oder weniger weit in Richtung auf die traditionalen Idealnormen verschieben, ohne sie jedoch je zu erreichen und auch ohne, dass es endgültig gelänge, eine zuwiderhandelnde Minderheit vollständig auszuschalten. Campbell (1975) hat ein anschauliches generalisiertes Modell für die Einstellung des aktuellen moralischen Verhaltens im Spannungsfeld zwischen dem biologischen Optimum („at the level which biological natural selection is selecting") und der Idealnorm sozialen Verhaltens („that the social system seems to

155 be advocating in its preaching") als einen „biosocial compromise" auf einer eindimensionalen Mess-Skala mit Werten zwischen null für „total selfishness" und Hundert für „total altruism" entwickelt, das die hier vorgestellten Verhältnisse gut widerspiegelt.

Es ist eine alte Streitfrage, ob moralische Verhaltensregeln in menschlichen Kulturen primär die Aufgabe erfüllen, den biologisch im Menschen angelegten „natürlichen" Antrieben, Neigungen und Verhaltenstendenzen gegenzusteuern, sie zu bremsen beziehungsweise gar zu unterdrücken (ein Standpunkt, den zum Beispiel T. H. Huxley vertrat, siehe oben), oder ob moralische Normen gerade umgekehrt mehr oder weniger formalisierter Ausfluss unserer ohnehin schon von Natur aus gegebenen Verhaltenstendenzen seien, ob sie unseren natürlichen Neigungen entgegenkommen, ob sie gewissermaßen nur verlängern, nur normativ maskieren, was unsere evolutiv entstandenen sozialen Instinkte uns sowieso nahe legen (wie zum Beispiel Kropotkin meinte, siehe oben). Beide Standpunkte sind gerade auch im Zusammenhang mit Interpretationsversuchen so genannter moralischer Universalia leidenschaftlich vertreten und kontrovers diskutiert worden. Damit ist zugleich ein weiterer Aspekt im Spiel, nämlich die Frage, ob Moral eine Art Ersatz für in der Hominidenevolution (vielleicht erst im Zustand moderner Zivilisation) verloren gegangene soziale Instinkte sei, eine Vorstellung, die im Zusammenhang mit der These vom Menschen als einem biologischen Mängelwesen seit Herder (1770) vor allem in Deutschland eine gewichtige Tradition hat.

Campbell (1975), der selbst der Auffassung ist, dass komplexe menschliche Gesellschaften „dem, durch genetische Konkurrenz kontinuierlich ausgelesenen, biologischen Egoismus mit hemmenden moralischen Normen entgegenwirken mussten", nennt unter anderem Konrad Lorenz als einen typischen Vertreter der Gegenposition. Lorenz betonte besonders die in seinen Augen analoge Funktion vieler instinktiver Antriebe und Hemmungen bei Tieren zur „rational verantwortlichen Moral" des Menschen, er sprach Tieren daher ein „moral-analoges Verhalten" zu (Lorenz 1954), worauf wir noch zurückkommen werden. Lorenz meint darüber hinaus, dass manches, was wir gern unserer „rationalen Moral" zuschreiben, in Wahrheit tief in unserem biologisch erworbenen Instinkt-Repertoire verankert sei. So schreibt er 1955: „Die Gleichheit der Funktionen, die soziale Triebe und Hemmungen mit den höchsten Leistungen verantwortlicher Moral verbindet, macht es uns selbst oft schwer zu unterscheiden, ob der Imperativ, der uns zu bestimmten Handlungen treibt, aus den tiefsten vormenschlichen Schichten unserer Person oder den Überlegungen unserer höchsten Ratio stammt. Da uns allen von Jugend an eingebläut ist, die Letzteren sehr hoch und die ersteren sehr gering einzuschätzen, neigen wir dazu, für Auswirkungen der Vernunft zu halten, was häufig nur einem gesunden Instinktmechanismus entspringt."

Eibl-Eibesfeldt (1984) spricht im letzteren Fall von der „primären" menschlichen Moral, die auf „stammesgeschichtlichen Anpassungen basiert": Wir handeln dabei unreflektiert, spontan, „aus Neigung" (genau das, was Schiller in Anspielung auf Kant so „wurmte", da es nicht „tugendhaft" sei, siehe oben). Dies gelte sowohl für individuelles Verhalten als auch für soziale Normen als „kollektive stammesgeschichtliche Anpassungen". Als derartige soziale Normen, die ihre „feste Verankerung im (biologischen) Erbe" haben, nennt Eibl-Eibesfeldt unter anderem die „Tötungshemmung", die „Objektbesitznorm", die „Partnerbesitznorm", „Loyalität", „Gehorsam", aber auch die „Außenseiter-Intoleranz". Wir werden noch davon zu sprechen haben, dass hier zugleich die Gefahr des Ansatzes einer wertenden Ideologie liegt, die biologisch „adaptiv" über Begriffe wie „natürlich", „gesund", „normal" und „harmonisch" in eine fließende Verbindung mit moralischen Werten wie „gut" und „richtig" bringt. Der „primären Moral" stellt Eibl-Eibesfeldt dann eine „sekundäre, reflektierte und vernunftsbegründete Moral der ausgereiften autonomen Persönlichkeit" gegenüber.

Auch für Bischof (1978) ist das alte, oft wiederholte Argument Frazers (1910), „dementsprechend Kultur nicht verbieten müsste, was Natur schon verhindert", nicht tragfähig. Er differenziert im Hinblick auf die spezifisch menschliche Entwicklung, es gebe „Hinweise auf moral-analoge Hemmungen, die die Anthropognese überdauert haben". Das Inzest-Tabu wäre ein klassisches Beispiel für eine, auf instinktiver Basis weiter differenzierte und durch kulturelle Superstrukturen überformte universale Norm (Bischof 1975).

Auf der Gegenseite haben Autoren wie der Psychologe Donald T. Campbell (1975, 1978) darauf hingewiesen, dass unsere stammesgeschichtlichen Anpassungen überhaupt nicht in den Kontext der sozialen und kulturellen Komplexität des modernen *Homo sapiens* hineinpassen, sie seien vielmehr „wisdom about past worlds"; kulturell entwickelte soziale Verhaltensregeln hätten dem ständig gegenzusteuern. In allen entscheidenden Konfliktfällen zwischen der Optimierung sozialer Systeme einerseits und genetischer Eigeninteressen andererseits würden universale moralische Regeln den biologisch entwickelten eigennützigen Tendenzen entgegenzuwirken haben. In einem ähnlichen Sinne betont von Hayek (1979): „Noch immer wird nicht in vollem Umfang gewürdigt, dass die kulturelle Auswahl neu erlernter Regeln hauptsächlich deshalb notwendig wurde, um bestimmte angeborene Verhaltensregeln zu unterdrücken".

Mir scheint ein Streit darüber, ob kulturelle moralische Regeln natürliche Antriebe und Strebungen des Menschen kontrabalancieren oder ob sie biologisch vorgegebene Bahnungen beziehungsweise Inhibitionen eher bestärkend überformen, weitgehend müßig. Für beides lassen sich zweifelsohne treffliche Einzelbeispiele finden. Aber, wie dem im Einzelnen auch sei, eine Anbindung an die menschliche Natur bestätigt sich in jedem Falle. „Die moralischen Prinzipien mögen immerhin der reinen Vernunft abgelauscht werden: Moralische Regeln für das Verhalten konkreter Menschen und moralische und Rechtsinstitutionen müssen auf die Natur des Menschen Rücksicht nehmen", meint der Philosoph Patzig (1984) und fährt an anderer Stelle fort: „Wie man, um ein Bild Gottlob Freges über das Verhältnis von Sprache und Denken auf unser Gebiet anzuwenden, beim Segeln die Kraft der Natur, nämlich des Windes benutzt, um mit Hilfe des Windes auch gegen die Windrichtung zu segeln, so kann auch die moralische Normierung, an biologische Präformationen anknüpfend, die menschliche Entwicklung in eine biologisch nicht mehr vorbereitete Richtung lenken. Es ist daher kein Paradoxon, dass die Vernunft uns moralische Prinzipien empfehlen kann, die nicht nur der Erhaltung und optimalen Ausbreitung des Gen-Pools, dem die Träger der Vernunft angehören, wenig nützen, sondern einer solchen Tendenz sogar entgegenwirken können." Moral ist eine Kategorie menschlichen Geistes, für deren ideelle Qualifikation die Frage, ob mit oder gegen natürliche Neigungen, zweitrangig ist.

Menschliche Moral beziehungsweise Ethik mag also gewisse biologisch fundierte Verhaltensregeln aufarbeiten, und zwar in dem Sinne aufarbeiten, dass sie diese Regeln formalisiert und in normative Werthaltungssysteme einbaut, die ihrerseits Soll-Wert-Charakter besitzen. Ich betone noch einmal, dass spezifisch menschlich weniger die Inhalte der Verhaltensregeln sind, singulär menschlich ist vielmehr allein ihre „Moralität" als solche, im Sinne eines allgemein akzeptierten Wertsystems (von „Gut" und „Böse"), das „Soll-Wert"-Funktionen ausübt. Tiere haben solche kulturellen Wertsysteme offenbar generell nicht, es ist schon von daher prinzipiell verfehlt, ihnen Moral oder Unmoral zuschreiben zu wollen: Sie verhalten sich grundsätzlich außermoralisch.

Diese Gedanken leiten unmittelbar zu unserer zweiten eingangs
gestellten Frage über, ob sich die Inhalte unserer sittlichen Normen
evolutionsbiologisch ableiten oder gar begründen lassen.

Ist, was „natürlich" ist, deshalb auch „gut"?

Immer wieder hat Vertrauen in die empirischen Wissenschaften zu der
Idee verführt, man könne die „richtigen" sittlichen Normen menschlichen Zusammenlebens anhand biologischer Analysen aus der Natur direkt ermitteln oder ableiten. Schon Kropotkin (1904), für den die Natur
selbst einen „sittlichen Charakter" besitzt, war der festen Überzeugung,
dass empirische Forschung „die natürlichen Quellen des sittlichen Gefühls aufdecken" werde. T. H. Huxley dagegen hielt solche Vermutun-
gen für einen absoluten Irrtum: „Es gibt einen weiteren Fehlschluss" –
schrieb er 1893 – „der die sogenannte ‚moralische Evolution' zu beherrschen scheint. Man denkt, dass im großen und ganzen Tiere und Pflanzen über den Kampf ums Dasein und dem konsequenten ‚Überleben
des Tüchtigsten' ihre Organisation nach und nach perfektioniert haben
und folglich die Menschen, als soziale und moralische Wesen, auf demselben Weg zur Perfektion gelangen können. Ich befürchte, dass dieser
Fehlschluss aus der unglücklichen Zweideutigkeit des Satzes ‚Überleben des Tüchtigsten' entstanden ist. ‚Tüchtigster' besitzt die Doppeldeutigkeit von ‚Bester'; und ‚Bester' hat einen moralischen Beige-
schmack."

Gerade Biologen haben bis heute immer wieder die Vorstellung
genährt, dass die inhaltlichen Richtlinien moralischen Verhaltens beim
Menschen eine Folge der Anpassung durch natürliche Selektion seien.
Einige sprechen gar von einer „Biologie der Werte" (Stent 1978). Biologische Evolutionsforschung soll nicht nur den Ursprung menschlicher
Moralität aufdecken, sondern sogar die Legitimation für die Inhalte unserer ethischen Normen und Prinzipien liefern, eine von jeder Religion
und Metaphysik unabhängige Legitimation, die den Anspruch auf universale Gültigkeit erheben könne.

Man wird nicht leugnen können, dass eine Reihe bedeutender
Ethologen den Mythos genährt hat, dass das, was die Natur via Selektion hervorgebracht habe, was also im besten Sinne „natürlich" sei,
dadurch zugleich auch schon einen moralischen Bonus haben müsse.
Man könnte demzufolge eventuell sogar eine respektable Ethik auf natürliche Verhaltenstendenzen gründen, oder anders herum, die Etholo-

gie könnte ein rationales Grundgerüst sittlichen Verhaltens liefern. Semantische Unschärfen, Doppeldeutigkeiten und Übertragungen haben hier eine erhebliche Rolle gespielt und spielen sie noch heute. „Im biologischen Sprachgebrauch haben die Begriffe ‚normal' und ‚abnormal' oder ‚konformes' und ‚abweichendes Verhalten' natürlich nicht die Nebenbedeutung von ‚gut' und ‚böse'", schreibt Margaret Gruter (1983); „Aber im allgemeinen Sprachgebrauch werden die Begriffe ‚abnormal' und ‚abweichendes Verhalten' immer im Zusammenhang mit dem Begriff ‚böse' gebraucht, wenn von der Bewertung menschlichen Verhaltens die Rede ist." Es kann keinem Zweifel unterliegen, dass viele Biologen diese Unterschiede und Grenzen unbewusst oder auch bewusst verwischt haben, und dass Ideologen gerade aus diesen Begriffsverwirrungen die „moralische Legitimation" für bestimmte gesellschaftliche Zustände oder ihre eigenen Wunschvorstellungen von diesen Zuständen, für vorherrschende Verhaltenstendenzen und tradierte Normen schöpften und weiterhin schöpfen. Biologische, via Evolution gebildete Angepasstheit wird zum moralischen Maßstab: „Der Überlebenswert eines Merkmales wird dadurch gleichbedeutend mit seinem moralischen Wert" (Musschenga 1984).

Anhänger einer derartigen Natur-Ethik wünschen sich eine „am Überleben und damit an der Erhaltung der evolutiven Potenz orientierte Ethik" (Eibl-Eibesfeldt 1984). Selektion sei schließlich ein Filter, der Qualität erzwinge. Natur schaffe Unterschiede, sie selektiere nach differenziellen Eignungen, belohne unterschiedlich, erwirke biologisch-soziale Gefälle nach vitaler Kraft, nach Rang und Ansehen. Sie erzeuge Variantenspektren und Wertskalen von „primitiv" bis „progressiv", von „niedrig" zu „hoch" im phylogenetischen Sinne. Und was Natur hervorbringe, welche Mechanismen und Resultate sie im harten Daseinskampf produziere, das sei nicht nur einfach naturgemäß, es müsse wohl grundrichtig, dem Menschen und seinem biologischen wie seinem ursprünglichen sozialen Leben angepasst und angemessen sein; entsprechend sei es zumindest erhaltenswert, ja im „gesunden" Sinne geradezu erstrebenswert, kurz, es könne auch als weitere Zielvorgabe dienen und sei letztlich moralisch gut. Wer demnach im Sinne natürlicher Selektionsziele wirkt, handelt zugleich biologisch und ethisch richtig; wer es mit der Zukunft seines Volkes gut meint, orientiert sein Handeln und Wirken an solchen Maximen und fördert ihre Durchsetzung mit Wort und Tat.

Campbell (1978) hat die Ansicht, „dass das, was biologisch natürlich ist, normativ gut ist", als „normativen Biologismus" bezeichnet:

„Normativer Biologismus zeigt sich durch Lorenz' steten Verweis auf unsere ultimat normative Abhängigkeit von unserem ‚nicht-rationalen Wertempfinden' und dem ethischen und ästhetischen Geschmack, den wir alle teilen oder den einige Auserwählte vertreten."

Diese Einstellung wirkt in der Tat fort, und einer ihrer prominenten Vertreter ist Eibl-Eibesfeldt. Nach ihm sollte sich die „Idealnorm" des Verhaltens am evolutiv „angepassten", am „gesund-normalen" Verhalten orientieren. Norm sei hier keineswegs an der Majorität oder am statitischen Durchschnitt des Faktischen zu messen: So bleibe auch dann, wenn zum Beispiel achtzig Prozent einer Bevölkerung dank medizinischer Hilfen zuckerkrank sei, der „Nicht-Kranke" das Norm-Vorbild. „Wir wissen um die ideale Norm, gemessen an der Angepasstheit. Statistische Normen besagen nichts über das Soll" (dieses und die nachfolgenden Zitate siehe Eibl-Eibesfeldt, 1984). „Für die Normfindung ist die Orientierung am Überleben wichtig. Als Gruppenwesen muss der Mensch dabei das allgemeine Wohl der Gruppe im Auge behalten". Daraus folgen direkt gesellschaftspolitische Maximen, zum Beispiel im Hinblick auf eine Bevölkerung, die mittels restriktiver Familienplanung die eigene Lebensqualität zu verbessern sucht, während eine Nachbarpopulation sich hemmungslos vermehrt: „Niemand könnte dann die ökonomisch verantwortlich Handelnden zwingen, die Not leidenden Kinder der Nachbarn zu übernehmen und auf Kosten des eigenen Nachwuchses aufzuziehen. Und würden sie es aus ideologischen Gründen tun und die eigene Verdrängung einleiten, dann hätten wir den interessanten Fall vor uns, dass eine selbstmörderische Ideologie, eine Pathologisierung der Nächstenliebe" – der Autor spricht an anderer Stelle in Anlehnung an Arnold Gehlen auch von „Moralhypertrophie" oder „Mitleidsethik"! – „ein Volk zum Aussterben bringt." Hier wird das Volk als Selektionseinheit und zugleich als wertstiftend angesehen. Die Sollwerte werden an Erhaltung und Förderung von Gruppeninteressen gemessen, „übertriebener Humanitarismus" wird als biologische Gefahr gesehen, ihm fehle die biologisch richtige „Ausgewogenheit". Und weiter: „Im Tierreich werden diejenigen, die sich nicht an die artspezifischen Regeln eines Turnierkampfes halten, ohne Hemmung beschädigend angegriffen, als stünden sie außerhalb der Art." Hier gewinnen die im Tierreich angeblich verwirklichten, den übergeordneten Gruppen- beziehungsweise Art-„Interessen" dienenden Verhaltensregeln geradezu moralischen Vorbildcharakter für den Menschen. Campbell (1975) nannte die Anhänger dieser Art von Naturbetrachtung „romantic naturalists".

Charakteristisch für deren Einstellung und Argumentation ist das gruppenselektionistische Denken: Die Gruppe, die Population, die Spezies sind die selektionswirksamen und zugleich im Sinne einer Natur-Ethik erhaltenswerten Evolutionseinheiten. Ethischen Sollwert-Charakter gewinnt das insbesondere dann, wenn *Homo sapiens* selbst auf dem Spiel steht: „Denn die Erhaltung der menschlichen Art ist zugleich ein ethisches und ein biologisches Gut, das angestrebt werden muss" (Wickler 1969). Diese Einstellung muss im Zusammenhang mit dem von der „klassischen" Ethologie internalisierten – evolutionsbiologisch freilich nicht haltbaren – Mythos gesehen werden, dass natürliche Selektion „arterhaltendes" und „artdienliches" Verhalten allein schon deshalb favorisiere, weil es der Art (oder einer Population oder einer Gruppe) nütze, und zwar auch dann, wenn es dem handelnden Individuum selbst eher schade. Die Art, die bevölkerungsbiologische Einheit „Nation" oder eine andere biologisch fundierte Gruppierung hätten daher einen „natürlich" begründeten Vorrang vor dem Individuum. Von daher führt der Weg direkt zum ideologischen Motto: „Du bist nichts, dein Volk ist alles!" (s. Kap. 8 und 9) Erst die moderne Soziobiologie (siehe oben) hat überzeugend dargetan, dass eine unmittelbare Selektion altruistischen Verhaltens lediglich aus dem Grunde, weil es der eigenen Art, Population, Gesellschaft, Rasse, Klasse und so weiter nütze, mit den bekannten Wirkweisen der natürlichen Selektion gar nicht zu erklären ist. Selektion setzt an den individuellen Phänotypen an und bewirkt differenzielle Propagationswahrscheinlichkeiten für die den individuellen Phänotypen zugrunde liegenden genetischen Replikatoren, also deren Gene beziehungsweise Allele (siehe auch Dawkins 1982).

Gerade die gruppenselektionistische Argumentation vieler Ethologen (insbesondere in Deutschland) aber hat die ideologische Virulenz und die gesellschaftspolitische Gefährlichkeit dieser Denkrichtung ausgemacht. Denn wenn die biologische Evolution altruistisches, ja selbstaufopferndes Verhalten via Selektion um seiner selbst willen im Dienst an der Art entstehen lässt und fördert, dann erzeugt und stützt sie von Grund auf nicht-eigennütziges, moralisches Verhalten, und wenn dieses der Art, der Population, der Gesellschaft oder Gruppe insgesamt Vorteile verschafft, so wird echtes sittliches Verhalten von Natur aus geradezu automatisch befestigt und ausgebaut. Wenn das so ist, dann gilt offenbar auch umgekehrt, dass erst das künstliche, kulturbedingte Ausscheren des Zivilisationsmenschen aus den natürlichen Verhältnissen diese gesunden Mechanismen außer Kraft setzt und damit die „natürliche Moral" zusammenbrechen lässt (siehe zum Beispiel Lorenz 1955, 1963).

Wenn unter den natürlichen Bedingungen der Selektion artdienliches Verhalten grundsätzlich „adaptiv", „gesund" und „normal" ist, dann muss selbstverständlich jede Form von artschädigendem (oder gruppen- oder volksschädigendem) Verhalten als „maladaptiv" und somit „deviant" oder gar „pathologisch" interpretiert werden. Es bereitet vielen Anhängern der klassischen Ethologie noch heute Unbehagen und allergrößte Schwierigkeiten einzusehen, dass selbst extrem artschädigendes Verhalten (wie etwa das Töten von Artgenossen, speziell der weit verbreitete Infantizid) unter im einzelnen nachweisbaren Bedingungen hochgradig adaptiv (und damit ganz normal und natürlich) sein kann und gerade deshalb positiv ausgelesen wurde und wird, weil es unter den gegebenen natürlichen Verhältnissen eine besonders erfolgreiche, da für das handelnde Individuum selbst Fitness-fördernde Strategie darstellt. Wenn derart artschädigendes Verhalten sich unter natürlichen Bedingungen dennoch nicht zu hundert Prozent in einer Population durchsetzt, so liegt das einzig daran, dass die Kosten-Nutzen-Bilanz dieses Verhaltens für die Individuen nur dann positiv ausfällt, wenn dieses Verhalten *nicht* der generelle Regelfall ist (siehe oben). Auch die Evolution des so genannten art- oder gemeinschaftsdienlichen Verhaltens bedarf prinzipiell anderer, nämlich individualselektionistischer Erklärungen; gerade dadurch verliert es aber seine ideologisch so wohlfeile Qualität im Sinne einer natürlichen Ethik. Am besten wäre es, die verführerische Terminologie von art- beziehungsweise gemeinschaftsdienlichem versus art- beziehungsweise gemeinschaftsschädigendem Verhalten überhaupt fallen zu lassen.

Es gibt demnach auch keine evolutionsbiologische Rechtfertigung, die Art, Rasse, ein Volk, eine Nation und so weiter als etwas „von Natur aus" Erhaltenswertes anzusprechen, wie es biologistische Ideologien immer wieder emphatisch getan haben und weiter tun. Die von Ethologen und Ethnologen immer wieder beschriebenen Phänomene des Ethnozentrismus, der Fremdenablehnung, so genannte „Ausstoßungsreaktionen", von Ranghierarchien, Territorialität und so weiter, sie alle bedürfen andersartiger biologischer Erklärungen als der gruppenselektionistischen, dass sie gruppen-, gemeinschafts- oder artdienlich seien, und haben solche im Rahmen der soziobiologisch orientierten Evolutionsbiologie auch gefunden. Genau die scheinbar natürlich-moralische Qualität dieser Phänomene lieferte jedoch immer wieder die quasi-wissenschaftliche Rechtfertigung für Fremdenablehnung und Fremdenhass, für die biologisch-genetische Selbstreinigung von Volk und Rasse, für die sozialpolitische Verteidigung der je bestehenden oder

163 erwünschten gesellschaftlichen Ranghierarchien (natürliche Autorität zum Nutzen der Gemeinschaft), für territoriale Kriege und Ähnliches. Rassisten, Sexisten, kurz alle biologistischen Ideologen und Gesellschaftspolitiker sogen daraus immer wieder ihre Bestätigung, „richtig" im Sinne einer Natur-Ethik zu handeln. Gerade heute verkünden gesellschaftspolitische Propheten wieder vernehmlich: Wer im Sinne einer natürlichen Selektion („Sieg der Tüchtigen!") handelt, handelt nicht nur biologisch richtig, sondern damit eo ipso auch moralisch gut.

Abgesehen von dem grundsätzlichen Problem des so genannten naturalistischen Fehlschlusses, auf das wir noch eingehen werden, gibt es einige spezielle Gründe für die Forderung, unser moralisches Wertsystem (gut versus böse, richtig versus falsch, wünschenswert versus unerwünscht und so weiter) dürfe nicht abhängig sein vom Bewertungssystem der biologischen natürlichen Selektion (adaptiv, fit, angepasst und so weiter). Zum einen „mag das Natürliche in der Großgesellschaft weit davon entfernt sein, gut zu sein" (von Hayek 1979), weil die ungeheuer beschleunigte tradigenetische beziehungsweise kulturelle Entwicklung des Menschen seine jeweils adaptiven natürlichen Verhaltensanlagen längst weit überholt und teilweise geradezu dysfunktional hat werden lassen. Zum zweiten lassen sich mühelos zahlreiche Beispiele für evolutionsbiologisch hervorragend angepasste Verhaltensweisen bei Mensch und Tieren finden, die wohl niemand zum moralischen Maßstab oder Sollwert unseres Handelns erheben möchte, der nicht zugleich will, dass Moral sich in ihr Gegenteil verkehre. Die unbestreitbare Tatsache zum Beispiel, dass Infantizid, das heißt das gezielte Töten von arteigenen Kindern, eine durch natürliche Selektion favorisierte, im Sinne biologischer individueller und/oder Gesamt-Fitness erfolgreiche, hochadaptive Verhaltensstrategie sein kann, was bei vielen Tieren wie auch beim Menschen unter bestimmten „normalen" Umfeldgegebenheiten auch belegbar ist (zum Beispiel Hausfater und Hrdy 1984), soll und darf selbstverständlich nicht zur moralischen Rechtfertigung für Kindsmord führen. „Auch wenn die verbreitete menschliche Verhaltensweise einer gestuften Solidarität – oft mit Agressivität gegen alle nicht zur In-Group Gehörenden verbunden – als zweckmäßig im Sinne der Ausweitung und Erhaltung des jeweils eigenen Gen-Pools verständlich gemacht werden kann –, sind wir deshalb noch nicht moralisch verpflichtet, uns diese Zwecksetzung zu Eigen zu machen", meint Patzig (1984). Und Wolfgang Wicklers (1983) bündiges Fazit lautet: „Die Natur taugt nicht als Vorbild für den Menschen (höchstens als warnendes)." Damit werden evolutions- und verhaltensbiologische

Analysen in diesem Kontext jedoch keineswegs überflüssig; der Bezugsrahmen ihrer Ergebnisse und Aussagen wird nur präziser einge-
grenzt.

Eine der damit zusammenhängenden Fragen ist die nach eventuellen Erbdispositionen für spezifische Norm-Inhalte. Die Annahme
solcher phylogenetisch entwickelter Dispositionsvorgaben wird zumindest wahrscheinlich, wenn man die Universalität bestimmter normativer Regelungen über die verschiedenen Kulturen hinweg berücksich-
tigt. Dabei zeigt sich, dass nicht nur die Normbereiche, sondern auch
bestimmte Tendenzen der Norm-Inhalte weitgehend übereinstimmen.
Universell werden zum Beispiel durch Normen geregelt: die sexuellen
Beziehungen, Verwandtschaftsbeziehungen, Partnerschaftsverhältnisse,
Kooperation, Teilen, Tauschen und Reziprozität, Eigentümerschaft und
Besitzverhältnisse, Gruppenkonformität, Ranghierarchien (Autorität
und Unterordnung), Intergruppenbeziehungen und Aggressionsfor-
men. Alle diese Regeln (so unterschiedlich sie im Einzelnen auch ausfallen mögen) zielen auf Verlässlichkeit und Vorhersagbarkeit: Grundbe-
dingungen für effektives soziales Zusammenleben. Gegenseitigkeit (Reziprozität) und Nepotismus (Verwandtenbevorzugung) sind dabei universale Grundtendenzen, die in der Phylogenie weit zurückreichen und
somit keineswegs auf den Menschen beschränkt sind (siehe oben). Soziale Systeme im Tierreich stehen prinzipiell vor den gleichen, im Interesse aller individuellen Mitglieder der Gemeinschaft zu lösenden Probleme. Konrad Lorenz (1954) hatte dafür die suggestive Formel vom
„moral-analogen Verhalten" geprägt.

„Moral-analoges Verhalten", so Lorenz, sichert durch „Rituale"
oder „vorgegebene Verhaltensnormen" die „kritischen Stellen" im Zusammenleben von Artgenossen bei Tieren ab. Eine solche Absicherung
durch verlässliche Verhaltensregelungen sei sogar die Voraussetzung für
funktionierendes Sozialleben, sie hat daher als hochgradig adaptiv zu
gelten. Eine sorgfältige Betrachtung lehrt, so schreibt Wickler (1983),
„dass alle Sozietäten dieselben neuralgischen Stellen haben, an denen
verschiedene Interessen der Beteiligten aufeinander abgestimmt werden
müssen, auch wenn weder die Stellen noch die Verfahrensregeln verba-
lisiert sind. Insofern hat der Mensch keine Sonderstellung. [...] Tatsächlich erscheint es mir höchst wichtig, das leicht aufweisbare moral-analoge Verhalten anderer Lebewesen anzuerkennen und zu untersuchen,
wie denn bei ihnen die evolutionär gewachsenen Regelungen dieser für
uns moralisch relevanten Problemstellen aussehen." Moral-analoges
Verhalten bei Tieren zeigt sich nach Lorenz (1955) zum Beispiel in den

165   verschiedenen Formen von Loyalität gegenüber Gruppengenossen, in
der Übernahme von Gemeinschaftsaufgaben, in der „Achtung" vor
dem „Besitz" eines Kumpans (zum Beispiel Sexualpartner oder mate-
rieller Besitz, wie Futter) oder in der berühmten „natürlichen Tötungshemmung" gegenüber Artgenossen (die nur beim durch die Zivilisation
„verdorbenen" Menschen versage, siehe Lorenz 1963). Bischof (1978)
hat dazu noch natürliche Hemm-Mechanismen beziehungsweise Wi-
derstände gegenüber Inzest, Hybridisierung und Homosexualität ge-
rechnet. Die altruistischen Komponenten treten in einigen weiteren von
Lorenz (1954) beschriebenen moral-analogen Verhaltensweisen hervor:
So in der weit verbreiteten Bereitschaft zu tätiger Unterstützung und
Verteidigung schwächerer, sozial tiefer stehender Gruppengenossen
durch vor allem ranghohe Sozietätsmitglieder und in der Regel-Einhal-
tung des ritualisierten Kommentkampfes (zum Beispiel Angriffsbeginn
erst, wenn der Gegner bereit ist, oder der Nichteinsatz der gefährlichs-
ten, tödlichen Waffen und die Beachtung der Demutsgebärde als submissives Signal für die Beendigung des Kampfes durch den Sieger). In
diesen Fällen schöpft ein Individuum seine Möglichkeiten, den Eigen-
vorteil auf Kosten des anderen zu maximieren, offenbar nicht voll aus,
es verzichtet scheinbar altruistisch zugunsten eines schon besiegten
Konkurrenten. Eben deshalb wurde moral-analoges Verhalten definiert
als „altruistisches Verhalten im Dienste der Arterhaltung".

Wie bereits erwähnt, hat die moderne Evolutionsbiologie überzeugend dargelegt, dass dieses Konzept falsch ist, weil es auf der nicht
mehr haltbaren Annahme beruht, dass altruistisches Verhalten allein
schon aus dem Grunde durch die Selektion begünstigt werde, weil es
arterhaltend oder artdienlich sei. „Angesichts der Tatsache, dass die biologische Selektion auf der Ebene der Gene operiert und die Lebenstaug-
lichkeit der Individuen, nämlich der Träger dieser Gene, das Kriterium
bildet, nach dem die Gene ausgelesen werden", so beschreibt der Philosoph Patzig (1984) den Vorgang, „können auch die offenkundigen Vorteile, die in solchem Verhalten für die Spezies liegen, das Auftreten dieser offenbar ererbten Verhaltensdispositionen nicht erklären: Die Gene,
die für solche Verhaltensweisen verantwortlich sind, müssten längst"
(durch Kontra-Selektion!) „verschwunden sein, bevor sie der Spezies
als Ganzer gegenüber anderen Spezies Vorteile im Kampf um Lebens-
chancen verschaffen könnten." Und Wickler (1983) stellt kurz und bün-
dig fest: „Falsch ist allerdings die übliche Begründung, die Tötungshemmung" (und andere oben genannte Verhaltensweisen) „stehe im
Dienste der Arterhaltung."

Alle oben angeführten Beispiele lassen sich über das Prinzip der indirekten Selektion, also via Steigerung der Gesamt-Fitness und/oder individualselektionistisch auf der Basis spieltheoretischer Modelle (siehe zum Beispiel Maynard Smith und Price 1973; Maynard Smith 1976; Maynard Smith und Parker 1976; Axelrod und Hamilton 1981; Maynard Smith 1982) insofern viel besser erklären, als hier keine über die darwinische Selektionstheorie hinausgreifenden spekulativen Zusatzannahmen erforderlich sind und zusätzlich zugleich auch das unter bestimmten Bedingungskonstellationen vorhersagbare, von diesen Normen abweichende Verhalten als Teilkomponente einer übergreifenden gemischten „Evolutionary Stable Strategy" (Maynard Smith und Price 1973) erklärt wird und nicht als deviantes, maladaptives Verhalten interpretiert werden muss (siehe oben).

Entsprechend lehnt die Mehrzahl jüngerer Evolutionsbiologen das Konzept von moral-analogem Verhalten überhaupt ab und hat diesen Begriff aus ihrem Vokabular gestrichen, wie das schon im Rahmen einer Dahlem-Konferenz von der Arbeitsgruppe um H. Markl (Markl et al. 1978) vorgeschlagen wurde. Moral ist keine Dimension der Natur oder von biologischer Evolution. Wie schon T. H. Huxley (1888) feststellte: „der Naturverlauf wird weder sittlich noch unsittlich erscheinen, sondern nicht-sittlich", und somit außer-moralisch. Das gilt auch für die Natur des Menschen.

Den in unserer Geistesgeschichte ständig wiederholten Versuch, aus den Ist-Zuständen der Natur auf Soll-Werte menschlichen Verhaltens zu schließen, hatte David Hume schon 1741 als „naturalistischen Fehlschluss" („naturalistic fallacy") verurteilt. Dieser Trugschluss lässt sich vereinfacht auf die beiden Feststellungen reduzieren: (a) was natürlich ist, existiert, weil es von der natürlichen Selektion begünstigt wurde, es muss demnach adaptiv sein; und (b) was adaptiv ist, ist offensichtlich gut und sollte deshalb auch als natürliche Grundlage unserer Sittlichkeit dienen können. Ohne Frage ist die zweite Aussage falsch. Zum einen hatten wir bereits aufgezeigt, dass von der Selektion favorisiertes Verhalten keineswegs auch dem Wohl der Art, der Sozietät, ja nicht einmal unbedingt dem Wohl des handelnden Individuums dienen muss; zum zweiten, und das ist von prinzipieller Bedeutung, liegt hier eine unzulässige semantische Sinnverschiebung vor. Moral und Ethik sind schlicht und einfach autonom gegenüber dem Faktischen.

Wissenschaftsgläubigkeit in einer sonst eher desorientierten geistigen Welt aber verführt immer wieder zu der Wunschvorstellung, man könne die richtigen Prinzipien und sittlichen Normen menschlichen

167   Zusammenlebens durch naturwissenschaftliche Analysen ermitteln. Damit geraten Evolutionsbiologen, Ethologen und Anthropologen in die ständige Gefährdung, den naturalistischen Trugschluss zu begehen und damit gesellschaftspolitischen Ideologien Vorschub zu leisten, die gewissermaßen nahtlos Erkenntnisse aus dem Bereich des Faktischen in den des Normativen überführen, aus der Naturbeschreibung direkt sittliche Maximen ableiten wollen; Ideologien, die in aller Regel schnell ins moralische Abseits führen und der Menschheit von jeher weit mehr geschadet als genützt haben. Die Versuchung aber tritt offenbar immer wieder neu auf: Normativer Biologismus bleibt eine ständige Gefahr unseres politischen Lebens (Vogel 1984).

Ich teile nicht die Ansicht von Lumsden und Wilson (1983), dass für die Unterscheidung zwischen dem, was ist, und dem, was sein sollte, Voraussetzung sei, dass es „ein Moralgesetz unabhängig von der organischen Evolution" gäbe. „Absolute ethische Wahrheiten" sind nicht Vorbedingung für die prinzipielle Differenzierung zwischen den Dimensionen des faktischen Seins und des normativen Sollens, zwischen dem aktuellen Ist-Zustand und dem moralisch Wünschenswerten oder dem kategorischen Imperativ Kants. Einzige Voraussetzung dazu sind reflexives Bewusstsein und weitgehende (nicht absolute!) Entscheidungsfreiheit; sie bedingen das „Gesetz, nach dem der Mensch antrat" (Markl 1986). Das aber sagt: „Wer Freiheit zu entscheiden hat, muss auch in eigener Verantwortung entscheiden", ganz gleich, als wem oder was gegenüber diese Verantwortung auch immer deklariert sei, ob einer als objektiv oder subjektiv, als absolut oder relativ vorgestellten oder gedachten Instanz.

Was hat Ethologie dann mit Moral zu tun?

Was aber hat biologische Verhaltensforschung dann überhaupt mit Moral und Ethik zu tun, wenn sie doch „wie alle empirischen Wissenschaften nur damit beschäftigt ist, herauszufinden, was ist" (Patzig 1984)? Ich schließe mich der Antwort von Kowalski et al. (1978) an, dass biologische Wissenschaften in puncto Moral vor allem zwei Aufgabenbereiche haben: „1) Die Biologie vermag bei der Antwort auf die Frage nach dem Ursprung moralischer Universalia helfen (Beispiel Inzest-Tabu). Dies impliziert nicht, dass sie rechtfertigen könnte, warum diese Universalia eigentlich Universalia sein sollten. 2) Wenn eine Gesellschaft erst einmal übereingekommen ist, welchen moralischen Werten seine

Mitglieder folgen sollten, könnte besseres Wissen von der menschlichen
Natur, wie sie die Biologie oder andere Verhaltenswissenschaften liefern, aufzeigen helfen, welche Maßnahmen (beispielsweise Strategien
der Erziehung und Sozialisation) ergriffen werden müssten, um sicherzustellen, dass diese Normen, ohne dass unerwünschte Nebeneffekte
auftreten, befolgt werden. Wiederum kann die Biologie nicht die Forderung rechtfertigen, dass sich moralische Gesetze der menschlichen Natur anpassen sollten."

Die Einstellung, dass es zwischen der Welt des natürlichen Ist und
der moralisch-normativen Welt des Soll keine direkte inhaltliche Bindung geben dürfe, impliziert natürlich nicht die Annahme, dass die moralische Soll-Welt der intuitiven Natur als eine artifizielle rationale Welt
antithetisch gegenübersteht. Ich bin vielmehr der festen Überzeugung,
dass menschliche Moral – wie Kultur überhaupt – weder ausschließlich
natürlich, noch ausschließlich künstlich, weder vollständig genetisch
vorgezeichnet noch mit dem reinen Verstand geplant ist, sondern dass
sie, mit von Hayek (1979) zu sprechen, auf Traditionen von Verhaltensregeln aufbaut, „die niemals erfunden worden sind und deren Zweck
das handelnde Individuum nicht versteht". Die Moralität verdankt ihre
spezifische Entwicklung der ständigen Wechselwirkung beziehungsweise Rückkopplung von biologischer Evolution und Kulturentwicklung, jenem Prozess, den man auch als biogenetisch-tradigenetische
Koevolution bezeichnet.

Ebenso wenig kann aus der Forderung, dass menschliche Ethik
die im Dienste der biologischen Fitness-Maximierung stehende Moral
der Gene transzendieren müsse, zwingend geschlossen werden, dass
echtes moralisches Verhalten biologische Fitness-Maximierung aus-
schließe, und dass eine dieses Prädikat verdienende Moral frei von allen
eigennützigen Tendenzen und Strebungen zu sein habe. Dies wäre
schon in praktischer Hinsicht eine unbillige Forderung: Wenn jede
Form von Egoismus (vom biologischen Gen-Egoismus bis zum subtils-
ten sittlichen Perfektions-Egoismus) als nicht-moralisch zu gelten hätte,
dann – so fürchte ich – wäre moralisches Verhalten in praxi wohl kaum
existent, es bliebe weitgehend Fiktion und Stoff von Märchen und Mythen, zur Nachahmung anderen empfohlen, und ehest von Heuchlern
(wiederum aus eigennützigen Motiven!) für sich selbst reklamiert.

Moralisch versus unmoralisch kann und darf darüber hinaus nicht
mit dem Begriffspaar altruistisch versus egoistisch gleichgesetzt werden.
„Es gibt moralisch falschen Altruismus, und es gibt moralisch extrem
falsches Verhalten, das gar nichts mit Egoismus zu tun hat", sagt Patzig

169   (1984): „Selbstaufopferung zugunsten unwesentlicher Interessen anderer ist moralisch falsch, und die Tendenz, andere mit Gewalt zu ihrem (vermeintlichen) Glück zu zwingen, hat mit Egoismus nichts zu tun und häufig viel schlimmere Folgen für die betroffenen Menschen, als bloßer Egoismus haben könnte. Immerhin ist die Fähigkeit, altruistisch zu handeln, eine der Voraussetzungen moralischer Kompetenz; in vielen und für die Kooperation bedeutsamen Konfliktsituationen zwischen Neigungen und Pflichten geht es genau um diese Fähigkeit, die eigenen Interessen zugunsten wichtiger Interessen anderer Individuen einzuschränken." Wenn also auch nicht deckungsgleich, eine Beziehung scheint zwischen diesen beiden Begriffspaaren doch zu bestehen: Altruismus begründet nicht Moralität und Egoismus nicht Amoralität, eine gewisse Fähigkeit zu altruistischem Handeln aber ist Voraussetzung für moralische Kompetenz.

Stehen Altruismus und Egoismus aber überhaupt in einem absolut antithetischen Verhältnis zueinander, und welche Konsequenzen hat diese Frage für die Urteilsbildung moralisch versus unmoralisch? Die Soziobiologie hat meines Erachtens überzeugend dargetan, wie im biologischen Evolutionsprozess altruistisches Verhalten unmittelbar aus Eigennutz hervorgehen kann, ohne dass zunehmend komplexerer Altruismus seine eigennützige Konnotation verlieren müsste. Der auf das Individuum bezogene individuelle Fitness-Egoismus führt unter bestimmten Voraussetzungen, durchaus im Eigeninteresse, zum reziproken Altruismus und wird schließlich über das Prinzip der Verwandten-Selektion auf der Gen-zentrierten Basis eines Gesamt-Fitness-Egoismus zum mehr oder weniger weitreichenden Altruismus gegenüber seinesgleichen erweitert. Dieses Prinzip lässt sich wohl auch in den Bereich tradigenetischer Entwicklungsprozesse übertragen, von genetischer Verwandtschaft zum Beispiel auf Bruderschaft im Geiste, von der biogenetischen Fitness-Maximierung auf die an kulturellen Wertsystemen orientierte Maximierung sittlicher Selbst-Perfektion, zum Beispiel durch Erreichung des utilitaristischen Zieles, möglichst vielen zu größtmöglichem Glück zu verhelfen: Utilitarismus als subtilste Ausdrucksform des Eigennutzes! Selbst die Goldene Regel moralischen Verhaltens, anderen gegenüber so zu handeln, wie man selbst von diesen behandelt werden möchte („Quod tibi fieri non vis, alteri ne feceris") gibt sich unschwer als reflektiert eigennütziger Altruismus zu erkennen, ein verfeinerter reziproker Altruismus gewissermaßen. Bewusst oder (wohl noch häufiger) unbewusst maskieren wir vor uns selbst und vor anderen den eigennützigen Kern unseres Handelns mit selbstlosen Motiven und Zie-

len. Ob Gen-Egoismus oder höchster sittlicher Perfektions-Egoismus:
Fitness verschafft beides, und tradigenetische Fitness wirkt überdurchschnittlich häufig positiv auf biogenetische Fitness zurück. Altruismus
und Eigennutz markieren keinen qualitativen Widerspruch, sondern
wir bezeichnen damit lediglich die beiden Pole einer eindimensionalen
Skala mit quantitativen Mischungsverhältnissen, deren Ambivalenz sich
gerade in der Doppeldeutigkeit des jeweiligen Verhaltens oder Handelns dokumentiert. „Menschliches Verhalten enthält wahrscheinlich
immer egoistische Tendenzen und moralische Ambivalenzen", sagt Alexander (1983). Moral kann daher nicht im strikten Gegensatz zu Eigennutz gesehen werden und unmoralisches Verhalten ist nicht per se einfach Ausdruck blanker Eigennützigkeit oder von purem Egoismus! Das
gilt jedenfalls für den Bereich praktischen Handelns, in der Welt normativer Ideale mag man darüber anders denken.

Insgesamt müssen wir uns sicher darauf einstellen, dass Moral ein
komplexes ideelles Konstrukt ist, dessen Inhalte sich aus unterschiedlichen Schichten unseres Wesens speisen. In Anlehnung an von Hayek
(1979) nehme ich drei in ihrer Genese verschiedene Quellen an:

- die tief in unserer biologischen Evolution verhaftete Schicht genetisch ererbter Antriebe und Motivationen: Ich spreche vom *biogenetischen Potenzial*;
- die mächtige Schicht traditional überkommener, in langer geschichtlicher Erfahrung erprobter gesellschaftlicher Verhaltensregeln, die
weder geplant noch verstanden sind: Ich spreche vom *tradigenetischen Potenzial*; und
- die dünne Schicht von Regeln, die bewusst angenommen und modifi-
ziert wurden, um bestimmten Zwecken zu dienen: Ich spreche vom
rationalen Potenzial.

Aus diesen drei Potenzialen generieren sich mit je unterschiedlichen Gewichtungen die normativen Zielvorstellungen oder Soll-Werte,
an denen sich moralisches Verhalten in kulturspezifischer Ausformung
orientieren soll. Die Potenziale gehen dabei so innige Verbindungen ein,
dass der Versuch einer nachträglichen analytischen Trennung ihrer jeweiligen Einzelbeiträge in der Regel wohl scheitern muss.

Moral ist ein System zur *Bewertung* von Handlungen, Absichten
und Motiven. Dieses System ist an eine ganze Reihe – teilweise viel-
schichtig interdependenter – Voraussetzungen, Fähigkeiten und Ingre-
dienzien gebunden, die im kognitiv-intellektuellen, im emotionalen und
im sozialen Bereich liegen. Wir wollen sie kurz Revue passieren lassen
und werden dabei feststellen, dass die Mehrzahl dieser Charakteristika

171   *spezifisch menschlich* und zugleich *universal menschlich* ist, sodass –
wie wir bereits weiter oben betont hatten – nur Menschen, nicht aber
den Tieren, überhaupt Moral (und entsprechend gegebenenfalls auch
Unmoral) zuzusprechen ist.

Alle Autoren sind sich darin einig, dass von moralischem beziehungsweise unmoralischem Verhalten nur gesprochen werden kann,
wenn Intention beziehungsweise Absicht im Spiel ist. Zielgerichtetes
Verhalten wird man auch vielen Tieren zubilligen müssen. Speziell beim
Menschen geht es jedoch um Handlungen, die ganz bestimmte Zwecke
oder Ziele verfolgen, die unter anderem auch an Idealen oder ethischen
Werten orientiert sein können.

Ebenso herrscht Übereinstimmung darin, dass man von moralischem (oder unmoralischem) Verhalten überhaupt nur unter der Voraussetzung sprechen kann, dass eine Wahlmöglichkeit zwischen bestimmten Handlungsalternativen existiert und wahrgenommen werden
kann, wenn also ein gewisses Maß an Wahlfreiheit gegeben ist. Kant hat
in dieser Freiheit das entscheidende Kriterium moralischer Bewertungs-
möglichkeiten gesehen. Auch wenn viele Tiere die Fähigkeit haben,
zwischen verschiedenen Aktionsalternativen zu entscheiden, wird man
sie doch nicht als „autonome sittliche Subjekte" ansprechen dürfen, die
ihre Entscheidungen an moralischen Wertsystemen messen können. Die
Sollwerte müssen sich freilich insofern an die (menschliche) Natur halten, als „ought implies can" (Musschenga 1984).

Man wird nur solches Verhalten mit Moral-Maßstäben messen
dürfen, dessen Folgen das handelnde Subjekt voraussehen kann oder
von seinen Fähigkeiten her jedenfalls hätte voraussehen können. Dazu
gehört die Potenz zur bewussten Reflexion, zur kritischen Prüfung und
Abwägung der Handlungskonsequenzen. Seitelberger (1985) stellt fest,
dass nur dem Menschen allein eine über die Wahlmöglichkeit zwischen
Handlungsalternativen im aktuellen Erlebnisbereich hinausgehende
„weitere Dimension des Entscheidungsraumes zur Verfügung steht:
Seine Hirnfähigkeiten ermöglichen nicht nur die treffende Repräsentation der Aktualwirklichkeit im subjektiven Medium des Bewusstseins,
sondern auch die projektive Konstruktion von möglichen (zukünftig zu
erwartenden, befürchteten, gewünschten) Ereignisverläufen". Aus diesen spezifisch menschlichen Fähigkeiten erwächst eben auch nur dem
Menschen Verantwortlichkeit, die volle Responsibilität für sein Handeln oder Unterlassen.

Voraussetzung von Moralität ist das Konzept personaler Identität
beim Handlungssubjekt, sind Selbstbewußtheit und ein normatives

Selbstbild sowie die Einsicht in die personale Identität, die Selbstbewußtheit und die Selbstbild-Kompetenz beim sozialen Partner. Gerade daran scheint es selbst bei den höchstentwickelten nicht-menschlichen Primaten zu mangeln, worauf wir weiter oben bereits hingewiesen haben. In der Tat ist ganz offensichtlich nur der Mensch imstande, sich mit anderen Individuen zu identifizieren: die entscheidende Voraussetzung für Sympathie und Empathie.

Auch Mitleid, das „Fundament der Moral" (Patzig 1983), gründet sich auf die Fähigkeit, sich in den Zustand und die Gefühle einer anderen Person hineinversetzen zu können. Selbst für die höchsten nicht-menschlichen Primaten konnten allerdings bisher keine eindeutigen Belege für ein handlungsbestimmendes mitleidendes Sich-Einfühlen in einen Gruppengenossen gefunden werden: „Es ist unwahrscheinlich, dass ein Schimpanse je aus ähnlichen Gefühlen heraus handelt", fasst zum Beispiel Goodall (1971) ihre jahrelangen Erfahrungen mit frei lebenden Schimpansen zusammen. Evolutionsbiologisch ist in diesem Zusammenhang wiederum interessant, dass die Sympathie-Kapazität menschlicher Einzelpersonen offenbar begrenzt ist; Warnock (1971) sprach von „limited sympathies". In diesem Zusammenhang bleiben die empirischen Befunde von Buys und Larson (1979) beachtenswert, dass die typische menschliche „Sympathie-Gruppe" bei Personen in unserer westlichen Gesellschaft im Durchschnitt etwa 10,9 Individuen umfasst. Auch hier also wieder ein Hinweis auf die Begrenzung des Adressatenkreises unseres „natürlichen" Altruismus und des ursprünglichen Anwendungsbereiches unserer moralischen Prinzipien. Wir werden diese Problematik am Schluss noch einmal aufgreifen.

Erst wenn die Sollwerte und Vorbilder sittlichen Handelns von den Personen voll internalisiert worden sind, können wir eigentlich von Moralität reden. Aus dieser Internalisierung dessen, was man tun sollte und was man nicht tun sollte, können aber auch Diskrepanzen zwischen dem Selbstbild und der sozialen Erwartungsnorm entstehen; so etwa die typisch menschlichen Gefühle von Scham und Schuld sowie die innere moralische Instanz des Gewissens.

Auf der sozialen Ebene ist menschliche Moralität charakterisiert durch allgemein verbindliche Normen, Verhaltensregeln, Gebote und Verbote, Prinzipien und Werthaltungen, die schließlich bei schriftmächtigen Gesellschaften beziehungsweise Kulturen in die Form von Gesetzen gefasst werden können. Kant hat sicher Recht, wenn er das Prinzip der Generalisierungsfähigkeit oder Universalisierbarkeit von Verhaltensregeln zum Kerngedanken ethischer Normbildung erhob (Patzig

173 1983). Generalisiert und internalisiert wird vor allem auch das Wertsystem, der Maßstab dessen, was als „gut" und „böse", als „richtiges" oder
„falsches" Handeln zu gelten hat. Eine wichtige praktische Funktion aller das Verhalten regelnden Konventionen und Normen ist sicherlich
die verlässliche Beseitigung einer beängstigenden und oft gefährlichen
Verhaltensunsicherheit bezogen sowohl auf die eigene Person als vor allem auch auf die Sozialpartner, deren Verhalten durch die Normierung
erst die erforderliche Vorhersagbarkeit gewinnt; kurz, sie dienen einer
Harmonisierung und Synchronisation der Gesellschaft über den persönlich vertrauten Kreis der biologischen Verwandtschaftsgruppe hinaus. Das wiederum ist auch eine evolutionsbiologisch wirksame Funktion, die im Kontext der Intergruppen-Selektion wichtig werden kann.
Moral als ein auch von den biologischen Fitness-Imperativen befreien-
des Element der Hominisation, das uns dann fortschreitend erweiterte
Verantwortung auferlegt: nicht mehr nur für unsere Sippe, unseren
Stamm, unsere Nation, unsere Art, nein für die gesamte Erde! Unsere
Verhaltensregeln, sittlichen Normen, Prinzipien und Werte werden sich
dieser Aufgaben-Erweiterung sehr schnell und weltweit anpassen müssen, wenn wir den totalen Kollaps unseres Lebensraumes Erde noch
verhindern wollen. Wir werden sogleich an diesen Punkt wieder an-
knüpfen.

Nur am Rande möchte ich erwähnen, dass es zur Durchsetzung
sozialer Normen entsprechender Sanktionen bedarf, die Abweichungen
von den moralischen Prinzipien bestrafen. Weiterhin erscheint mir der
Hinweis wichtig, dass sich moralisches Verhalten insgesamt positiv auf
das Überleben und das Wohl der Gemeinschaft auswirken sollte. Was
wir Moral nennen, reicht von praktikablen sittlichen Verhaltensregeln
bis zu in der allgemeinen Praxis unerreichbaren ethischen Idealen, die
als anstrebenswerte Zielvorgaben dienen. Diese Ideale sind in aller Regel erheblich weiter von unseren biologischen Dispositionen entfernt,
als das praktikable Handlungsnormen je sein können. So ist zum Beispiel das ethische Ideal einer universalen Gerechtigkeit (oder auch das
einer globalen Liebe) mit unseren biologisch via natürliche Selektion
entstandenen Veranlagungen weit weniger in Einklang zu bringen, als
das an Sport und Spiel erinnernde Prinzip Fairness. Fairplay hat jedenfalls noch verlässlich festgelegte und notfalls einklagbare Spielregeln, es
bezieht sich nur auf einen begrenzten, die Regeln anerkennenden Mit-
gliederkreis und beruht mithin auf der altvertrauten Reziprozität im
Rahmen kooperativer Konkurrenz.

Nun kann es keinem Zweifel unterliegen, dass unsere bis dato in der Menschheitsgeschichte allgemein praktizierte Moral den jetzt vor uns stehenden Aufgaben und zukünftigen Anforderungen in gar keiner Weise genügt. Sie trägt weithin noch die stammesgeschichtlich uralten biogenetischen Charakterzüge dessen an sich, was wir weiter oben die Moral der Gene genannt hatten. „In der Tat" – so schreibt zum Beispiel Alexander (1983) – „werden Loyalität und Patriotismus in der Gruppe als höchste Form von Moral und Tugend verehrt. Aber eben diese Art und Stärke der ‚Moral' innerhalb der Gruppe hat durch Konflikte zwischen den Gruppen auch die verheerendsten Probleme geschaffen – das müssen wir irgendwie ändern. Was wir suchen, wenn wir an Weltfrieden und weltweites Recht denken, hat es noch nie in der Geschichte des Lebens und noch weniger in der Geschichte der Menschheit gegeben. Nichts scheint zu beweisen, dass Menschen oder andere Lebewesen je den unterschiedslosen, die ganze eigene Art umfassenden Altruismus entwickelt haben, den die moralischen Modelle der Philosophie und der Religion vorschreiben." Von Natur aus sind wir leider keine „einzige Familie Menschheit"; wenn wir das werden wollen, müssen wir uns das gegen unsere Natur erst schwer erarbeiten. Dass unsere biogenetische Evolution uns nicht als universelle Menschenfreunde geschaffen hat, dürfte nach den vorangegangenen Ausführungen verständlich sein: Natürliche Selektion ist dazu ganz untauglich, denn jedes sich unterschiedslos zu allen Artgenossen in gleicher Weise altruistisch verhaltende Individuum wäre in der biogenetischen Konkurrenz hoffnungslos unterlegen. Selektion produziert zwangsläufig differenzielles Investment von Unterstützung, Hilfeleistung und Kooperation.

Schon Kropotkin (1902) beklagte diese „doppelte Moral": „Daher ist das Leben der Wilden in zwei Reihen von Handlungen geteilt und tritt unter zwei verschiedenen ethischen Formen in Erscheinung: Die Beziehung innerhalb des Stammes, und die Beziehung zu den Außenstehenden; und das ‚intertribale' Recht weicht (wie unser Völkerrecht) sehr vom gemeinsamen Recht ab. Wenn es daher zu einem Krieg kommt, mögen die empörendsten Grausamkeiten die höchste Bewunderung des Stammes hervorrufen. Diese doppelte Moral geht durch die ganze Entwicklung der Menschheit hindurch und hat sich bis zum heutigen Tag erhalten." Wer von uns kennt nicht beängstigende Belege für diese Aussage! In welche menschliche Kultur oder Gesellschaft man auch schaut, Hilfsbereitschaft und Solidarität sind sorgfältig abgestuft:

175   In aller Regel so, wie es der soziobiologisch geschulte Evolutionsbiologe geradezu erwarten müsste. In seltener Klarheit hat Henry Sidgwick (hier zitiert nach Patzig 1984) in seinem Buch „Methods of Ethics" (1874) diesen Zustand allgemeinen Konsenses dargestellt: „Wir sind uns darüber einig, dass jeder Einzelne verpflichtet ist, sich gegenüber seinen Eltern, seinem Ehegatten und seinen Kindern freundschaftlich und hilfsbereit zu verhalten, auch gegenüber anderen Verwandten, aber in jeweils geringerem Grade, und gegenüber denen, die ihm hilfreich gewesen sind und gegenüber Anderen, die er in seinen engsten Umkreis aufgenommen hat, und gegenüber Nachbarn und Landsleuten mehr als gegenüber anderen Menschen, gegenüber den Angehörigen unserer Rasse mehr als gegenüber Schwarzen und Gelben und, allgemein, gegenüber Menschen je nach ihrer Nähe zu uns." Verwandten-Selektion und reziproker Altruismus: die altvertrauten Prinzipien biogenetischer Fitness-Maximierung!

In der Tat sind alle faktisch praktizierten Moralformen *nicht* egalitär.

Ganz offensichtlich sind moralische Normen zunächst in den kleinen ursprünglichen Primärgruppen einander persönlich bekannter Menschen entstanden. Angelsächsische Anthropologen haben dafür die treffende Bezeichnung der „face-to-face-group" (siehe auch die weiter oben erwähnten Sympathie-Gruppen bei Buys und Larson 1979). „Wir können in der Geschichte verfolgen, wie mühsam die Ausdehnung der Sippen- und Clan-Solidarität auf größere menschliche Verbände war, etwa in der griechischen Polis. Erst seit zirka 300 vor Chr. wurde von der ‚Stoa' mit Vernunftsgründen ein ethischer ‚Kosmopolitismus' vertreten" (Patzig 1983). Das war und blieb aber Theorie, es wurde nie allgemein praktizierte Moral.

Unsere Probleme, Aufgaben und Verantwortlichkeiten haben sich jedoch in jüngster Zeit grundlegend geändert, und dabei werden wir auf gar keinen Fall mehr mit unserer angestammten moralischen Familien-, Clan- und Stammes-Mentalität auskommen. Wollen wir die Katastrophe verhindern, so brauchen wir eine erheblich erweiterte, rational begründete und universal konsensfähige Moral, auf die wir stammesgeschichtlich kaum vorbereitet sind. Die neue Situation ist nicht unvermittelt plötzlich eingetreten, doch hatte sie eine für entsprechende biogenetische Anpassungsvorgänge viel zu kurze Vorlaufphase. Zum ersten Mal in der Geschichte des Lebens brach mit dem modernen Menschen eine Ökosystem-Komponente aus allen koevolutiven Selbstkontrollen der Ökosysteme aus. Die neue Realität begann schleichend (vor kaum mehr als 10 000 Jahren), als kleine, besonders innovative Populationen der damaligen Menschheit vom über Jahrtausende betriebenen Sammler- und Wildbeuterleben zu Landbau und Viehzucht übergingen, ein Vorgang, den man mit Recht als einen fundamentalen Umbruch für das Dasein der Natur auf unserer Erde bezeichnen kann. Der Zeitzünder, der mit diesem Initialprozess der aktiven Umweltmanipulation durch den Menschen gesetzt war, er zündete eigentlich erst in allerjüngster historischer Vergangenheit; nach dem Übergang in das hochtechnische Industriezeitalter.

Bisher hat der Mensch zwar mehrfach die Mittel, kaum jedoch die (selbst ihm in der Regel verborgenen) Zwecke seines Verhaltens und Handelns geändert: Er verwendete seine stupende Intelligenz nach wie vor in erster Linie dazu, mit seinen neuen kulturellen Mitteln das alte darwinische Fitness-Rennen nur umso erfolgreicher fortzusetzen. Indem er die natürlichen Grenzen seines Bevölkerungswachstums immer weiter hinausschob, waren ökologische Katastrophen programmiert (s. Kap. 4).

Uns bleibt, ob wir wollen oder nicht, nur eine Chance, eine Art Flucht nach vorn: Die eigenverantwortliche Übernahme der Rolle des Kontrolleurs, des Hegers und Lenkers des von uns endgültig aus dem Gleichgewicht gebrachten globalen Ökosystems. Der Lohn unseres „Sieges" im darwinischen Konkurrenzkampf heißt Verantwortung, in diesem Fall ein eher ängstigender „Lohn". Auf diese Rolle aber sind wir evolutiv nicht vorbereitet. „Die Rolle des Ökosystemkontrolleurs" - so sagte das Otto Kinne (1984) – „erfordert neben Vertiefung unseres Verständnisses der unerhört komplexen Systemdynamik die Selbstkontrolle der eigenen Überlegenheit, Selbsteinschränkung und die Entwicklung einer umfassenden Verantwortlichkeit für die Mitkreatur. Diese Eigenschaften entstehen nicht im Rahmen der natürlichen Selektion. Dafür gibt es keine biologischen Evolutionsmechanismen." Uns mangelt es an beidem, an ausreichendem Wissen und vor allem auch an einer globalen Moral, die dieser Verantwortung gerecht wird. Eine solche Moral muss sich von allen biogenetischen Fitness-Zwängen, aus allen bisher so selektionswirksamen Egozentrismen, Sippen- und Clan-Egoismen, Nationalismen, Ethnozentrismen, Anthropozentrismen und kurzsichtigen Gegenwartsbezogenheiten endgültig lösen, um wahrhaft ökumenisch und ökologisch zu werden. Eine auf praktische Vernunft und globale Konsensfähigkeit, nicht auf Metaphysik, Religionen, Ideale oder Ideologien sich gründende „ökologische Ethik" (Patzig 1983), tut Not.

Wie es keine auf dem Prinzip der Arterhaltung basierende, die ganze Menschheit umfassende natürliche Moral gibt und geben kann, so gibt es erst recht keine biogenetisch fundierte Moral gegenüber den anderen Organismen dieser Erde. Moralische Verpflichtungen gegenüber Tieren und Pflanzen anzuerkennen, ist – so Patzig – „eine markante Erweiterung des Einzugsbereichs moralischer Normen über das ursprüngliche Anwendungsgebiet hinaus". Und: „Tiere haben, wie man im Anschluss an Joel Feinberg formulieren kann, keine Rechte gegenüber dem Menschen, aber Menschen haben Pflichten gegenüber den Tieren."

Verantwortung tragen wir im Wesentlichen vor den kommenden Generationen. Entsprechend formuliert Patzig (1983) das Grundkonzept einer ökologischen Ethik so: „Wir sind verpflichtet, den künftigen Bewohnern des Planeten diesen in einem Zustand zu hinterlassen, der ihnen ein Leben ermöglicht, wie wir es selbst für lebenswert halten."

Ob wir dieses Ideal erreichen, noch rechtzeitig erreichen? Welche Strategie sollte man zu diesem Zwecke verfolgen? Wird die im wohlverstandenen langfristigen Eigeninteresse aller Menschen zu entwickelnde globale kooperative Disposition (Mackie 1977) sich durchsetzen können gegenüber den vielfältigen lokalen Versuchungen, kurzfristigen Egoismus hier und jetzt auf Kosten anderer zu befriedigen? Mag man skeptisch sein; hoffen müssen wir.

Wie ich diesen Aufsatz mit einem Wort von Hans Jonas eröffnet habe, so möchte ich ihn auch mit einem Wort dieses Philosophen schließen, mit seinem berühmt gewordenen Imperativ: „Handle so, dass die Wirkungen deines Handelns nicht zerstörerisch sind für die Permanenz echten menschlichen Lebens auf Erden."

Kapitel 8

Rassenhygiene – Rassen-ideologie – Sozialdarwinismus

Unter dem Schlagwort Holocaust verstehen wir die Ermordung von etwa sechs Millionen Juden und Zigeunern in Konzentrationslagern, die Tötung von ungefähr 100 000 Patienten psychiatrischer Kliniken über das so genannte Euthanasie-Programm und die Ermordung von Hunderttausenden als „minderwertig" eingestufter Menschen durch Hunger und Schwerstarbeit.

Wie und was hat Wissenschaft und durch Wissenschaft gestützte Ideologie zu diesem ungeheuerlichsten aller Massenverbrechen beigetragen?

Wenn wir dieser Frage nachgehen, stoßen wir auf – mindestens – zwei, zunächst voneinander ganz unabhängige Wurzeln im 19. Jahrhundert: Die Selektionstheorie von Charles Darwin und den „Rassen-Mythos" im Gefolge zeitgenössischer Ideen von Joseph Arthur Comte de Gobineau, der sich später mit der „Anthropologischen Rassenkunde" in Deutschland verband.

Von Darwin zum Sozialdarwinismus

Wir wenden uns zunächst der Darwin'schen Wurzel zu. Darwins Konzept, auf den kürzesten Nenner gebracht, lautet: Alle Arten von Lebewesen haben die Fähigkeit und die immanente Tendenz, sich exponentiell zu vermehren, und sie tun es, soweit die äußeren Bedingungen das zulassen. Sind die Ressourcen allerdings begrenzt und knapp – und das geschieht automatisch bei zunehmender Vermehrung! – so werden jene Individuen im Konkurrenzkampf die höheren Überlebenschancen und Fortpflanzungsraten erreichen, die an die je gegebenen Umstände besser angepasst sind. Handelt es sich bei jenen Merkmalen, die unterschiedliche Anpassungsgrade bestimmen, um Merkmale oder Eigen-

schaften, die vom genetisch tradierten Erbgut mitbestimmt sind, so   *180*
wird natürliche Auslese (Selektion) über Generationen hin zu einer An-
passungsverbesserung führen. Kurz, der antreibende Motor der Evolution der Organismen ist natürliche Selektion, die sich in unterschiedlichen Fortpflanzungsraten (differenzielle Reproduktion) je nach Eignung (Fitness) der Individuen manifestiert.

Die Selektionstheorie Darwins ist – mit einigen Modifikationen
natürlich – heute von Evolutionsbiologen weltweit akzeptiert, sie ist
per se eine rein deskriptive – also nicht normative! – Theorie. Sie entwickelte jedoch schon bei Darwin selbst und dann bei vielen Zeitgenos-
sen eine zunehmende normative und somit ideologische Brisanz. Darwin selbst übernahm von Herbert Spencer den Slogan „survival of the
fittest" im „Daseinskampf" („struggle for existence"), der die angesprochene Konkurrenz um begrenzte Ressourcen zu einer Art blutigem
Schlachtfeld machte, auf dem die „Tauglicheren", die „Tüchtigeren", die
„Besseren" und eben die „Wertvolleren" überleben. So der ursprüngliche „natürliche" Zustand, der eben die einmaligen Qualitäten der
Menschheit hervorgebracht hat. Dem diametral entgegengesetzt sei jedoch der nunmehr „künstliche", via Kultur und Zivilisation entstandene Zustand, in dem der technische Fortschritt, die verbesserte Hy-
giene, der hohe Entwicklungsstand der Medizin und die als moralisch
hochwertig empfundene Fürsorge für Kranke, Schwache und Arme den
Mechanismus der natürlichen Selektion außer Kraft setze und somit automatisch zu einer „Degeneration" der Bevölkerung führe (eine Idee,
die gewissermaßen schon an Rousseaus „Discours sur l'inégalité" von
1755 anknüpfte). Ausgehend von der Voraussetzung, dass die natürliche
Selektion „Fortschritt" erzeugt – eine Ansicht, die von modernen Evolutionsbiologen so nicht mehr angenommen wird –, liegt der Schluss
nahe, dass jedes Ausbleiben der natürlichen Selektion Rückschritt und
Degeneration erzeugen muss. Die notwendige Therapie sei eine künstliche Wiederherstellung des „natürlichen Auslese"-Effekts, wie das wenig später von den sogenannten Eugenikern programmiert wurde.

Ich möchte an dieser Stelle betonen, dass Darwin sich selbst gegen derartige Folgerungen aus seiner Theorie aus moralischen Gründen
verwahrt hat. Zivilisierte Völker – so schreibt er 1871 – halten mittels
ihrer medizinischen Techniken Kranke und Untüchtige am Leben, leisten Armenhilfe und verhelfen den Schwachen, körperlich und geistig-
moralisch weniger bemittelten Gliedern ihrer Gesellschaft zur eigenen
und ungehinderten Fortpflanzung. „Niemand, der etwas von der Zucht
der Haustiere kennt, wird daran zweifeln, dass dies äußerst nachteilig

181   für die Rasse ist. Es ist überraschend, wie bald Mangel an Sorgfalt, oder auch übel angebrachte Sorgfalt, zur Degeneration einer domestizierten Rasse führt; außer im Falle des Menschen wird auch niemand so töricht sein, seinen schlechtesten Tieren die Fortpflanzung zu gestatten". Dass wir das dennoch unter uns Menschen tun sollten und müssen, entspringe unserem tief eingewurzelten „Instinkt der Sympathie"; seine Missachtung hätte den Preis, dass „dadurch unsere edelste Natur an Wert verlöre". „Wir müssen uns daher mit den ohne Zweifel nachteiligen Folgen der Erhaltung und Vermehrung der Schwachen abfinden."

Genau diese moralische Barriere räumten die Sozialdarwinisten, die Eugeniker und die Rassenhygieniker beiseite. Ihnen ging es wie den (eben genannten) Tierzüchtern nicht um das individuelle Wohlergehen (als höchstes Ziel), sondern um das „Gemeinwohl", die „Volksgesundheit" (die Gesundung des „Volkskörpers"): statt um Individualhygiene um „Sozialhygiene" und um die Erhaltung und mögliche Verbesserung der „Rassenqualität".

In dieser frühen Zeit der politischen Ideologisierung der Darwin'schen Theorie gab es ein breites Spektrum von Anhängern und Propheten, von der extremen Linken (zum Beispiel Kropotkin) bis zu den erzkonservativen Rechten. Allgemein bekannt ist ja die frühe Sympathie, die Karl Marx und Friedrich Engels für Darwins Theorie empfanden. Der politisch erzkonservative Rudolph Virchow hielt Darwins „Deszendenzlehre" geradezu für eine „sozialistische Theorie". Dagegen opponierte der Zoologe und Sozialdarwinist Ernst Haeckel (1878): „Der Darwinismus ist alles andere eher als sozialistisch! Will man dieser englischen Theorie eine bestimmte politische Tendenz beimessen – was allerdings möglich ist –, so kann diese Tendenz nur eine aristokratische sein, durchaus keine demokratische und am wenigsten eine sozialistische! Die Selektionstheorie lehrt, dass im Menschenleben wie im Tier- und Pflanzenleben überall und jederzeit nur eine kleine bevorzugte Minderzahl existieren und blühen kann, während die übergroße Mehrzahl darbt und mehr oder minder frühzeitig elend zugrunde geht." Immerhin fügt er hinzu: „Übrigens möchten wir bei dieser Gelegenheit nicht unterlassen, darauf hinzuweisen, wie gefährlich eine derartige unmittelbare Übertragung naturwissenschaftlicher Theorien auf das Gebiet der praktischen Politik ist." Das hinderte Haeckel freilich nicht daran, zum Jahrhundertwechsel gerade diesen Prozess auf spektakuläre Weise zu fördern.

Der marxistische Sozialist Karl Kautsky, ebenfalls ein begeisterter Anhänger Darwins, schrieb 1910: „In der heutigen Gesellschaft macht

die Entartung rasche und beängstigende Fortschritte." Er machte dafür
zwei Faktoren verantwortlich: Erstens die schlechten Lebensbedingungen der sozialen Unterschichten in der kapitalistischen Gesellschaft und
zweitens „die zunehmende Ausschaltung des Kampfes ums Dasein, die
wachsende Möglichkeit auch für die Schwächlichen und Kränklichen,
sich zu erhalten und fortzupflanzen. […] Eine sozialistische Gesellschaft
wird sicher den einen Faktor der Entartung der Menschheit beseitigen
[…] Aber sie wird gleichzeitig den anderen Faktor der Entartung ver-
stärken, gerade dadurch, dass sie dem Menschen das Leben erleichtert,
die Anforderungen an sich herabsetzt, den Siechen und Krüppeln die
größte Sorgfalt angedeihen lässt. […] Schon heute gibt es eine Reihe von
Naturforschern, die jene Gefahr begreifen und auch das Mittel erkennen, das sie innerhalb der menschlichen Gesellschaft allein bannen
kann: Die Ersetzung der natürlichen Zuchtwahl, die der Kampf ums
Dasein bewirkt, durch eine künstliche Zuchtwahl in der Weise, dass alle
kränklichen Individuen, die kranke Kinder zeugen können, auf die
Fortpflanzung verzichten, was bei dem heutigen Stande der medizinischen Technik, wie wir schon wissen, nicht mehr den Verzicht auf die
Ehe in sich zu schließen braucht."

Dieses optimistische Vertrauen in den freiwilligen Verzicht von
Erbkranken, Armen und Schwachen auf Fortpflanzung teilten freilich
die rechtsorientierten Konservativen nicht, sie plädierten teilweise für
harte Maßnahmen, für Zwangssterilisierung, für eine durch Fürsorge-
nachlass angehobene Kindersterblichkeit oder gar für Tötung von erblich schwer belastetem Nachwuchs; dies alles blieb allerdings für lange
Zeit nur reine Theorie, in die Praxis wurde davon nichts umgesetzt.

Zum 1. Januar 1900 setzte Friedrich Krupp, der Sohn des Essener
Schlot- und Rüstungsbarons Alfred Krupp, 30 000 Goldmark für einen
wissenschaftlichen Wettbewerb aus, der von Ernst Haeckel in Zusammenarbeit mit den Professoren Conrad und Fraass ausgeschrieben
wurde. Die Preisfrage hieß: „Was lernen wir aus den Prinzipien der
Deszendenztheorie in Beziehung auf die innerpolitische Entwicklung
und Gesetzgebung der Staaten?" Sechzig Arbeiten wurden eingereicht.
Am 7. März 1903 erfolgte die Preisverleihung. Den ersten Preis gewann
Wilhelm Schallmayer für die Arbeit „Vererbung und Auslese im Lebenslauf der Völker. Eine staatswissenschaftliche Studie auf Grund der
neueren Biologie." Auch unter den Preisträgern waren noch unterschiedliche politische Richtungen vertreten, von rechts-konservativen
über liberal bis zum Sozialdemokraten Ludwig Woltmann, der
schließlich auf sein Preisgeld verzichtete und seine Preisarbeit als Buch

183   mit dem Titel „Politische Anthropologie" (1903) separat veröffentlichte. Obwohl Schallmayer und Woltmann politisch unterschiedliche Positionen vertraten, strebten beide eine ziemlich rigorose Umsetzung „darwinistischer Erkenntnisse" in der Gesellschaft an, wobei Schallmayer „die natürliche Veranlagung" in den Grundzügen über alle Rassen und Völker gleich befand, während der Sozialdemokrat Woltmann ein Anhänger von Gobineaus „natürlicher Ungleichheit" der Menschen und Rassen war. Der Krupp-Wettbewerb markierte einen Wendepunkt für die Beachtung, die der Eugenik in Deutschland entgegengebracht wurde. 1904 gründete Alfred Ploetz, ein weiterer Sozialdarwinist, das einflussreiche „Archiv für Rassen- und Gesellschafts-Biologie".

Wir sehen, wie schnell und nahtlos Darwins Selektionstheorie in politische Ideologie überführt wurde. Die normative Berufung auf via natürliche Selektion entwickelte „natürliche Werte" gehört hier zum Grundrepertoire der gesellschaftspolitischen Argumentation. Für den Sozialdarwinismus und für das frühe Konzept der Eugenik – auf das ich noch eingehen werde –, für beide hatten die biologischen Evolutionsprinzipien zugleich auch Vorbildcharakter für menschliche Gesellschaftsordnungen und moralische Grundregeln.

Dabei ist heute evident, dass Sozialdarwinisten aller politischen Schattierungen drei Grundprinzipien von Darwins wissenschaftlicher Selektionstheorie verletzt haben:

- *Erstens* verschieben die gesellschaftspolitischen Ideologen die Ebene der unmittelbaren Konkurrenz von den Individuen auf „Stämme", „Völker", „Nationen", „Rassen" oder „soziale Klassen". Die natürliche Selektion soll hier unmittelbar „volksdienliches", „rassendienliches" oder „klassendienliches" Verhalten unabhängig vom individuellen Nutzen oder Schaden, den solches Verhalten dem Akteur selbst einbringt, begünstigen. Aus moderner evolutionsbiologischer Sicht ist das unhaltbar; allerdings war Darwin selbst in dieser Hinsicht noch unsicher und schwankend.

- *Zweitens* münzen die Ideologen Darwins teleologiefreies Konzept der natürlichen Selektion erneut in ein teleologisches um: Das Überleben und vor allem die höheren Reproduktionschancen der „Tüchtigeren" sind nicht mehr nur ein zwangsläufiges Produkt der „natürlichen Auslese", sondern deren „angestrebtes Ziel".

- Und *drittens* wird dieses Selektionsziel moralisch interpretiert und gewertet, es wird zur angestrebten und erwünschten Zielvorstellung gesellschaftspolitischen Denkens und Handelns transformiert, nach dem Motto: Wer im Sinne dieser natürlichen Selektionsziele handelt,

handelt zugleich biologisch und moralisch-sittlich richtig und gut –
der klassische naturalistische Fehlschluss (s. Kap. 7), der legitimierende Schluss vom „Sein" zum „Sollen"!

Das Eugenik-Konzept

Die Konsequenz der geschilderten sozialdarwinistischen Gedankengänge waren eugenische Konzepte einer Theorie am „Volkskörper", die eine auf zivilisatorischem Wege verschwundene natürliche Selektion auf künstlichem Wege wieder aufbauen sollte. „Eugenik ist Selbststeuerung der Evolution", so das Motto des dritten internationalen Eugeniker-Kongresses 1932 in New York.

Der Name Eugenik (1883) geht wie die Grundkonzepte dieser Ideologie auf Francis Galton (1822–1911, ein Vetter Darwins) zurück. Er beschäftigte sich vor allem statistisch mit der Vererbung intellektueller Fähigkeiten und Begabungen anhand wissenschaftlicher Auswertungen von familiären Stammbäumen. Sein eugenisches Ziel war die intellektuelle Aufbesserung der menschlichen Rasse (das heißt der Menschheit). Wenn Begabung und Intelligenz mit sozialem Ansehen und mit entsprechender Hochrangigkeit gekoppelt sind und wenn die sozial Hochrangigen nachweislich im Durchschnitt weniger Kinder haben als die sozial Niederrangigen, dann müsse man im Interesse der Bevölkerung dieser biologischen Degeneration durch gesellschaftspolitische Maßnahmen entgegenwirken. Eugenik musste sich auf erbliche Merkmale und Eigenschaften stützen. Darwin selbst und die frühen Sozialdarwinisten wie Spencer und Haeckel glaubten allerdings im Sinne von Lamarck noch an die Möglichkeit, dass im Leben eines Individuums erworbene Eigenschaften in das Erbgut künftiger Generationen eingehen könnten. August Weismann schloss das durch seine 1892 publizierte Keimplasma-Theorie erstmalig aus. Die Kontinuität der sich über Generationen konstant erhaltenden Keimbahn – der Erbstrang – kann durch die von ihr hervorgebrachten Individuen und deren Lebenserfahrung nicht beeinflusst werden: Es gibt keine „Vererbung erworbener Eigenschaften". Die Wiederentdeckung der Mendel'schen Erbregeln um das Jahr 1900 stabilisierte das Konzept von der Konstanz der Gene. Eugenikern wie Francis Galton war daher klar, dass alle auf Individuen gerichteten „Trainingsprogramme zur Ertüchtigung von Körper und Geist" genetisch nutzlos waren. Genetisches Material einer Bevölkerung kann nur durch Selektion verbessert werden, und diese galt es in den industrialisierten Gesellschaften wieder zu etablieren.

Die eugenischen Konzepte des Briten Galton wurden in Deutschland zunächst nicht rezipiert. Die Begründer der deutschen Eugenik waren Alfred Ploetz (1860–1940) und Wilhelm Schallmayer (1857–1919), der erste Preisträger des Krupp-Wettbewerbs in den neunziger Jahren. Sie sprachen allerdings von „Rasse(n)hygiene", was Schallmayer und der frühe Ploetz freilich (noch) nicht auf eine bestimmte Rasse, sondern auf die „menschliche Rasse" (also die Menschheit) allgemein bezogen. In Deutschland waren und wurden Eugeniker ganz überwiegend Mediziner – der im Deutschen Reich hoch angesehene Ärztestand! –, in England dagegen waren es vorwiegend Statistiker, Soziologen und Biologen. Von beiden Seiten kamen jedoch gleiche Therapie-Vorschläge:

- „*Negative Eugenik*": Gegensteuerung einer biogenetischen Degeneration durch gezielte Behinderung der Fortpflanzung von körperlich und geistig Erbkranken, von Alkoholikern und Kriminellen, kurz von den sogenannten Minderwertigen; das vorgeschlagene Instrumentarium variierte von Autor zu Autor, es umfasst die erbbiologische Eheberatung, Ehegesundheitszeugnisse, freiwilligen Reproduktionsverzicht, Heiratsverbot, freiwillige oder zwangsweise Sterilisation oder Asylierung.

- „*Positive Eugenik*": Gezielte Förderung der Fortpflanzung von „Tüchtigen", „Begabten", kurz „Hochwertigen" über ein Spektrum von Maßnahmen, wie Steuererleichterungen, Belohnungen bis hin zur zugelassenen Polygynie und zu abenteuerlichen Utopien von „Zuchtanstalten" (geweihte „Orden" et cetera) als Mittel der genetischen „Aufartung".

Ziel der eugenischen Bewegung war es also nicht nur, die beklagte – allerdings nie schlüssig nachgewiesene – kulturbedingte Degeneration zu stoppen, sondern auch eine selektive Verbesserung der Erbsubstanz einer Bevölkerung zu bewirken. „Die Verstaatlichung der Fortpflanzung, der direkte staatliche Zugriff auf das Geschlechtsleben, auf die zentralen Institutionen von Ehe und Familie, erschien nunmehr als eine wissenschaftlich begründete und praktisch mögliche Konsequenz" (Weingart et al. 1988).

Die eugenische Bewegung vollzog damit einen ganz entscheidenden Paradigmenwechsel gegenüber dem traditionellen humanistischen Weg einer Degenerationsbekämpfung etwa via medizinischer Pflegeverbesserung und sozialer Armenfürsorge. Ein zentrales Credo der Eugeniker wurde, dass unter selektionistischen Gesichtspunkten die medizinisch-hygienische, auf das Individuum gerichtete Fürsorge der Volks- oder Rassenhygiene hinderlich im Wege stehe. Die Parole der Eugeniker heißt: Volksgemeinschaftswohl („Rassenwohl") steht über Individualwohl. Die extreme nationalsozialistische Formel hieß dann: „Du bist nichts, dein Volk ist alles!" Die individuelle Person verkörpert im Superorganismus Nation nur noch ein untergeordnetes Teilelement, es hat ihm zu dienen und ist auszuschalten, wenn es ihm schädlich ist. So sagte Schallmayer (1903): „Uns ist die Ehe eine Einrichtung zur Schaffung und Pflege des Nachwuchses, kurz zur Erhaltung des Volkskörpers." Wenn man wie Schallmayer aus der Weismannschen Keimbahn-Theorie auf die vollständige Unterordnung individueller Interessen – also der Interessen von „Epiphänomenen" – unter die Interessen der Erhaltung des Volkskörpers, der Rasse oder Art und damit der Interessen der Keimbahn schließt, so bedeutet das für die Praxis auch, dass die Interessen der gegenwärtigen Generation hinter die Interessen aller künftigen Generationen zurückgestellt werden müssen: Hitler mahnte an, dass wir in biogenetischer Hinsicht und rassenhygienisch nicht die Gegenwart, sondern die nächsten tausend Jahre im Auge haben müssten.

Damit fuhr der Zug endgültig in die politisch rechte Richtung ab. Die (deutschen) Eugeniker, „Rassenhygieniker", stellten sich gegen die humanistischen Ziele der allgemeinen Menschenrechte, der Gleichberechtigung, der Solidarität und der Demokratie, und besonders natürlich gegen jede sozialistische Bewegung, welche die Wertschätzung des Individualwohls jedem Gemeinschaftswohl voranstellen wollte.

Was war wissenschaftlich falsch am Eugeniker-Konzept?

- Eine genetische Degeneration zivilisierter Völker wurde und konnte nie schlüssig nachgewiesen werden;
- die niedrigeren Reproduktionsraten der ökonomisch besser Gestellten gegenüber den Unterschichten erwiesen sich als ein relativ kurzfristiges Übergangsphänomen;
- schon 1917 hatte der britische Genetiker Punnett errechnet, dass es in den Vereinigten Staaten mit den vorgeschlagenen Mitteln einer negativen Eugenik über 8000 Jahre dauern würde, um den Prozentsatz der „Schwachsinnigen" an der Gesamtbevölkerung von drei auf ein Prozent zu senken: Ein Aufwand also, der sich nicht lohnt.

Der Rassen-Mythos

Wir kommen nun zur zweiten Wurzel, dem Rassen-Mythos. Er hatte zunächst nichts mit biologischer oder medizinischer Wissenschaft zu

187 tun, ging dann jedoch eine unselige Verbindung mit der klassisch-deskriptiven, typologisch-klassifikatorisch arbeitenden „Physischen Anthropologie" ein.

Als zentrale Kultfigur dieses Ursprungs gilt Joseph Arthur Comte de Gobineau (1816–1882). Gobineau hielt die biologischen Rassen für die „geschichtsmächtigen Kräfte": „Weltgeschichte ist Rassengeschichte". Die Kulturen werden von Rassen entwickelt und getragen, deshalb sei Kulturgeschichte untrennbar mit Naturgeschichte verbunden. In seinem grundlegenden „Essai sur l'inégalité des races humaines" von 1853–1856 vertritt er die These, dass die „Arier" – ursprünglich als Sprachgemeinschaft definiert – als die Kernrasse der „Weißen" zugleich die höchste, die allen anderen überlegene Rasse (Eigenschaften: schön, edel, vital, kräftig) darstellen. Gobineau vertrat den klassischen Kulturpessimismus des letzten Jahrhunderts, er glaubte an den unaufhaltsamen Niedergang der europäischen Kultur, der eben durch Rassen- beziehungsweise Blut-Mischung bedingt sei. Eine erfolgreiche Therapie (wie die Eugeniker) sah er nicht: Darwins Selektionstheorie hatte er nicht rezipiert, und die eugenischen Programme waren ihm noch unbekannt. Die letzten noch einigermaßen reinen arischen Rassenkerne ortete er in England und in Norddeutschland, doch glaubte er nicht mehr an einen Stopp der Dekadenz, sie ließe sich bestenfalls noch ein wenig hinauszögern. Der Rassenbegriff Gobineaus war unpräzise, er bezog sich auf typologisch erfassbare körperliche, geistig-seelische und kulturelle Merkmals- beziehungsweise Eigenschafts-Kombinationen.

Gobineaus wirkungsreichste und folgenreichste Rezeption vollzog sich ausgerechnet in Deutschland. Einer seiner Verehrer – der deutsche Übersetzer des Gobineau'schen Werkes –, Ludwig Schemann (1852–1938) gehörte zum „Villa Wahnfried"-Kreis um Richard Wagner in Bayreuth. Er gründete 1894 eine „Gobineau-Vereinigung". Im Unterschied zu seinem großen Vorbild brachte Schemann den in Deutschland ohnehin bereits tief im Mittelalter verwurzelten Antisemitismus mit ins Spiel.

Der bereits im Zusammenhang mit dem Krupp-Wettbewerb erwähnte Woltmann sah innerhalb der Arier die Germanen als die führende Rasse. Er hatte bereits 1902 die Zeitschrift „Politisch-anthropologische Revue" gegründet, in der er neben Otto Ammon und Ludwig Wilser vor allem immer wieder den Franzosen Georges Vacher de Lapouge (1854–1936) zu Worte kommen ließ. Lapouge hatte Medizin, Jura, Sprachwissenschaften und auch Biologie studiert. Er hielt wie Gobineau die Arier für die hochwertigste Rasse, auf sie seien alle Hochkulturen der Weltgeschichte zurückzuführen. Auch er gab sich pessimistisch, was die Weiterentwicklung anbetrifft; er meinte, dass natürliche Selektion nicht die „Wertvollsten", sondern die „Angepassten" fördere, die oft Mischlinge seien. Sein ebenfalls rein typologisches Rassenkonzept besagte, dass man über einen edlen Körperbau auch auf hochwertige geistig-seelische Qualitäten schließen könne und dass die Rasse-Merkmale und -Eigenschaften im Keimplasma erblich fixiert seien. Als Therapie für die Verbesserung der Rasse-Qualität schlug er selektive Züchtungskonzepte vor, sowohl in Richtung auf negative Eugenik (Degenerierte sollten ihren Lastern ungehindert frönen können und sich so biologisch selbst ausschalten) als auch auf positive Eugenik („Hochwertige" sollten Ehe- und Kinder-Prämien erhalten, und für reine Arier-Männer sei Polygynie zu gewähren). Lapouge war ein extremer Antisemit, er hasste die Juden, denen er Unterwanderung, Zersetzung sowie einen parasitären Eindringungszielen dienenden Liberalismus und Sozialismus vorwarf.

Ludwig Woltmann, der Lapouge verehrte, bereitete ihm über seine „Politisch-anthropologische Revue" die rechte Schaubühne für die Verbreitung seiner rassenideologischen Konzepte in die aufnahmebereite deutsche Szene. So beeinflusste er wesentlich Hans F. K. Günther (1891–1968) – den später als „Rassen-Günther" bekannt gewordenen Autor des seit 1922 in zunehmend größeren Auflagen erschienenen Buches „Rassenkunde des deutschen Volkes", der populären Rassenbibel des NS-Staates – und unter vielen anderen auch Alfred Rosenberg (1893–1946) – Chef-Ideologe der Nationalsozialisten und Autor des Buches „Der Mythus des 20. Jahrhunderts". Einen ähnlichen Einfluss nahm auch der Engländer Houston Stuart Chamberlain (Schwiegersohn Richard Wagners), auf dessen rassistisches Konzept und Antisemitismus sich Adolf Hitler schon vor dem Ersten Weltkrieg bezog.

Der nordische Gedanke zog in Deutschland schon früh weite Kreise. Er bewirkte die Bildung vieler „Bünde", so den von Alfred Ploetz schon 1907 gegründeten „Ring Norda" oder seinen später gebildeten „Geheimen Nordischen Ring" (1910), die „Nordische Bewegung" (1925) und ungezählte weitere Vereinigungen rassischer und völkischer Art sowie die aufkommenden Rassenzucht-Utopien, zum Beispiel Willibald Hentschels „Mitgart"-Bund (1911), eine polygyn angelegte Zuchtgemeinschaft zur Aufbesserung der germanischen Rasse, oder die „Ostara-Gesellschaft" des Lanz von Liebenfels für das „Herrentum blonder und blauäugiger Rassemenschen" (1911), bis hin zu den „Hegehöfen" des späteren Reichsbauernführers Walter Darré.

189   Am 31. August 1919 erschien eine „Erklärung" des „Deutschbundes" mit der Forderung nach „planmäßiger rassischer Höherentwicklung des deutschen Volkes durch Auslese und Förderung aller im Sinne guter deutscher Art hervorragend Begabten". Ziel aller solcher Programm-Entwürfe war die Abwehr von Rassen- beziehungsweise Blut-Mischung, die zur biologisch-kulturellen Degeneration führe, die Stärkung des germanisch-nordischen Rassenanteils und vor allem auch die gezielte Bekämpfung der Vermischung mit Nicht-Ariern. Auch hier galt die Rasse als das übergeordnete System, dem sich die individuellen Interessen unterzuordnen hätten. Der (vor und im NS-Staat) einflussreiche Eugeniker und Erbforscher Fritz Lenz wünschte sich die Überwindung „des Individualismus als Weltanschauung".

Das alles hatte mit biologischer Wissenschaft nichts zu tun, der Rassen-Mythos wurde zur Rassenideologie – doch fand diese eine zusätzliche Stütze in der wissenschaftlich-anthropologischen Rassenkunde.

Die *Physische Anthropologie* im deutschsprachigen Raum befasste sich vorwiegend deskriptiv mit morphologisch-anatomischen Merkmalen auf der Basis des systematischen Vergleichs. Ziel war eine systematisch-taxonomische Klassifikation der rezenten Menschheit und ihrer Vorfahren nach Art und Rasse anhand von Skelett- und Weichteilmerkmalen. Die klassischen Methoden der Vergleichenden Morphologie und eine immer pedantischer verfeinerte Anthropometrie (Messtechnik) dienten den Zielen der Rassenkunde und der Paläanthropologie. Die Rassenkunde gewann – unter anderem auch im Trend der bereits besprochenen Ideologien – immer mehr Gewicht, sie war und blieb im wissenschaftlichen Bereich jedoch ein zunächst rein deskriptives Unternehmen, dessen Merkmalspektrum sich mehr und mehr erweiterte, auch über den morphologisch-anatomischen Bereich hinaus, so in den physiologischen (zum Beispiel Blutgruppen) und in den psychologischen Bereich („Rassenseele"). Man dachte nicht an dynamisch sich verändernde Populationen, sondern an starre, langzeitig stabile, klar unterscheidbare und gegeneinander abgegrenzte „reine Rassen", die typologisch zu beschreiben, eindeutig voneinander zu unterscheiden und zu klassifizieren sind. Die Untergliederung des Rassensystems wurde immer differenzierter, die Merkmalsbeschreibungen immer reichhaltiger; schließlich glaubten Anthropologen, einem Individuum oder auch nur einem Schädel seine Rassenzugehörigkeit genau ansehen beziehungsweise seine genealogisch erworbenen „Rassenkomponenten" präzise herausdestillieren zu können. Typologie war das Grundkonzept, und dazu gehörte neben erlernten Messtechniken und Diagnoseverfahren auch so etwas wie eine „angeborene Begabung zur Gestaltwahrnehmung" (Konrad Lorenz) beziehungsweise „ein gewisser Sinn für das Typische" (Fritz Lenz).

Natürlich gab es durchaus unterschiedliche wissenschaftliche Rassen-Definitionen. Eine der populärsten war die vom „Rassen-Guenther": „Eine Rasse stellt sich dar in einer Menschengruppe, die sich durch die ihr eigene Vereinigung körperlicher Merkmale und seelischer Eigenschaften von jeder anderen (in solcher Weise zusammengefassten) Menschengruppe unterscheidet und immer wieder nur ihresgleichen zeugt." Ein statisches Konzept der reinen Rasse ohne jede genetische Dynamik. Es bereitete in vieler Hinsicht Schwierigkeiten, so unterschiedliche Merkmalsgruppen wie Schädelformen, Haut-, Haar- und Augenpigmentierung, Physiognomie, Blutgruppen und geistig-seelische Veranlagungen als eindeutig rassisch relevant auszumachen, diese in Merkmalscluster einzuordnen und somit zu einer empirisch fundierten Rasseneinteilung der Menschheit zu kommen. Doch die – nicht zuletzt ideologisch unterstützte – Fixierung des Faches Anthropologie auf die Rassenkunde führte zu immer groteskeren Zielen und Vorstellungen, die gegenüber der internationalen Wissenschaftsentwicklung im Dritten Reich zunehmend in die Isolation geriet.

Einer der deutschen Chef-Anthropologen, Eugen Fischer (1874–1967), hatte es sich als Verdienst angerechnet, in die beschreibend-vergleichende und klassifizierende Anthropologie über seine berühmte Untersuchung der „Rehobother Bastards" in Deutsch-Südwest-Afrika (1913) die „Erblehre" eingebracht und damit zugleich auf die „Schädlichkeit" der Rassenmischung hingewiesen zu haben. Auch Fritz Lenz (1887–1976) behauptete schon 1911, dass „die Rassenkreuzung offenbar häufig zu disharmonischen Kombinationen" im Körperlichen wie im Geistig-Seelischen führe. Erhaltung der Rassenreinheit wurde das eugenische Ziel.

Rassen waren auch in der anthropologischen Rassenkunde nie wertneutral oder wertfrei: Schon der „Vater der Anthropologie", der Göttinger Naturforscher Johann Friedrich Blumenbach, hatte am Ende des 18. Jahrhunderts die „Kaukasier" („Europide Rasse") aufgrund der Schädelform für die ästhetisch schönste, harmonischste Rasse gehalten. Die Rassen wurden durch die Wechselwirkung mit der geschilderten Entwicklung der Rassen-Mythologie immer wertbezogener. Rasse wurde zu einem Wertprinzip: „Der irrationale Charakter des Rassenkonzepts wird hier ebenso unübersehbar wie seine beliebige Verfügbarkeit in der Grauzone zwischen Wissenschaft und Ideologie" (Weingart et al. 1988).

Was war wissenschaftlich falsch am rassenanthropologischen Konzept?

- Das typologisch-statische Konzept reiner Rassen (anstelle von sich dynamisch verändernden Populationen);
- schädliche Disharmonien bei Rassenmischungen konnten nie eindeutig nachgewiesen werden;
- die Einschätzung der „Rasse", der „Art" oder des „Volkskörpers" als überindividueller „Überorganismus";
- die typologisch fixierte genetische Verkoppelung körperlicher und geistig-seelischer Merkmale;
- die normativ-moralische Rassenbewertung.

Die ideologische Verknüpfung der Rassen-Mythologie mit der wissenschaftlichen Rassenanthropologie ergab sich, weil zwischen wissenschaftlicher Rassenanthropologie und den populären Theorien Gobineaus, Schemanns, Lapouges und Chamberlains, die in Deutschland der ideologische Bezugsrahmen des Nationalismus, des Rassismus und des Antisemitismus wurden, keine ausreichenden Differenzen bestanden, die es vor allem der Wissenschaft erlaubt hätten, sich von den politischen Bewegungen erfolgreich abzugrenzen. Es hat keine scharfen Grenzen gegeben, weil die typologische Rassenkunde per se eine voreingenommene Bewertungstheorie war, die bestenfalls auch manchmal rein deskriptiven Charakter annehmen konnte. Schon 1912 hatte Fritz Lenz Ludwig Schemann brieflich zugestanden, dass „die wirklich unbefangenen Forscher fast mit Notwendigkeit zum Ideal Gobineaus kommen müssen".

Nationalsozialistische Rassenhygiene

Die Verbindung der ideologisch eingefärbten Rassenanthropologie mit der Eugenik war „ein deutsches Spezifikum" (Weingart et al. 1988), aus dem die virulente nationalsozialistische Rassenhygiene hervorging. Sie verknüpfte zwei Zielrichtungen miteinander:

- die der medizinisch-genetisch orientierten Eugenik, der es einerseits um die „Ausmerze" der Erbkranken und genetisch „Minderwertigen" und andererseits um die reproduktive Förderung der Begabten und genetisch „Hochwertigen" ging.

● die der ideologisch besetzten „Rassenanthropologie", der es einerseits um die Verhinderung von Rassenmischung beziehungsweise um die „Ausmerze" von Rassenmischlingen, insbesondere von Blutsvermischungen zwischen Ariern und Nicht-Ariern (hier vor allem: Juden) ging, die als rassisch minderwertig eingestuft wurden, und andererseits um die Förderung der Reproduktion von genetisch reinrassigen Ariern, Germanen, Nordischen, Deutschstämmigen, oder wie immer man die als besonders „hochwertig" eingestufte „Rasse" bezeichnen wollte.

Beide, die Eugenik und die Rassenanthropologie, fußten auf der Konzeption einer überindividuellen Lebenseinheit, dem Volkskörper oder der Rasse, um deren Gesundheit es vor allem zu gehn habe und der sich alle Interessen des individuellen Lebens unterzuordnen hätten. Ideengeschichtlich gesehen war der faschistische Staat eine logische Konsequenz der Verbindung der Eugenik mit der Rassenideologie. In der Berufung auf die Überlegenheit der Nordischen Rasse, auf die Lebensgesetzlichkeit des genetischen Selektionsprinzips, die Reinhaltung der Rasse sowie die Ablehnung der Rassenmischung wussten sich die Nationalsozialisten mit einem Großteil der Anthropologen und der menschlichen Erbkundler einig. Auf beiden Seiten wurde der typologische Rassenbegriff als gemeinsames, letztlich ideologisches Konstrukt vertreten.

Der seit 1932 im „Rasseamt der SS" tätige spätere Prager Ordinarius für Rassenbiologie, Bruno Kurt Schultz, betonte: „Der Begriff Rassenhygiene, der sowohl die rassische Zusammensetzung des betreffenden Volkes wie die Erbgesundheit des einzelnen Volksgenossen in Betracht zieht, muss daher" – gegenüber der Eugenik – „als der wesentlich wichtigere angesehen werden und verdient, vom Volksganzen aus betrachtet, die Pflege an erster Stelle." Der Chef des „Rassenpolitischen Amtes der NSDAP", Walter Gross, setzte eine etwas andere Gewichtung. Er hielt das „rassische Denken" für eine „ganz selbständige Parallelerscheinung" neben der Rassenbiologie, die nicht „ausschließlich durch naturwissenschaftliche Einzeltatsachen Wirklichkeitswert erhält", sondern eine prinzipiell neue Weltsicht darstelle. Es sei die „niemals beweisbare Schau einzelner genialer Männer" (von Gobineau bis Rosenberg) gewesen, welche die „Idee", den „Mythos" der Rasse konzipiert hätte, nicht aber eine „Wissenschaft in dem exakt-begrenzten Sinn, wie etwa die Biologie eine Wissenschaft darstellt und zu sein bemüht ist".

Manche Eugeniker dagegen lehnten den politisch motivierten Rassismus ab und damit die auf Rassereinheit orientierte „Rassenhy-

193   giene". Da jedoch die selektionsbiologischen und genetischen Grundlagen der Erbforschung und der wissenschaftlich orientierten Rassenkundler ähnlich waren, war der Schritt von einer eugenischen zu einer rassenhygienischen Strategie primär eine Frage der politischen Präferenz, und die ging aus vielen, mehr oder weniger nachvollziehbaren Gründen in die Richtung der Nationalsozialisten.

Wie setzte der nationalsozialistische Staat die Rassenhygiene-Konzepte in die Praxis um? Zunächst über Gesetze, also in einer vor der Öffentlichkeit „legitimierten" Weise, später dann – im Krieg – durch Vernichtungsaktionen unter dem Deckmantel strenger Geheimhaltung.

Auf dem Sektor der Erbgesundheitspflege zunächst über das „Gesetz zur Verhütung erbkranken Nachwuchses" vom 26. Juli 1933 (der Gesetzentwurf hatte bereits 1932 vorgelegen) und das „Gesetz zum Schutze der Erbgesundheit des deutschen Volkes" vom 18. Oktober 1935. Es handelte sich in beiden Fällen um eugenische Maßnahmen. Die damit gegebene Möglichkeit der Zwangssterilisierung „Erbkranker" (über Entscheidungen von neu errichteten „Erbgesundheitsgerichten") wurde genutzt: Zwischen 1935 und 1945 wurden insgesamt zirka 360 000 Menschen sterilisiert, die überwiegende Mehrzahl in der Zeit vor dem Krieg; im Krieg ging man dann – mit vorwiegend ökonomischer Begründung – zur radikaleren Methode der „Vernichtung lebensunwerten Lebens" über, die beschönigend unter den Begriff „Euthanasie" gestellt, jedoch – soweit möglich – vor der Öffentlichkeit geheim gehalten wurde. An diesen Unternehmen waren unter den Wissenschaftlern vorwiegend „Psychiater" beteiligt (J. E. Meyer).

Auf dem Sektor der Rassenreinhaltungspflege wurde anlässlich des Nürnberger Parteitages am 15. September 1935 das „Gesetz zum Schutze des deutschen Blutes und der deutschen Ehre" verabschiedet. Fortan waren die Eheschließung und sogar der außereheliche Geschlechtsverkehr zwischen „Juden und Staatsangehörigen deutschen oder artverwandten Blutes" verboten. Lediglich die vor dem Inkrafttreten des Gesetzes am 17. 9. 1935 geschlossenen Ehen blieben (zunächst) davon unberührt. (Definitionsschwierigkeiten hatte man hier zunächst mit den sogenannten Halbjuden.)

Deutsche Biologen beteiligten sich an der verbalen, biologisch natürlich absurden, Artausgrenzung der Juden. Einige beispielhafte Zitate von „angesehenen" Wissenschaftlern:

● Der Anthropologe Eugen Fischer (1939): „Der Jude ist andersartig, und deswegen, wenn er eindringen will," – Hitler sprach von „Rassentuberkulose"! – „abzuwehren. Es ist Notwehr. Ich bezeichne damit nicht das Judentum im Ganzen als minderwertig, wie etwa Neger, und ich unterschätze nicht den größten Feind, den es zu bekämpfen gilt. Aber ich lehne ihn mit allen Mitteln und rückhaltlos ab zum Schutze des Erbgutes meines Volkes" (nach Müller-Hill 1984).

● Eugen Fischer (1942): „Die Moral und Tätigkeit der bolschewistischen Juden zeugt von einer solchen ungeheuerlichen Mentalität, dass man nur noch von Minderwertigkeit und von Wesen einer anderen Spezies sprechen kann" (ebd.).

● Der seinerzeit bekannteste Vertreter der menschlichen Erblehre, Fritz Lenz (1936): „Juden sind Parasiten, die ihr Wirtsvolk im Eigeninteresse nicht zerstören" (vgl. Bauer et al. 1936).

● Der bekannte Zoologe J. von Uexküll schrieb 1933 in der 2. Auflage seines Buches „Staatsbiologie" ein Kapitel mit der Überschrift „Die parasitären Erkrankungen (die inneren Parasiten)", in dem er die „Fremdrassigen" als „Parasiten" bezeichnet.

● Mit Bezug auf „Asoziale" bemerkte dann der Ethologe Konrad Lorenz (1940): „Aus der weitgehenden biologischen Analogie des Verhältnisses zwischen Körper und Krebsgeschwulst einerseits und einem Volke und seinen durch Ausfälle asozial gewordenen Mitgliedern andererseits ergeben sich große Parallelen in den notwendigen Maßnahmen. [...] Jeder Versuch des Wiederaufbaues der aus ihrer Ganzheitsbezogenheit gefallenen Elemente ist daher hoffnungslos. Zum Glück ist ihre Ausmerzung für den Volksarzt leichter und für den überindividuellen Organismus weniger gefährlich als die Operation des Chirurgen für den Einzelkörper" (zit. nach Müller-Hill 1984).

Diese und viele andere biologische Wissenschaftler waren ganz offensichtlich nicht gegen die „Nürnberger (Rasse-)Gesetze" und ihre Konsequenzen. Der Anthropologe Eugen Fischer – so steht in der „Allgemeinen Zeitung" vom 6. Mai 1936 – schloss eine Rede vor der Berliner Theologischen Fakultät „mit dem Dank an den Führer, der es durch die Nürnberger Gesetze den Erbforschern ermöglicht habe, ihre Forschungsergebnisse dem Volksganzen praktisch dienstbar zu machen."

Das war und blieb nicht nur theoretisch-verbale Meinungsäußerung, sondern eine ganze Reihe von Anthropologen beteiligten sich durch Erstellung von Gutachten mehr oder weniger direkt an der praktischen Durchführung von Maßnahmen, so zum Beispiel 1937 die Anthropologen Abel, Fischer, Görner und Schade an der illegalen Zwangssterilisierung der sogenannten Rheinlandbastarde (385 Kinder von deutschen Müttern und farbigen Soldaten aus der französischen Besatzungszeit nach dem 1. Weltkrieg). Das „Material" wurde sogar für wissenschaftliche Publikationen benutzt.

Ähnlich: zwischen 1937 und 1944 erstellten anthropologische Mitarbeiter (Sophie Erhardt, E. Justin, Adolf Würth) des Psychiaters Dr. Dr. Robert Ritter, Leiter der „Rassenhygienischen und bevölkerungsbiologischen Forschungsstelle" am Reichsgesundheitsamt in Berlin, Rassegutachten und Genealogien von Zigeunern; Arbeiten, die zu Zwangssterilisierungen, Asylierungen (Konzentrationslager) und schließlich zur Massenvernichtung führten. Auch dieses „Material" wurde für wissenschaftliche Publikationen verwendet (sogar noch nach dem Krieg; vgl. Kap. 9).

Selbst am Holocaust, an der „Vernichtung Fremdrassiger und Minderwertiger" waren Anthropologen nicht unbeteiligt – das geht von der Mitwisserschaft bis zur Mittäterschaft. Knapp ein Jahr (27./28. März 1941) vor der berüchtigten Wannseekonferenz (20. Januar 1942), auf der die organisatorischen Details der „Endlösung der Judenfrage" besprochen wurden, fand eine Arbeitstagung des „Instituts zur Erforschung der Judenfrage" in Frankfurt am Main statt, auf der „die endgültige Lösung der Judenfrage" aus verschiedenen Perspektiven angesprochen wurde. Der Leiter des „Rassenpolitischen Amtes der NSDAP", Walter Gross, sprach in aller Deutlichkeit von der Notwendigkeit der Zwangssterilisierung der Rassenmischlinge zweiten Grades und von der „endgültigen Lösung", die in der „Entfernung der Juden aus Europa überhaupt" bestehen muss. An dieser Tagung nahmen als „Ehrengäste" Prof. Eugen Fischer und Prof. Hans F. K. Guenther, sowie weiterhin Prof. Otmar v. Verschuer teil. Am 4. Februar 1942 findet dann im Ost-Ministerium Rosenbergs eine Sitzung statt, auf der die „Verschrottung durch Arbeit" der Ostvölker besprochen wird. Anwesend sind unter anderem auch Prof. Eugen Fischer und Prof. B. K. Schultz.

Am 9. März 1943 schließlich bestimmt Himmler in einem Erlass, dass nur „anthropologisch ausgebildete Ärzte" Selektionen und Tötungen in den Vernichtungslagern vornehmen dürfen. Der wohl berüchtigste „Lagerarzt", der Anthropologe und Mediziner Dr. Dr. Josef Mengele – er hatte in München bei dem Anthropologen Prof. Mollison promoviert und war dann über viele Jahre Assistent im Frankfurter Institut von Prof. v. Verschuer – wurde am 30. Mai 1943 (auf Anraten von Otmar v. Verschuer, der in dieser Zeit bereits als Nachfolger von Prof.

Fischer Direktor des Kaiser-Wilhelm-Instituts für Anthropologie in Berlin war) nach Auschwitz versetzt. Seine Opfer im Vernichtungslager waren vor allem Zwerge und Verwachsene sowie Zwillinge (insbesondere Zigeuner), wobei er an zwei Forschungsprojekten der v. Verschuerschen Arbeitsgruppe als „Materiallieferant" beteiligt war: am Projekt „Augenfarbe" und am Projekt „Spezifische Eiweißkörper". Dass Mengele seine Arbeit als Dienst an der Wissenschaft auffasste, geht aus seiner überlieferten Bemerkung hervor, es sei „eine Sünde, ein Verbrechen und vollkommen unverantwortlich gegenüber der Wissenschaft, die Möglichkeit, die Auschwitz bietet, nicht zu nutzen!" Auf die anderen Fälle, zum Beispiel die Lieferung von bestellten Skeletten oder von Gehirnen will ich hier nicht weiter eingehen, sie betrafen Anatomen, Hirnforscher, Pathologen und Psychiater.

Wichtig ist für uns die Frage: Was mag die (Wissenschaftler und) Anthropologen – natürlich nicht alle, das gilt es auch zu betonen – dazu verführt haben, sich im Namen ihrer Wissenschaft auf einen derart schlüpfrigen Teufelspakt einzulassen?

Die erwähnte generelle Nähe ihrer werthaltigen Rassenforschung und Rassenideologie zur nationalsozialistischen Bewegung führte schon zu einer durchgängig hohen Erwartungshaltung der begeisterten Rassenhygieniker an das NS-Regime hinsichtlich der erstmalig möglich gewordenen Durchsetzung praktischer rassenhygienischer Maßnahmen. Zweitens versprachen sich die Anthropologen sicher eine erhebliche Unterstützung und Förderung ihrer Forschungsarbeit und Lehrtätigkeit, einen erweiterten Ausbau ihrer Institute und die Einrichtung vieler neuer Arbeitsstellen sowie einen wichtigen Bedeutungszuwachs ihres – zuvor wie nachher – ja ziemlich kleinen Orchideen-Faches.

Wie sehr Wissenschaft und Politik hier auf der gleichen Schiene fuhren, lässt sich kaum deutlicher zeigen als durch die Zitate eines führenden Anthropologen und eines hoch gestellten NS-Politikers.

- Zunächst der Anthropologe Eugen Fischer („Deutsche Allgemeine Zeitung", 28. März 1943): „Es ist ein besonderes und seltenes Glück für eine an sich theoretische Forschung, wenn sie in eine Zeit fällt, wo die allgemeine Weltanschauung ihr anerkennend entgegenkommt, ja, wo sogar ihre praktischen Ergebnisse sofort als Unterlage staatlicher Maßnahmen willkommen sind. Als vor Jahren der Nationalsozialismus nicht nur den Staat, sondern unsere Weltanschauung umformte, war die menschliche Erblehre gerade reif genug, Unterlagen zu bieten. Nicht als ob etwa jener eine wissenschaftliche Unterbauung nötig gehabt hätte als Beweis für seine Richtigkeit – Welt-

197   anschauungen werden erlebt und erkämpft, nicht mühsam unterbaut
–, aber für wichtige Gesetze und Maßregeln waren die Ergebnisse
der menschlichen Erblehre als Unterlagen im neuen Staat gar nicht
zu entbehren."

- Der Reichshauptamtsleiter des „Rassenpolitischen Amtes", Walter
Gross, in seiner Ansprache vor den 1939 in München versammelten
Wissenschaftlern der „Deutschen Gesellschaft für Rassenforschung":
„Der größte Teil von Ihnen wird ja mit Dankbarkeit erlebt haben,
wie Ihre Wissenschaft aus einer gewissen Verborgenheit plötzlich in
das helle Licht des Tages gerückt wurde, wie nun eine Sache, die vor
Jahrzehnten vielleicht noch als Liebhaberei am Rande der großen
Disziplinen erschien, plötzlich ganz im Mittelpunkt der wissenschaftlichen und öffentlichen Aufmerksamkeit steht. Das ist sicherlich eine große Freude für den Mann, der auf diesem Gebiet gearbei-
tet hat."

Nun, diese Männer, die Anthropologen, sie hatten keine Macht,
aber sie dienten der wissenschaftlichen Stützung der nationalsozialistischen Ideologie. Sie hatten sich an den Teufel verkauft, und ihre zentrale Funktion verschob sich mehr und mehr: Nicht wissenschaftliche,
sondern weltanschaulich-ideologische Parameter wurden ihr Maßstab.
Der Münchener Anthropologe Theodor Mollison erklärte 1939 auf der
Tagung der „Deutschen Gesellschaft für Rassenforschung", die
„Hauptaufgabe der Anthropologie sei es, mitzuarbeiten an der Schaffung unseres Weltbildes, unserer Weltanschauung". Sie opferten ihre
wissenschaftliche Qualität. Gerade die typologische Rassenkunde, allen
voran das eigentlich dilettantische Werk von Hans F. K. Guenther hatte
besondere ideologische Popularisierungserfolge, und offenbar machten
sich die Anthropologen diesen Erfolg zunutze – oft genug wohl wider
besseres Wissen. Durch dieses strategische Verhalten gegenüber den politischen Machthabern und ihrer Ideologie ermöglichten sie das natio-
nale „wissenschaftliche" Überleben und die politische Wirksamkeit einer Rassenlehre, die im Grunde längst überholt war.

Dennoch, spätestens die Erfahrung, dass „Anthropologen auf der
Grundlage so genannter wissenschaftlicher Erkenntnisse das Urteil
über Leben und Tod sprechen konnten, selbst wenn dies nur die fakti-
sche Konsequenz eines Gutachtens war und nicht ihre explizite Absicht
– diese fatale Verbindung von wissenschaftlichem Urteil und politischer
Macht hätte jeden der Vorläufigkeit seines Wissens bewussten Wissenschaftler zumindest erschrecken müssen" (Weingart et al. 1988).

Kapitel 9

Anthropologie:
Versuchungen und Vorwürfe

A nthropologie und Humanethologie stehen unmittelbar im Feld ethischer Spannungen. Allein schon die mangelnde Distanz zwischen Forschungssubjekt und Forschungsobjekt Mensch bringt das mit sich. Persönliche Selbsterfahrung geht in die Arbeit ein, sie beflügelt und gefährdet diese Wissenschaft zugleich. Die Grenzen zwischen wissenschaftlichen Motivationen, Fragestellungen, Näherungsweisen, Konzeptualisierung, Hypothesenbildung, Interpretationsansätzen einerseits und außerwissenschaftlichen Motiven, Voreinstellungen, Werthaltungen, Denktraditionen, Wunschvorstellungen, Ideologien andererseits sind hier nach beiden Seiten durchlässiger als in anderen Forschungsdisziplinen. Das gilt übrigens für die Kulturanthropologie (man denke nur an die herausragende Bedeutung von Bronislaw Malinowski oder Margaret Mead als Galionsfiguren emanzipatorischer Ideologien) ebenso wie für die biologische Anthropologie. Doch nicht diese generelle Anfälligkeit soll Gegenstand unserer Überlegungen sein, es geht hier vielmehr um ganz spezifische Gefährdungen anthropologischer Arbeit. Ich beschränke mich dabei auf meine Teildisziplin, die biologische Anthropologie, wobei ich die Ethologie, sofern sie den Menschen mitbetrifft, in meine Erwägungen einbeziehe.

Der Fall Frau E.

Lassen Sie mich von einer „wahren Begebenheit" ausgehen, welche die verschiedenartigen Facetten der Gefährdung deutlich aufscheinen lässt.

Im Jahre 1981 erstattete der Zentralrat Deutscher Sinti und Roma (unterstützt durch die „Gesellschaft für bedrohte Völker") Anzeige wegen Beihilfe zum Mord gegen eine neunundsiebzigjährige pensionierte Anthropologie-Professorin. Man warf ihr als direkte Folge ihrer beruflichen Arbeit in der „Rassenhygienischen und Kriminalbiologischen Forschungsstelle Dr. Robert Ritter" des Reichsgesundheitsamtes in der Zeit von 1938 bis 1942 Mitschuld an der systematischen KZ-Einweisung ganzer Sippen von Sinti und Roma vor und somit indirekte Beihilfe zur Ermordung unzähliger Menschen, an der „Endlösung des Zigeunerunwesens" durch die Tötungsmaschinerie des NS-Regimes. Darüber hinaus klagte man sie persönlich an, sich nach dem Kriege das entscheidende Beweismaterial rechtswidrig angeeignet und es den Justizbehörden vorsätzlich vorenthalten zu haben, so dass sie Schuld daran trage, dass Verbrechen gegen die Menschlichkeit nicht gerichtlich verfolgt werden konnten und dass unter Hinweis auf fehlendes Beweismaterial finanzielle Wiedergutmachungsleistungen an die hinterbliebenen Sinti und Roma nicht erfolgten. Schließlich forderte der „Zentralrat Deutscher Sinti und Roma" das Land Baden-Württemberg auf, der Hochschullehrerin offiziell den Professoren-Titel abzuerkennen und verlangte von der „Gesellschaft für Anthropologie und Humangenetik" (deren Mitglieder, nebenbei gesagt, durch die Beschuldigungen überrascht wurden), die Angeschuldigte aus ihren Reihen zu verstoßen.

Was lag den schweren Anschuldigungen zugrunde, wie und warum konnte sich eine Anthropologin, eine Hochschullehrerin zudem, offenbar so tief in Schuld verstricken? Versuchen wir, die tatsächlichen Ereignisse und den bezeichnenden Werdegang unserer Anthropologin zu rekonstruieren. Selbstverständlich kann es hier nicht um den Versuch einer juristischen Schuldzuweisung oder gar Urteilsfindung gehen, sondern – unserem Thema entsprechend – nur um den Versuch einer Aufklärung der Entwicklung und der Stationen einer zunehmenden moralischen Verstrickung. Diese Geschichte ist in besonders schlimmer Weise symptomatisch für die Versuchungen und Gefährdungen der Anthropologie, und sie hat gleich eine ganze Reihe von Facetten.

Die Geschichte steht vor dem allgemeinen Hintergrund der latenten Einstellung, dass es Menschengruppen unterschiedlichen (biologischen, sozialen und moralischen) Wertes gibt, wobei die eigene stets die wertvollste ist. Woher kommt diese so weit verbreitete Einstellung? Ist sie irgendwie genetisch programmiert oder ist sie durch lange, immer wieder ähnlich verlaufende Traditionsströme anerzogen und entsprechend vielleicht auch wieder aberziehbar? Hat sie biologische oder rein kulturelle Wurzeln? Ein Entweder-oder ist hier sicher falsch: Es scheint sich um ein interaktives Phänomen zu handeln. Brisant und hochgradig gefährlich wird die wechselseitige Verstärkung von biogener Tendenz und tradigener Einflussnahme, wenn biologische Unterschiedswahr-

201   nehmung in moralische Diskriminierung mündet, wenn Vorurteil sich zum Urteil verdichtet. Unter solchen Bedingungen produziert die zunächst weitgehend irrationale Einstellung auch ein zunehmendes Interesse an rationaler, an wissenschaftlicher, an „objektiver" Untermauerung und motiviert eine zunehmende Zahl von angehenden Wissenschaftlern, sich gerade den Unterschieden menschlicher Gruppen zuzuwenden.

So geht es wohl auch einer jungen Anthropologin, die nach ihrer Promotion über ein ganz unverfängliches Thema und im Gefolge der Machtübernahme der Nationalsozialisten als Assistentin in die „Anstalt für Rassenkunde, Völkerbiologie und ländliche Soziologie" unter der Leitung von Prof. Hans F. K. Guenther (bekannt als „Rassen-Guenther") eintritt. Das, was sie in ihrem Fach allgemein studiert hat, die vielfältigen biologischen Differenzierungen der Menschheit, das wird hier nun fokussiert auf die Rassenlehre, die menschliche Varianten biologisch unterschiedlich bewertet und damit zugleich menschlich-moralische Werturteile verbindet. Denn Natur schafft Unterschiede, Natur selektiert nach differenziellen Eignungen, sie belohnt unterschiedlich, erwirkt biologisch-soziale Gefälle von Kraft, Rang und Ansehen, sie produziert eine Varianten- und Wertskala von primitiv bis progressiv, von niedrig zu hoch im evolutiven Sinne. Und was die Natur macht, welche Mechanismen und Resultate sie im Daseinskampf hervorbringt, ist nicht nur einfach natürlich, naturgemäß, es ist wohl grundrichtig, dem Menschen und seinem biologischen wie politisch-sozialen Leben angemessen, ist zumindest erhaltenswert, ja erstrebenswert, kurz, es kann als Zielvorgabe dienen und ist letztlich moralisch gut. Wer es mit der Zukunft seines Volkes gut meint, handelt nach solchen Maximen und fördert ihre Durchsetzung mit Wort und Tat.

Und jetzt hat eine politische Bewegung staatliche Regierungsmacht erlangt, die genau dieses brisante Gemisch aus irrational rassendiskriminierender Ideologie und wissenschaftlicher Rassenklassifikaton auf ihre Fahnen geschrieben hatte und die ihre rassischen Feindbilder scharf ins Auge fasst: die Juden und die Zigeuner, vor allem. Sie besitzt die Machtmittel, ihren ideologischen Vernichtungskampf schrittweise in den physischen Holocaust zu überführen.

Dieser Machtapparat bietet unserer Anthropologin eine berufliche Position im Staatsdienst, in der sie das praktiziert, was sie in ihrem Fach während des Studiums und der Assistentenzeit gelernt hat. Sie wird 1938 wissenschaftliche Angestellte am Reichsgesundheitsamt in der (später berüchtigten) Rassenhygienischen und Kriminalbiologischen Forschungsstelle, kurz genannt: „Forschungsstelle Dr. Robert Ritter". Diese Forschungsstelle hatte folgende Aufgaben:

● Sie legt ein so genanntes Zigeunersippenarchiv an, in dem versucht wird, alle im Reichsgebiet lebenden Zigeunersippen in ihren genealogischen Verästelungen zu rekonstruieren und karteimäßig zu erfassen.

● Sie baut eine umfangreiche anthropologische Zigeunerkartei auf, das heißt: Alle erreichbaren Zigeuner werden anthropometrisch und morphognostisch untersucht, sie werden nach den anthropologischen Normen photographiert, ihre Dermatoglyphen werden abgedrückt und fachgerecht ausgewertet, kurz, sie werden physisch nach allen damaligen anthropologischen Lehrbuchmethoden rassenbiologisch identifiziert. Das vor allem war die Hauptaufgabe unserer Anthropologin.

● Aus den oben genannten Erhebungen werden dann schließlich die sogenannten gutachtlichen Äußerungen gefertigt, die gewissermaßen individuelle Rassegutachten darstellen (24 000 derartiger Gutachten sollen auf diese Weise erstellt worden sein). Diese individuellen Rassediagnosen gehen direkt an den Auftraggeber der ganzen Unternehmung, die sogenannte „Reichszentrale zur Bekämpfung des Zigeunerunwesens" beim Reichssicherheitshauptamt.

Weiß unsere Anthropologin von diesen Zusammenhängen, kennt oder ahnt sie die dahinterliegenden Absichten, hat sie keinerlei Argwohn, wem und welchem grauenhaften Endzweck ihre anthropologische Routinearbeit dient? Sie behauptet heute: Nein, sie habe nichts gewusst, gar nichts. Ist das glaubhaft oder überhaupt verständlich in dem allgemeinen geistigen Klima dieser Zeit, oder gar im spezifischen Milieu dieser Amtsstelle, bei Kollegengesprächen und im Umgang mit ihrem Chef, Dr. Ritter, der nachweislich wusste, wessen Geschäfte er betrieb? Sie sagt heute, sie sei vollkommen unpolitisch ihrer wissenschaftlichen Arbeit nachgegangen, sie sei überhaupt ein unpolitischer Mensch. Sie hat zwar auch gedacht und – so steht es schwarz auf weiß in ihren Publikationen nachzulesen – geschrieben, dass die Zigeuner eine „primitive Rasse" seien, und das nicht nur in physisch-biologischer sondern auch psychischer, sozialer und moralischer Hinsicht. Aber: Feindseligkeit oder gar Hass habe sie dabei nie empfunden; kurz, Böses habe sie diesen Menschen nie gewollt.

Wusste oder ahnte sie wirklich nicht, dass auch und gerade die von ihr erhobenen Daten und Dokumentationen wenig später dazu dienten, ja, es überhaupt erst ermöglichten, die Zigeuner auf einen

203   Schlag „einzusammeln", sie in Blitzaktionen zu inhaftieren, sie zwangsweise zu sterilisieren, bis sie zu „achtel-blütigen Zigeunern" (siehe Rassegutachten!) in Konzentrationslager einzuweisen und sie dann zu einem hohen Prozentsatz zu ermorden? Unsere Anthropologin antwor-
tet noch heute mit einem klaren „Nein". Sie habe die Forschungsstelle
Dr. Ritter ja vor Beginn der „Zwangsmaßnahmen" im Jahre 1942 verlassen – übrigens nicht aus moralischen Bedenken oder politischen
Gründen, sondern weil es sie wieder an die Hochschule (in diesem Falle
an die Universität Tübingen) zurückzog. Zumindest aber hätte sie doch
wohl spätestens 1942 wissen müssen, dass man die Zigeuner des Bur-
genlandes bereits 1939 systematisch in Vorbeugehaft genommen hatte.
Doch selbst wenn man ihren Beteuerungen Glauben schenkt: Befreit
mangelnde Einsicht in (seinerzeit von anderen, sogar weniger direkt involvierten Personen durchaus durchschaute) Zusammenhänge von einer
Mitverantwortung – vielleicht sogar Mitschuld – an den Folgen der eigenen Arbeit? Wenn ja, unter welchen Bedingungen? Oder, anders gefragt: Ist mangelnde Einsichts*fähigkeit* bereits Schuld, die ein in einem
eindeutig mitschuldigen Amt arbeitender Wissenschaftler auf sich lädt?
Ist das Beihilfe zum Mord? Vorschub – wissentlich oder unwissentlich,
gleichviel – hat sie dem fürchterlichen Geschehen jedenfalls geleistet.
Man wird aber weiter fragen müssen: Wie steht es mit den damaligen
Autoritäten des Faches in Professoren-Positionen, die als Hochschul-
lehrer den Nachwuchs ausbilden, im Hinblick auf die Taten ihrer Schüler und/oder geistigen Kinder? Sind Autoritäten wie zum Beispiel Eugen Fischer, Egon Freiherr von Eickstedt, Freiherr Otmar von Verschuer, oder auch Hans F. K. Guenther von einer gravierenden Mitverantwortung freizusprechen, wie immer sie auch persönlich zu den praktischen Taten gestanden haben mögen? Hätten sie nicht (rechtzeitig!)
warnen, vielleicht sogar eingreifen, in jedem Falle aber ihren Schülern
und Kollegen bessere Einsichten vermitteln müssen? Ich glaube, dass es
dabei für unsere Erörterung nicht von entscheidendem Belang ist, ob
das, was da unter der Bezeichnung Wissenschaft firmierte, gute oder
schlechte Wissenschaft war und ist, es geht vielmehr darum, dass es im
Namen der Wissenschaft geschieht.

     Eine neue Dimension gewinnt unser Drama in seinem zweiten
Teil. Nach Kriegsende – nachdem unsere Anthropologin die anthropologische Zigeunerkartei, auf welchem Wege auch immer, vollständig an
das Anthropologische Institut der Universität Tübingen gebracht hat –
nimmt Frau E. die wissenschaftliche Arbeit an diesem Material wieder
auf, es dient ihr zur Erstellung ihrer Habilitationsschrift im Jahre 1950.

Sie arbeitet offensichtlich ganz unbefangen damit, obwohl sie allerspätestens jetzt natürlich wissen muss, in welchem Kontext, in wessen Auftrag und zu welchem „Endziel" sie diese Daten seinerzeit erhoben hat, oder etwas anders formuliert, in welch grausamer Art man ihre Arbeit missbraucht hat. Ist diese Art der Wiederverwendung moralisch statthaft oder überhaupt ethisch vertretbar? Frau E. jedenfalls scheint keinerlei Skrupel zu empfinden und offenbar auch nicht ihre nächste seinerzeitige Institutsumgebung einschließlich ihres damaligen Chefs – mit Ausnahme eines jüngeren Kollegen, dem es etwas später „die Sprache verschlägt", als er auf ihrem Arbeitstisch Personen-Fotos in KZ-Kleidung erblickt, Bilder, die auf der Rückseite den Aufdruck „Konzentrationslager Ravensbrück" tragen, eine Episode, die erst sehr viel später bekannt wird. Das gesamte Material behandelt und empfindet sie gewissermaßen als ihr Privateigentum, als ein wissenschaftliches Vermächtnis ihrer alten Berliner Forschungsstelle, das ihr zu treuen Händen überlassen worden sei. Ähnlich ergeht es offenbar dem genealogischen Zigeunersippenarchiv, das in die Hände einer anderen ehemaligen Mitarbeiterin der Ritter'schen Forschungsstelle gelangt, dann aber sogar zeitweilig im Bayerischen Landeskriminalamt verwahrt wird, bis diese Behörde es wiederum einem alten Bekannten aus der Zigeunerforschungsszene überlässt. Der dritte Teil des Materials, die besonders brisanten 24 000 „rassenbiologischen" Individualgutachten, gelten pikanterweise als verschollen.

So schwer verständlich die Unbefangenheit unserer Anthropologin auch sein mag, sie erscheint fast glaubhaft im Lichte eines Antrags, den sie im Juli 1966 an die Deutsche Forschungsgemeinschaft (DFG) stellt. In diesem Antragsschreiben heißt es mit Bezug auf das Material, das mit Hilfe von DFG-Mitteln bearbeitet werden soll, wörtlich: „Unter der Leitung von Herrn Dr. R. Ritter bestand in den Jahren 1936–1948 zuerst in Tübingen an der Universitäts-Nerven-Klinik, später am Reichsgesundheitsamt in Berlin eine Forschungsstelle. Durch diese sind im Laufe von fünf bis sechs Jahren (1938–1942) anthropologische Befunde an Zigeunern gesammelt worden. Die Untersuchungen sind hauptsächlich von den Anthropologen Dr. M. (im Kriege gefallen), Dr. W. [hier wird die derzeitige Arbeitsstelle angegeben] und der Unterzeichneten durchgeführt worden und zwar in den jeweiligen Institutsräumen oder am Wohnort der Zigeuner. Es liegt mir daran hervorzuheben, dass bei dieser Arbeit eine politische Tendenz von Anfang an nicht vorlag und auch in späteren Jahren nicht verfolgt wurde. Insbesondere möchte ich betonen, dass die Untersuchungen nicht in Konzentrations-

205   lagern durchgeführt wurden." Weiter heißt es dann: „Im April 1942 kam ich vom Reichsgesundheitsamt Berlin an das Tübinger Anthropologische Institut. Fast sämtliche Unterlagen der Zigeuner wurden vor Kriegsende nach Tübingen gebracht und mir zu treuen Händen und zum Aufbewahren übergeben, nachdem sie vorher in der Heil- und Pflegeanstalt Winnenden von Berlin ausgelagert waren. Fachkollegen, die an der Aufnahme des Materials beteiligt waren, die endgültige Aufarbeitung aber nicht mehr durchführen können, haben mich mit der Aufgabe betraut, für die Bearbeitung des so wertvollen Materials Sorge zu tragen."

So massiv auf die Herkunft und Geschichte dieses Datenmaterials hingewiesen, mag es heute verwundern, dass niemand, insbesondere auch keiner der DFG-Gutachter Anstoß nahm. Der Antrag – übrigens „auf das Wärmste" befürwortet vom damaligen Institutsdirektor – ist in voller Höhe bewilligt worden. Frau E. kann also jedenfalls für sich in Anspruch nehmen, die Herkunft des Materials nicht verheimlicht zu haben. Darüber hinaus weist sie darauf hin, dass sie damals mit einer Reihe von Kollegen Gespräche über ihre Absicht, an dem Material weiterzuarbeiten, geführt habe; Bedenken habe jedoch keiner geäußert.

Sind wir heute in dieser Hinsicht wesentlich sensibler, vielleicht sogar überempfindlich geworden? Ich glaube jedenfalls nicht, dass der Antrag heute so reibungslos die Gutachter und Gremien passiert hätte, wobei ich einmal die Frage des wissenschaftlichen Wertes derartiger Untersuchungen ganz außer Acht lasse. Die Frage lautet: Darf mit einem derart belasteten Material so unbefangen gleich wieder weitergearbeitet werden, vor allem aber, dürfen das ausgerechnet die Personen, die dieses Material unter den jetzt bekannten Umständen selbst erhoben und gesammelt haben? Weiter, ist es überhaupt moralisch vertretbar, ein solches Material als ein ad personam „zu treuen Händen übergebenes Vermächtnis" zu betrachten, wo doch bekannt sein sollte, dass es sich um Eigentum einer Behörde der Reichsregierung handelte, das in das Bundesarchiv zu überführen ist? Schließlich: Wie steht es um die moralische Verantwortlichkeit auch der DFG-Gutachter und tragen sie gar eine gewisse Mitschuld an der Verschleierung eines Straftatbestandes?

1981 erstattet der Zentralrat Deutscher Sinti und Roma Anzeige gegen Frau E. wegen Beihilfe zum Mord, darüber hinaus, weil sie entscheidendes Beweismaterial zur Verfolgung von NS-Verbrechen unterschlagen habe und weil sie dadurch zugleich Mitschuld daran trage, dass – wegen des Fehlens beweiskräftiger Unterlagen – Wiedergutmachungsleistungen unterblieben seien. Man wirft ihr weiterhin sogar vor, die Unterschlagung oder sogar die Vernichtung der entscheidenden rassendiagnostischen Individualgutachten betrieben oder mitbetrieben zu haben, um ihrer eigenen Strafverfolgung zu entgehen. Die Staatsanwaltschaft ermittelt, stellt die Ermittlungen ein, nimmt sie wieder auf und so weiter; das ist die juristische Seite, die uns hier gar nicht beschäftigen soll und kann. Die Sinti und Roma fordern aber darüber hinaus, das Land Baden-Württemberg beziehungsweise die Universität Tübingen solle Frau E. die venia legendi und den Professoren-Titel aberkennen, und sie fordern von der wissenschaftlichen Dachorganisation, der „Gesellschaft für Anthropologie und Humangenetik" (deren geschäftsführender Vorsitzender ich zu dieser Zeit gerade war) den Ausschluss von Frau E. Drei Jahre lang plagt sich deren Ethik-Kommission mit dem Fall dieser mittlerweile zweiundachtzigjährigen Dame und konnte sich doch nicht dazu durchringen, der Mitgliederversammlung die endgültige Verstoßung zu empfehlen: In den Reihen der alten Herrschaften beider Disziplinen ist Frau E. wohl ein vergleichsweise kleiner Fisch, man hätte dann sehr viel früher manchen anderen ausschließen müssen. Trotz einer ganz eindeutigen öffentlichen Erklärung des Abrückens, Missbilligens und Bedauerns sowie der vorerst ruhenden Mitgliedschaft von Frau E. wird doch von verschiedenen Seiten der Vorwurf erhoben, man handle wieder nach dem Prinzip, dass eine Krähe der anderen die Augen nicht aushacke. Sie aber, die Hauptperson dieser Geschichte, fühlt sich offenbar nach wie vor absolut unschuldig, zu Unrecht geschmäht, ja, zutiefst beleidigt; sie fordert Genugtuung und Entschuldigung! Wie steht es hier auf allen Seiten mit der Ethik der Wissenschaftler? Fragen über Fragen, ich konnte sie hier nur aufwerfen. Antworten werden kollektiv nicht zu geben sein.

Anthropologie und moralische Gefährdung

Man mag diese Geschichte als eine wenig aktuelle Reminiszenz aus dunklen Tagen ansehen, doch offenbart jeder sensibilisierte Blick in gegenwärtige Verhältnisse, dass es sich in diesem speziellen Fall um eine in ihrer besonderen Ausformung historisch bedingte Variante einer tiefer liegenden generellen moralischen Gefährdung anthropologischer Arbeit handelt, die in jeweils recht unterschiedlichen Gewändern in Erscheinung tritt. Ich habe den Fall E. hier deshalb ausgewählt, weil er exemplarisch zugleich mehrere Aspekte dieser Gefährdung sowohl im Hinblick auf die Praxis als auch im Hinblick auf theoretische Konzepte

207 der Anthropologie aufweist. Einzelne dieser Aspekte möchte ich jetzt gesondert etwas genauer betrachten und beginne bei der Praxis.

Im Falle der Forschungsstelle Dr. Ritter bestand die ethisch problematische Tätigkeit der anwendungsbezogenen Praxis vor allem in der Erstellung der sogenannten rassendiagnostischen Gutachten. Diese Gutachten sollten wissenschaftlich sein, dienten aber eindeutig und unbestritten außer-wissenschaftlichen Zwecken. Das Erstellen von wissenschaftlichen Gutachten für nicht-wissenschaftliche Zwecke nimmt in der anthropologischen Praxis allgemein einen breiten Raum ein. Sehr oft handelt es sich dabei um zumindest auf den ersten Blick ganz unverfängliche Identifikations- oder Zuordnungsgutachten.

Die in ethischer Hinsicht kritischen Punkte solcher Gutachtenpraxis lassen sich auf zwei Fragen konzentrieren:

- Welches sind die – dem Wissenschaftler selbst ja in der Regel entzogenen – Folgen der Gutachtenergebnisse für die begutachteten Personen? Das heißt: Sind die außer-wissenschaftlichen Zielsetzungen der wissenschaftlichen Begutachtung moralisch vertretbar?
- Wie steht es im Hinblick auf die Konsequenzen für die Begutachteten mit der wissenschaftlichen Vertrauenswürdigkeit und Exaktheit der Begutachtungsmethoden? Selbstverständlich ist der Wissenschaftler für die Verlässlichkeit, Sauberkeit und Angemessenheit der Methodik (jeweils gemessen am modernen Stand der Forschung, versteht sich) verantwortlich, aber er hat auch abzuwägen, ob er die auf der Basis dieser Methoden im außerwissenschaftlichen Vollzug gezogenen Konsequenzen (etwa einen Schuldspruch) und deren weitere Folgen (etwa Strafmaßnahmen) für die begutachteten Personen mit Bezug auf die Sicherheit seiner gutachterlichen Äußerungen moralisch mittragen kann oder nicht.

Im Falle der rassenbiologischen Gutachten ging es vor allem um die Ermittlung des genetischen Zigeunerblut-Anteils von Personen mit den durch das Gutachterergebnis programmierten unmenschlichen persönlichen Konsequenzen von Inhaftierung, Zwangsarbeitseinsatz, Sterilisation oder gar Tötung. Im Hinblick auf die beiden eben genannten Kriterien ist diese wissenschaftliche Gutachtenpraxis unzweifelhaft als unhaltbar und unmoralisch zu klassifizieren: Sie ist und war methodisch untauglich und ihre außerwissenschaftliche Zielsetzung war von Anfang an zutiefst amoralisch. Für unser Urteil ist die berechtigte Frage unerheblich, ob es sich bei dieser Begutachtung überhaupt je um eine das Prädikat wissenschaftlich verdienende Tätigkeit gehandelt habe, entscheidend ist, dass die Gutachter im Namen der Wissenschaft han-

delten und dass ihre Tätigkeit von der Öffentlichkeit als wissenschaftlich rezipiert wurde: Ihre Arbeit firmierte unter dem Gütesiegel naturwissenschaftlicher Glaubwürdigkeit und Verlässlichkeit.

Ich möchte das hier angesprochene Problem in seinen feineren
Abstufungen an zwei aktuelleren Beispielen noch etwas beleuchten.

Zum einen geht es um die Identifizierung vermummter beziehungsweise maskierter Personen. Entsprechende anthropologische
Gutachten beziehen sich zunächst auf unstreitige Kriminaldelikte, so
vor allem auf die mutmaßlichen Täter bei Raubüberfällen auf Geldinsti-
tute („Der Spiegel" berichtete im Februar 1984 kritisch über einen Prozess, bei dem ein derartiges Identifizierungsgutachten anhand von Vi-
deoaufzeichnungen als Beweismittel eingesetzt wurde). Es wird niemand etwas dagegen haben, dass eine eindeutig kriminelle Tat aufge-
klärt und der Täter überführt wird, doch sollten derartige Gutachten
nur dann erstellt werden, wenn das methodische Rüstzeug wissenschaftlichen Ansprüchen gerecht wird. Darüber hinaus wäre wohl auch
zu bedenken, dass die hier entwickelten Identifikationstechniken ohne
weiteres auch in andere Kontexte, zum Beispiel in den Bereich politischer Demonstrationen, übertragen werden können.

Ich persönlich halte – wie übrigens viele meiner Fachkollegen
auch – diese Gutachten schon aus dem Grunde für nicht vertretbar, weil
das methodische Repertoire vollkommen unzureichend ist. Wie ein
Kollege treffend formulierte, „ergibt sich dabei die kuriose Situation,
dass etwas ungenau Erfasstes verglichen wird mit etwas, was wir nicht
hinreichend genau kennen". Hier wird eventuell eine Person mittels eines nicht vertrauenswürdigen Verfahrens wissenschaftlich als Täter
identifiziert und sodann auf dieser Basis schuldig gesprochen und verurteilt. Unabhängig von der wissenschaftlichen Vertretbarkeit des Be-
gutachtungsverfahrens jedoch meine ich, dass sich ein Wissenschaftler
auch fragen müsste, ob er die außerwissenschaftlichen Ziele der Institutionen, die das Gutachten in Auftrag geben, für moralisch vertretbar
hält. Man denke etwa an die Strafverfolgung politischer Demonstran-
ten. In diesem Punkt muss es einen persönlichen Entscheidungsspiel-
raum geben, der allerdings dann auch persönliche Verantwortlichkeit
mit sich bringt. In puncto wissenschaftlicher Vertrauenswürdigkeit der
Begutachtungsverfahren jedoch kann und darf die Entscheidung nicht
dem individuellen Urteil überlassen bleiben.

Ohne Frage besser ist die Sachlage bei den erbbiologischen Vater-
schaftsgutachten, die Anthropologen auf der Basis sorgfältiger poly-
symptomatischer Ähnlichkeitsvergleiche erstellen. Zum einen wird

209 wohl niemand bestreiten wollen, dass ein Kind ein Anrecht darauf hat, seinen biologischen Vater zu kennen, zum anderen sind hier die Begutachtungsverfahren methodisch hinreichend verlässlich ausgebaut, unter den Fachwissenschaftlern weitgehend konsensfähig und die Einzelbefunde vielseitig absicherbar. Zudem lassen sich die für die gerichtliche Entscheidung relevanten Begutachtungsergebnisse in einer offiziellen Terminologie so differenziert einbringen, dass die Wahrscheinlichkeit von Fehlurteilen als sehr gering zu veranschlagen ist. Dennoch sind bei dem schicksalhaften menschlichen Gewicht der Folgen der Begutachtung viele Anthropologen (so auch ich) sehr froh darüber, dass über die wesentlich eindeutigere Methodik serologischer Analysen die polysymptomatische anthropologische Begutachtung in rasch zunehmenden Ausmaßen überflüssig wird. Ein gewisses moralisches Unbehagen am wissenschaftlich vermittelten Schicksal-Spielen ist ohnehin immer geblieben.

Ein anderer kritischer Punkt in unserer exemplarischen Geschichte betraf die (anscheinend unbefangene) Wiederaufnahme der wissenschaftlichen Arbeit der Anthropologin an dem Zigeunermaterial nach dem Kriege, nachdem Frau E. spätestens wissen musste, welch ungeheuerlichen Zwecken ihre eigenen Datenerhebungen und Dokumentationen gedient hatten und welch unsagbaren menschlichen Leiden sie mit ihrer Arbeit Vorschub und Hilfestellung geleistet hatte. Es kann wohl keinem Zweifel unterliegen, dass dies moralisch nicht vertretbar ist. So eindeutig also die Beurteilung dieses Extremfalles sein mag, für Anthropologen müsste es wichtig sein, die Grenzen des Vertretbaren genau auszuloten.

Darf heute überhaupt ein Wissenschaftler (wenn ja, auch ein deutscher?) an einem Material arbeiten, von dem bekannt ist, dass die Menschen, um deren Organe oder Körperteile es sich handelt, zum Zwecke der Anlegung dieser Sammlung und deren späterer wissenschaftlicher Bearbeitung im Konzentrationslager noch lebend ausgewählt und dann aus eben diesem Grund getötet wurden? Alles in mir sträubt sich, und ich persönlich zögere keinen Augenblick, das für absolut unmoralisch zu halten.

Wie steht es aber mit den menschlichen Schädeln einer bedeutenden Völkerkunde-Sammlung unter dem Aspekt, dass sich im Archiv dieser Institution ein etwa neunzig Jahre alter Schriftwechsel zu eben diesem afrikanischen Material findet, in dem der Sammler von einem Obristen der Kolonialtruppen die Lieferung von mehreren (speziellen) Eingeborenen-Köpfen erbittet und damit expressis verbis auf die Möglichkeit von eigens zu diesem Zwecke auszuführenden Exekutionen hinweist? Und weiter heruntergestuft: Wie steht es zum Beispiel mit historisch älteren Skelettmaterialien aus Massengräbern, für die dokumentiert ist, dass es sich um die Reste von Progrom-Opfern handelt?

Kürzlich hat ein australisches Gericht sogar entschieden, dass alle über Sammlungen in der ganzen Welt verstreuten Skelettreste von Aborigines – und seien sie selbst 30 000 Jahre alt! – in ihre Heimat zurückzugeben seien, um dort von ihren Nachfahren erneut bestattet werden zu können. Wie sollen und können sich Anthropologen zu solchen Fragen im Konflikt von Wissenschaftsinteressen und ethisch und/oder religiös motivierten Forderungen einstellen?

Ich glaube, die Zeitkomponente wird hier eine entscheidende Rolle spielen müssen, und natürlich auch und vor allem die Frage, ob noch etwas wie eine mittelbare oder potenzielle Mitverantwortung an dem seinerzeit tödlichen Geschehen empfunden wird oder glaubhaft rekonstruiert werden kann. Wie dem auch sei, die Bergung wichtiger historischer Materialien und damit auch menschlicher Überreste sowie deren wissenschaftliche Bearbeitung halte ich nicht nur für legitim, sondern für wissenschaftliche Pflicht.

Wenden wir uns nun theoretischen Aspekten zu. Den gefährlichen Hintergrund unserer Geschichte bildete ja die aus dem letzten Jahrhundert überkommene Rassen-Mythologie, die auf unterschiedlichen Wegen in die wissenschaftliche Betrachtung des Menschen Einlass gefunden hatte und besonders von der Physischen Anthropologie, geradezu begierig aufgesogen, zu einer – wir würden heute sagen, weitgehend pseudowissenschaftlichen – Rassenlehre ausgebaut wurde, die dann wiederum zum willfährigen Diener des rassistischen NS-Regimes verkam. Gleich, ob gute oder schlechte Theorie, hier konnte sich einmal mehr politisch virulente Ideologie auf Wissenschaft und Wissenschaftler berufen und stützen. Biologie geriet zum Biologismus, und dieser Vorgang war nicht einmalig, sondern hat sich mehrfach in unterschiedlichen Gewändern wiederholt und stellt ohne Zweifel eine die biologische Forschung am Menschen ständig begleitende Gefahr dar.

Wissenschaftsgläubigkeit in einer sonst eher desorientierten Welt hat immer wieder zu der Vorstellung verführt, man könne die „richtigen" Prinzipien und sittlichen Normen menschlichen Zusammenlebens durch naturwissenschaftliche Analysen ermitteln. Damit geraten vor allem Biologen, und hier wiederum besonders Anthropologen und Ethologen in die unmittelbare Gefährdung, Ideologien Vorschub zu leisten, die gewissermaßen nahtlos Erkenntnisse aus dem Bereich des Fakti-

211   schen in den Bereich des Normativen überführen, aus Naturbeobachtung direkt sittliche Maximen ableiten wollen; Ideologien, die in aller Regel schnell ins moralische „Abseits" führen und insgesamt der Menschheit weit mehr geschadet als je genützt haben und wahrscheinlich auch je nützen werden. Die Versuchung aber tritt offensichtlich unvermindert ständig neu auf, wie Beispiele aus unterschiedlichen historischen Zeitabschnitten belegen. Es ist dabei nicht zu übersehen, dass sehr oft die Wissenschaftler selbst ins Ideologische abgeglitten sind, dass gerade ihre außerwissenschaftlichen Einstellungen die weitere wissenschaftliche Arbeit entscheidend geprägt haben und noch prägen. Sie können sich daher nicht einfach darauf zurückziehen, ihre Forschungsergebnisse seien von anderen missbraucht worden. Humanbiologen und vor allem Humanethologen sind dafür besonders anfällig. Gerade daraus aber erwächst den Wissenschaftlern dieser Disziplinen ein besonderes Maß an Verantwortlichkeit, und es gilt, ihr Verantwortungsbewusstsein ständig neu zu schärfen.

Ein hervorragendes Beispiel für diese Zusammenhänge ist das Abgleiten der Selektionstheorie Darwins in den sogenannten Sozialdarwinismus (s. Kap. 8). Hier bestand von Anbeginn die Versuchung, das Prinzip der natürlichen Selektion auf die sozialen und politischen Verhältnisse der Menschen, auf menschliche Gruppen und menschliche Gesellschaftsformen zu übertragen. Darwin selbst hat dieser Entwicklung in seinem Werk „The Descent of Man and Selection in Relation to Sex" (1871) ohne Frage Vorschub geleistet, sah aber offenbar zugleich auch die ethische Gefahr einer einfachen Übertragung oder Anwendung auf das menschliche Zusammenleben.

Darwin betont beispielsweise, dass die Zivilisation natürliche Selektion bei uns weitgehend ausschalte. Zivilisierte Völker würden mittels ihrer medizinischen Techniken Kranke und Untüchtige am Leben halten, leisteten Armenhilfe und verhülfen den Schwachen, körperlich und geistig-moralisch weniger bemittelten Gliedern ihrer Gesellschaft zur eigenen und unbehinderten Fortpflanzung. Hier könnten Eugeniker direkt ansetzen!

Auf der anderen Seite aber betont Darwin den besonderen evolutiven Erfolg von gegenseitiger Hilfeleistung und Kooperation. Alle sozialen Tiere hätten einen eingeborenen Geselligkeitsdrang, sie entwickelten Sympathie-Instinkte, das habe die evolutive Grundlage für das spezifisch menschliche Gefühl für „Gut" und „Böse" geliefert und stelle die natürliche Basis der sittlichen Werte und unserer Moral dar, welche das höchste Gut des Menschen sei und uns wesentlich aus dem

Tierreich heraushebe. Eben an diese „natürliche" Evolution weiter
wachsender Sympathie-Gefühle knüpfte Darwin seinen Optimismus im
Hinblick auf die Zukunft des Menschen. Gerade deshalb aber müsse
der Mensch mit seinesgleichen anders verfahren als mit seinen unter
Vermeidung von Degeneration gezüchteten Haustieren, sonst nämlich
würde er gegen seinen tiefeingewurzelten Instinkt der Sympathie verstoßen. Mit dieser ethischen Verpflichtung, gewissermaßen gegenüber
unserer evolutiv entstandenen Natur, steht und fällt das, was wir unsere
Menschlichkeit nennen, und damit die moralische Qualität, die uns aus
dem ganzen übrigen Organismenreich heraushebt. Hier ist bereits eine
Antwort auf den späteren Sozialdarwinismus mit seinen eugenischen
Plänen vorweggenommen.

Freilich sah Darwin wie die späteren Sozialdarwinisten ein entscheidendes Element der menschlichen Höherentwicklung im „struggle
for life" zwischen menschlichen Rassen und Stämmen, und es finden
sich in „Die Abstammung des Menschen" in der Tat geradezu erschre-
ckend rassistische Passagen. Kein Wunder daher, dass sich zunächst die
unterschiedlichsten Parteien der darwinschen Lehren zu bemächtigen
trachteten.

Im ideologisch-politischen Feld sogen die einen aus Darwins
Werk optimistische Zukunftshoffnung, nachdem die Wissenschaft die
natürlichen Quellen des sittlichen Gefühls aufgedeckt habe, das in der
künftigen Menschheitsgeschichte immer klarer zum Durchbruch kommen werde. Am Ende werde eine von Unterdrückung befreite, emanzipierte sozialistisch-anarchische Gesellschaft stehen (so zum Beispiel Peter Kropotkin), das „soziale Gewissen" werde „kranken, schwächlichen
Nachwuchs" vermeiden, der (utopische) Zukunftsmensch werde eine
freiwillige Eugenik betreiben (so zum Beispiel Karl Kautsky). Man
sieht, zunächst setzten auch politisch Linke, bis hin zu den auf einen
von seinen hierarchischen Fesseln befreiten, neuen Zukunftsmenschen
hoffenden Utopisten, auf die emanzipatorische Funktion Darwins. Es
ist ja auch allgemein bekannt, wie sehr sich Marx und Engels um den
zurückweichenden Darwin und seine Lehre bemühten, als wissen-
schafts-ideologische Waffe gegen die verfestigten gesellschaftlichen
Strukturen und klerikalen Ansprüche. Man sprach sogar von der Entwicklung eines Darwinomarxismus. Schließlich witterte Marx jedoch
immer deutlicher, dass der ideologische Zug eher nach rechts abfahren
würde. Und aufs Ganze gesehen siegten letztlich doch eher der Konser-
vativismus, die Restauration und deterministische Ideologien im Kampf
um die politische Ausschlachtung Darwins. Seit dieser Zeit ist dann –

213 mit Ausnahme des sowjetischen Lyssenkoismus etwa – eigentlich jede Biologisierung von Politik und Gesellschaftslehren ideologisch rechtslastig ausgefallen, sie wurde immer wieder benutzt, bestehende soziale Hierarchien als naturbedingt, gar als naturgewollt deterministisch festzuschreiben. Seither wird die Biologie generell von der Linken eher als rechts und konservativ verdächtigt, ja, die Linke entwickelte geradezu eine reizbare Biologiefeindlichkeit.

Es war vor allem Herbert Spencer, der Darwins Selektionsprinzip in die wirtschafts- und gesellschaftspolitische Landschaft überführt hatte: Biologische Qualität korreliere positiv mit wirtschaftlichem und sozialem Erfolg, das sei eine notwendige Konsequenz von natürlicher Auslese. Da aber (leider) wegen der bestehenden humanitären gesellschaftlichen Normen und Institutionen sich die biologisch und sozial Untüchtigen stärker vermehrten als die Tüchtigen, also eine Kontraselektion gegen biologische Fitness am Werk sei, müsse man dieser fatalen Entwicklung massiv gegensteuern und die natürliche Selektion künstlich wieder einsetzen. Es bedarf keiner weiteren Erläuterungen: Von hier läuft der Weg (über zahlreiche Stationen) direkt zur sozialpolitisch konzipierten Eugenik, zur sogenannten Erbhygiene und, nach frühzeitig erfolgter Übertragung des Konzeptes auf den interrassischen Konkurrenzkampf, zur Rassenhygiene und schließlich bis in den Holocaust der Nazis. Und überall haben sich auch Wissenschaftler, bewusst oder unbewusst, offenen Auges oder blind einspannen lassen, womit wir unvermittelt wieder bei unserem Fall E. wären. Selbst wenn sie nicht in der einen oder anderen Form beteiligt waren, haben Wissenschaftler ganz offensichtlich nicht wirkungsvoll genug gegengesteuert, gewarnt und protestiert, die Fehler nicht aufgezeigt, die Folgen vielleicht gar nicht vorausgesehen.

Dabei ist evident, dass Sozialdarwinismus die Grundprinzipien aus Darwins wissenschaftlicher Theorie verletzt und somit mit der Selektionstheorie unvereinbar ist (s. Kap. 8):

- Die Selektion soll volksdienliches, rassendienliches oder klassendienliches Verhalten (unabhängig vom individuellen oder Gen-egoistischen Nutzen oder Schaden für den individuellen Akteur) begünstigen. Aus moderner evolutionsbiologischer Sicht ist das unhaltbar.
- Die Ideologen münzen Darwins teleologiefreies Konzept in ein teleologisches um. Das Überleben der Tüchtigeren ist nicht mehr nur ein zwangsläufiges Produkt der natürlichen Auslese, sondern deren angestrebtes Ziel. Dieses Selektionsziel wird moralisch interpretiert und zur erwünschten Zielvorstellung politisch-gesellschaftlichen Denkens und Handelns transformiert, nach dem Motto: Wer im

Sinne dieser natürlichen Selektionsziele handelt, handelt zugleich   *214*
biologisch und moralisch-sittlich richtig und gut.

Es gehört zu den ethischen Verpflichtungen von Naturwissen-
schaftlern, derartige Pervertierungen wissenschaftlicher Theorien und
Konzepte öffentlich zu entlarven und ihnen damit den usurpierten wissenschaftlichen Boden zu entziehen.

Ganz unabhängig von Darwins Evolutionstheorie und den Ras-
senlehren war und ist die Physische Anthropologie bis in die jüngste
Gegenwart hinein ein Tummelplatz für biologistisch-deterministische
Ideen, in denen Wissenschaftler ihre Wertvorstellungen objektiv zu
untermauern trachten. Im gesellschaftspolitischen Sinne resultiert daraus stets das, was Gould (1981) mit Recht eine „als Objektivität ver-
kleidete Parteilichkeit" genannt hat. Das gilt im vorigen Jahrhundert
für die sogenannte Phrenologie des Franz Joseph Gall, für wesentliche
Teile der anthropologischen Schädellehren (eines Paul Broca beispielsweise) und für die sogenannte Kriminalanthropologie des Cesare
Lombroso ebenso, wie in jüngster Vergangenheit für weite Bereiche
dessen, was in der deutschen Physischen Anthropologie der fünfziger
und sechziger Jahre (in Ausläufern sogar bis heute) unter der Bezeichnung Sozialanthropologie firmierte. Alle diese Lehren hatten und haben, bezogen auf den wissenschaftlichen Jeweilszustand, einen empirisch zumindest nachvollziehbaren Kern, geraten jedoch mehr oder
weniger schnell zu *werthaltigen* Typen-, Gruppen- oder Sozialklassen-
Differenzierungen, die entweder schon in ihren Grundannahmen moralische Diskriminierungen enthalten oder mehr oder weniger direkt
zu solchen führen, wobei allemal genetisch determinierte biologisch-
physische Stigmatisierungen bestimmter Typen, Gruppen oder Klassen
mit intellektueller, sozialer und/oder moralischer Minderwertigkeit gewissermaßen als unentrinnbares Schicksal gekoppelt dargestellt werden. In der Regel implizieren diese Lehren biologische Festschreibun-
gen von bestehenden sozialen Unterschieden und Ordnungen, die sie
geradezu als naturgegeben oder jedenfalls als den natürlichen Verhältnissen entsprechend ausgeben. Da die wissenschaftlichen Vertreter solcher Konzepte in aller Regel zu den sozio-ökonomisch besser gestellten Kreisen gehörten und gehören, ist es nicht verwunderlich, dass die
ideologische Gegenrichtung linker Couleur mit einem gewissen Recht
behaupten kann, dass „die Herrschenden die Natur zum Komplizen
des Verbrechens der politischen Ungleichheit machen" (Condorcet).

Anthropologen, die solche Gemälde entwerfen, tragen selbstverständlich persönliche Mitverantwortung für die sozialpolitischen Fol-

215 gen ihrer Thesen. In jedem Falle muss auch hier betont werden, dass Moral überhaupt keine Dimension der Natur und der biologischen Evolutionsmechanismen ist und daher auch nicht aus Resultaten biologischer Wissenschaften abgeleitet werden kann, so groß die Versuchung auch immer wieder sein mag. Gesellschaftspolitik aber muss – oder sollte doch – moralisch begründet sein.

Humanethologie und Soziobiologie: Versuchungen und Vorwürfe

Nicht allein die Anthropologie ist ständig solchen Versuchungen erlegen, das gilt ebenso für die klassische (vergleichende) Ethologie und ihre junge Tochter, die Humanethologie. Die klassische Ethologie ist hier insofern von besonderem Interesse, als sie bei vielen Tierarten die erbliche Determinierung selbst komplizierter Verhaltenssequenzen (beispielsweise mittels der klassischen Kaspar-Hauser-Aufzuchtexperimente) nachwies und das normale Verhaltensrepertoire einer Tierspezies in seinen spezifischen Verhaltensmustern als stammesgeschichtliche Anpassung und damit als direkt durch die natürliche Selektion geformt interpretierte. Bei unkritischer Übertragung auf den Menschen nährt das nach den Worten von Gunther Stent (1984) die Vorstellung, „dass das Verhalten des Menschen und insbesondere sein *moralisches Verhalten*, auf selektiv vorgehenden Evolutionsmechanismen beruht. Daher würde nicht nur die bloße Existenz eines Sittenkodex, sondern auch das, was er vorschreibt, seine Legitimität daraus gewinnen, in welchem Umfang er die Gattung Mensch für den Überlebenskampf in der Evolution geeigneter macht, ihn sich dessen Forderungen besser anpassen lässt."

Man wird nicht leugnen können: Eine Reihe bedeutender Ethologen hat den Mythos mitgenährt, dass das, was die Natur via Selektion hervorgebracht habe, was also im besten Sinne natürlich sei, dadurch zugleich auch schon einen moralischen Bonus haben müsse. Man könnte demzufolge eventuell sogar eine respektable Ethik auf natürliche Verhaltenstendenzen gründen, oder anders herum, die Ethologie könnte ein rationales Grundgerüst sittlichen Verhaltens liefern. Dies muss im Zusammenhang mit dem von der klassischen Ethologie internalisierten – evolutionsbiologisch freilich unbegründeten – Glauben gesehen werden, dass natürliche Selektion arterhaltendes und artdienliches Verhalten allein schon deshalb favorisiere, weil es der *Art* (oder auch der Rasse oder Gruppe) nütze, und zwar auch dann, wenn es dem handelnden Individuum selbst eher schade (s. Kap. 7). Die Art (Rasse oder Gesellschaft) habe daher einen natürlich begründeten Vorrang vor dem Individuum. Von daher führt der Weg direkt zum ideologischen Motto: „Du bist nichts, dein Volk ist alles!" Erst die moderne Soziobiologie (siehe unten) hat wieder überzeugend nachgewiesen, dass eine unmittelbare Selektion altruistischen Verhaltens lediglich aus dem Grunde, weil es der eigenen Art (Population, Gesellschaft, Rasse, Klasse und so fort) nütze, mit dem Mechanismus der Darwin'schen natürlichen Selektion unvereinbar ist, weil dieser unter den gegebenen Umständen nur Individuen- beziehungsweise Gen-zentriert arbeiten kann.

Diese evolutionsbiologische Denkunschärfe vieler Ethologen aber hat genau die ideologische Virulenz klassischer Verhaltensforschung ausgemacht. Denn wenn die Evolution altruistisches, ja selbstaufopferndes Verhalten via Selektion um seiner selbst willen im Dienst an der Art entstehen lässt und fördert, dann erzeugt und stützt sie „moralisches" Verhalten; und wenn dies der Art, Rasse, Nation, der Gesellschaft, dem Stamm oder der sozialen Klasse Vorteile verschafft, so wird sittliches Verhalten gewissermaßen natürlicherweise und geradezu automatisch befestigt und ausgebaut. Wenn das so ist, dann gilt umgekehrt, dass erst das artifizielle, kulturbedingte Ausscheren des Zivilisationsmenschen aus den natürlichen Verhältnissen diese gesunden Mechanismen außer Kraft setzt und damit die „natürliche Moral" zusammenbrechen lässt. Wenn unter natürlichen Bedingungen der Selektion artdienliches Verhalten grundsätzlich adaptiv ist, dann muss selbstverständlich jede Form von artschädigendem (beziehungsweise rassen-, gruppen- oder volksschädigendem) Verhalten als maladaptiv und somit deviant oder gar pathologisch interpretiert werden. Es bereitet vielen Anhängern der klassischen Ethologie noch heute tiefes Unbehagen und allergrößte Schwierigkeiten einzusehen, dass selbst extrem artschädigendes Verhalten (wie etwa das systematische Töten von Artgenossen, speziell der weit verbreitete Infantizid) hochgradig adaptiv (und damit ganz normal und natürlich) sein kann und gerade deshalb positiv ausgelesen wurde, weil es unter den gegebenen natürlichen Verhältnissen eine besonders erfolgreiche, weil für das handelnde Individuum selbst fitnessfördernde Strategie darstellt (s. Kap. 5). Das sogenannte art- oder gemeinschaftsdienliche Verhalten bedarf wohl grundsätzlich einer indirekten, über weitgehend als eigennützig zu bezeichnende Umwege laufenden Erklärung und verliert gerade dadurch seine ideologisch so wohlfeile moralische Qualität im Sinne einer natürlichen Ethik. Kurz,

217 es gibt keine via schlichte biologische Selektion gestützte oder geförderte moralisch-ethische Instanz Menschheit, und damit auch keine biologisch-stammesgeschichtlich fundierte generelle Menschlichkeit im Sinne der Maximen von universaler Brüderlichkeit und Gleichheit. Dies wären vielmehr reine Kulturleistungen, einer widerstrebenden Natur mühsam abzutrotzen, und wir wissen aus bitteren Erfahrungen nur zu gut um den weitgehend utopischen Charakter dieses Ideals, das anzustreben wir gleichwohl nicht müde werden dürfen.

Es gibt demnach auch keine evolutionsbiologische Rechtfertigung, die Art, Rasse, das Volk, die Nation und so fort als etwas *von Natur aus* Schützens- oder Erhaltenswertes anzusprechen, wie es biologistische Ideologien immer wieder emphatisch getan haben und weiter tun. Die von Ethologen beschriebenen Phänomene des Ethnozentrismus bis hin zum Fremdenhass, die sogenannten Ausstoßungsreaktionen, die Ranghierarchien, die Territorialität und so weiter, sie alle bedürfen ganz andersartiger biologischer Erklärungen als der klassisch-ethologischen, dass sie gruppen- oder gemeinschaftsdienlich seien. Genau die scheinbare natürlich-moralische Qualität dieser Phänomene lieferte jedoch immer wieder die quasi-wissenschaftliche Rechtfertigung für Fremdenablehnung, für Selbstreinigung von Volk und Rasse, für die Verteidigung der je bestehenden oder erwünschten sozialen Ranghierarchien (natürliche Autorität zum Nutzen der Gemeinschaft!), für territoriale Kriege und Ähnliches. Rassisten, Sexisten, kurz alle biologistischen Ideologen und Gesellschaftspolitiker sogen daraus immer wieder ihre Bestätigung, richtig zu handeln. Unter diesen falschen Voraussetzungen musste es geradezu einleuchtend erscheinen, dass Rassenmischung schlecht, ja, ein großes Übel für die Gemeinschaft sei: Sie zerstört nicht nur die psychophysische Adaptation einer Population, nein, sie zersetzt darüber hinaus deren selektierte naturgewachsene Moral!

Gerade in diesen Tagen müssen wir solche Töne wieder allenthalben hören. „Politik ist die nicht-kriegerische Form des Wettstreites von Populationen um Ressourcen, Rohstoffe und um das Territorium", so ein Redner der sogenannten Gesellschaft für biologische Anthropologie, Eugenik und Verhaltensforschung (1981); oder: „Politiker verletzen ihre heilige Pflicht, wenn sie zulassen, dass Fremdrassige ihre Ressourcen durch die Eroberung heimischer Ressourcen vergrößern, wenn die heimischen Frauen-Ressourcen erobert werden und durch Vermischung ein Gen-Chaos entsteht." Das sogenannte Heidelberger Manifest des „Schutzbundes für das deutsche Volk" von 1981 ist ein trauriges Dokument dieser ideologischen Verblendung auf der Basis längst widerlegter biologischer Lehren: „Jedes Volk, auch das deutsche Volk, hat *ein Naturrecht* auf Erhaltung seiner Identität und Eigenart in seinem Wohngebiet." Selbst hier und jetzt machen einzelne unbelehrbare wissenschaftliche Anhänger der klassischen Ethologie wieder mit und setzen eine alte Tradition ihrer Disziplin fort, denn – wie wohl bekannt – stand die Grundhaltung der klassischen Ethologie in Deutschland dem Rassismus des NS-Staates (bis hin zu seinen schlimmsten Folgen) ebenso wenig im Wege wie die Grundhaltung der Physischen Anthropologie.

Ich meine, dass verantwortungsbewusste Ethologen hier gegensteuern und den Ideologen ihre pseudowissenschaftliche Grundlage entziehen müssen. Vor allem aber müssen sie auch das facheigene Archiv entrümpeln, das noch viele gefährliche, evolutionsbiologisch längst unhaltbar gewordene Relikte und Requisiten enthält. Insbesondere gilt es der Ausbildung künftiger Biologielehrer sorgfältigste Aufmerksamkeit zu widmen, denn erfahrungsgemäß lief die biologistisch-ideologische Infektion besonders häufig und wirkungsvoll über Lehrer, die längst überholtes biologisches „Gedankengut" unverändert weiter transportierten.

In jüngster Zeit geriet vor allem die Soziobiologie in das Kreuzfeuer ideologischer Auseinandersetzungen. Soziobiologie wird ein theoretisches Konstrukt der biologisch orientierten Verhaltenswissenschaften genannt, das sich auf die strikte Anwendung der Darwin'schen Selektionstheorie beruft und aus einer ganzen Palette von Subtheorien besteht. Ihnen gemeinsam ist das zentrale Theorem, wonach das soziale Verhalten aller Tiere (und originär auch das des Menschen) immer so organisiert ist, dass es primär einem genegoistischen Fitness-maximierenden Prinzip gehorcht, das via natürliche Selektion für eine überproportionale Ausbreitung der Gene beziehungsweise Allele von Individuen mit besonders erfolgreichen Reproduktionsstrategien in die nachfolgenden Generationen sorgt (s. Kap. 3). Speziell zur Erklärung von sozialen und altruistischen Verhaltensweisen werden neben der Individualselektion im orthodoxen Darwin'schen Sinne eine die Gesamteignung („inclusive fitness") von Allelen-Genealogien steigernde Verwandtenselektion („kin selection") sowie eine ganze Reihe von Elementen oder Prinzipien aus der Populationsgenetik, der Ökologie und der mathematischen Spieltheorie herangezogen.

„Erklären" heißt in diesem Zusammenhang, die funktionellen „Zweckursachen" (die sogenannten „ultimate causes") angeben zu können, welche den adaptiven Durchsetzungserfolg einer bestimmten Verhaltensstrategie im Selektionsgeschehen nicht nur im Sinne einer allgemeinen Plausibilität verständlich, sondern geradezu prognostizierbar und direkt (im Computer-Modell zum Beispiel) simulierbar machen. Die jeweiligen „Wirkursachen" („proximate causes") für das Auftreten bestimmter Verhaltensweisen bleiben dabei zunächst meist unberücksichtigt.

Gerade mit ihrer kompromisslosen evolutionsbiologischen Argumentationsweise stellt sich die Soziobiologie als eine harte Theorie dar und hat sich zugleich zu einem offenbar unerschöpflichen Lieferanten von empirisch überprüfbaren Hypothesen und Prognosen bezüglich aller Bereiche sozialen Verhaltens entwickelt. Damit ist sie der klassischen Ethologie und deren zumeist ziemlich unverbindlichen Trivialverweisen auf stammesgeschichtliche Anpassung, die in der Regel gar keine Falsifikation zulassen, an konkreten und detaillierten Voraussagen und Erklärungsansätzen wissenschaftlich in der Tat haushoch überlegen. So entlarvte sie zum Beispiel auch das mit Darwins Selektionsprinzip unvereinbare Motiv eines selektionsmächtigen Faktors der Art- oder Gruppenerhaltung als einen Mythos (siehe oben) und trug damit wesentlich zur Entideologisierung der Ethologie bei.

Der innovative Ansatz der Soziobiologie hat bereits viele, zum Teil außerordentlich verblüffende Einsichten in das Entstehungs- und Wirkungsgefüge sozialen Verhaltens geliefert, und die Zahl der empirisch bestätigten Hypothesen und Einzelprognosen steigt mit erstaunlicher Geschwindigkeit. Allerdings verführte der schnelle wissenschaftliche Erfolg des soziobiologischen Konzeptes in der frühen Sturm-und-Drang-Periode leider eine Reihe von renommierten Wissenschaftlern zu voreiligen, teilweise allzu leichtfertigen und provozierend formulierten Übertragungen auf den Menschen, ja, zu der großsprecherischen Behauptung, man werde in Zukunft wohl auf nicht-soziobiologische Erklärungsansätze überhaupt verzichten können. Das löste (verständlicherweise) vor allem auf der linken Seite des politisch-intellektuellen Spektrums teilweise wütende Reaktionen aus und brachte der Soziobiologie neben kluger auch viel demagogisch-emotionale Kritik und Schelte ein. Inzwischen ist es nach den reinigenden Gewittern an dieser ideologischen Front sehr viel ruhiger geworden. Viele Einwände haben sich als falsch oder überflüssig erwiesen, aus anderen haben wiederum die Soziobiologen gelernt und entsprechende Konsequenzen gezogen.

Gunther Stent zum Beispiel hat mit Recht kritisiert, dass „semantische Missbräuche" durch soziobiologische Autoren zu Fehleinschätzungen der Soziobiologie, ihrer Thesen und Ansprüche geführt hätten. Es entstand dabei natürlich zugleich auch für die Wissenschaftler selbst die unmittelbare Gefahr, dass über die leichtfertig gebauten semantischen Brücken eine Überschätzung des Erklärungswertes analysierter Mechanismen sowie ein weitreichender intuitiv-assoziativer Bedeutungstransfer lanciert wird. Selbstverständlich sollen soziobiologische Termini wie etwa egoistisch oder altruistisch (im Zusammenhang mit Genen oder Allelen) nichts mit unseren moralischen Kategorien zu tun haben, und die Wahl einer bestimmten Verhaltensstrategie auf der Basis einer Kosten-Nutzen-Bilanzierung bei Tieren (und sehr oft auch beim Menschen) hat primär überhaupt nichts mit rationalen Kalkulationen und bewussten Entscheidungen zu tun.

Ein weiterer, vehement vorgetragener Vorwurf gegen die Soziobiologie zielt auf ihren angeblichen Determinismus. Dieser Vorwurf freilich ist ganz unspezifisch, er richtet sich grundsätzlich gegen alle biologisch-genetischen Ansätze im Umgang mit menschlichem Verhalten. Gerade die Soziobiologie ist jedoch, was die je involvierten proximativen Mechanismen, die Verhalten steuern, anbetrifft, besonders flexibel. Das heißt, dieser Vorwurf – wenn es überhaupt ein prinzipiell berechtigter Vorwurf ist – trifft die Soziobiologie eigentlich erheblich weniger als manche andere biologische Disziplin. Ganz unqualifiziert sind die rein ideologischen Anwürfe, Soziobiologie sei per se rassistisch, sexistisch, anti-sozial, kurz, erzkonservativ oder gar faschistoid. Das kann nur jemand behaupten, der sich nie ernsthaft mit der wissenschaftlichen Soziobiologie beschäftigt hat oder ideologisch total verblendet ist.

Ein letztes ideologisierendes Missverständnis schließlich behauptet, die Soziobiologie rechtfertige rücksichtslos antisoziales Verhalten. Zwar erinnert der ständige Bezug auf Kosten-Nutzen-Bilanzierungen an kapitalistische Wirtschaftsmechanismen und der harte Rekurs auf die interindividuelle Selektion oberflächlich an die Ellenbogengesellschaft: Es muss jedoch immer wieder mit aller Deutlichkeit betont werden, dass die faktischen Prozesse und Mechanismen des biologischen Evolutionsgeschehens prinzipiell nichts mit der normativen Ebene von menschlichen Verhaltensregeln, von Geboten und Verboten, von Ethik und moralisch erwünschtem oder unerwünschtem Verhalten zu tun haben. Ein Grundsatz, der von biologistischen Ideologen ständig wieder verletzt wird: Soll-Sätze können aus Ist-Sätzen nicht abgeleitet und begründet werden, da hilft keine empirische Wissenschaft!

Freilich, wenn man so will, kehrte die Soziobiologie das von Natur aus Unmoralische oder besser und richtiger, das Vormoralische im menschlichen Handeln wieder hervor, und zwar als eine durchaus kalkulierbare Größe mit prognostizierbaren Varianten und Effekten. Die

221   Handlungsmotive hängen nach soziobiologischem Verständnis nur
allzu oft direkt oder indirekt mit dem biologischen Imperativ der Fitness-Maximierung zusammen. Der „vermag sich über vielfältige Mittel
zu realisieren, und es gehört gerade zur soziobiologischen Auffassung
von Kultur, dass diese als unterstützendes Instrument reproduktions-
dienlichen Handelns entstanden ist. Die Geschichte der Menschheit
zeigt, dass auch im Verfolg kulturell bestimmter Ziele und Normen ein
Grund für den enormen biologischen Erfolg unserer Art (*Homo sapiens*) zu sehen ist, dass Fitness-Maximierung eben nicht durch eine
sklavenhafte Anbindung an programmierte Handlungsanweisungen erreicht wurde, sondern unter Zuhilfenahme kultureller Mittel mit all ihren Freiräumen für Planung, Reflexion und Zufall." So folgerte mein
Mitarbeiter Eckart Voland (1984) im Anschluss an seine verblüffenden
Resultate einer soziobiologischen Analyse des sozial differenzierten
Reproduktionsverhaltens historischer Dorfgemeinschaften aus dem
norddeutschen Raum, und ich meine, dass diese Aussagen eine weitere
Generalisierung tragen.

Im Falle der Soziobiologie liegt die vordringliche Verantwortung
der Wissenschaftler darin, die oben angeführten und mögliche weitere
Missverständnisse ständig auszuräumen und so einer Ideologisierung
dieses wissenschaftlich potenten theoretischen Konzeptes entgegenzuwirken. Das verlangt vor allem auch strenge Selbstdisziplin der Soziobiologen im Umgang mit und in der Darstellung von Befunden, Resultaten und Hypothesen aus dem Kontext ihrer wissenschaftlichen Arbeit. Ich glaube, dass die Soziobiologen selbst hier in den jüngst vergangenen Jahren durchaus erfolgreich gewirkt haben: Die Ideologisie-
rungsgefahr der Soziobiologie ist gegenüber den beginnenden siebziger
Jahren deutlich zurückgegangen.

Moralische Gefährdungen humanbiologischer Wissenschaften sind
und bleiben immer gegenwärtig, der Rückblick in die Geschichte dieser
Gefährdungen und Anfälligkeiten kann und muss uns sensibilisieren.
Wissenschaftler sind nicht nur verantwortlich für das, was sie rein wissenschaftlich selbst arbeiten, sondern sie tragen auch Mitverantwortung
für die Rezeption ihrer Arbeit in der wissenschaftlichen sowohl als
auch in der außerwissenschaftlichen Öffentlichkeit, und es ist ihre moralische Pflicht, gefährlich erscheinenden Missdeutungen oder gar Miss-
bräuchen ihrer Arbeit und Wissenschaft – soweit ihre „Handlungs-
macht reicht" (Hermann Lübbe), mehr wird man nicht erwarten dürfen
– öffentlich entgegenzuwirken. Ganz offensichtlich ist das viel leichter
gesagt als getan.

IV. Epilog

Kapitel 10

„Sie ist die Erste nicht!" – Soziobiologie der Gretchen-Tragödie

Wie kann ich als Laie über Goethes Tragödie sprechen? Ich stütze mich leichtfertig auf Goethes Wort:

> Eigentlich weiß man nur, wenn man wenig weiß;
> Mit dem Wissen wächst der Zweifel.

Und ich werde in ironischer und sehr anrüchiger Weise diese Geschichte angehen: In soziobiologischer Version, und die ist keineswegs beliebt, weil sie das vermeintlich Gute zum Bösen wendet.

Die Soziobiologie erscheint als eine mephistophelische Sichtweise der Evolutionsbiologie, welche die Moral in eine doppelte Moral verkehrt und Ehrlichkeit zur Selbsttäuschung wandelt. Genau da liegt die Verbindung zu der Art und Weise, wie Mephistopheles das Faust-Gretchen-Drama inszeniert und kommentiert.

Die zwei Versionen:

Faust:
Einst hatt' ich einen schönen Traum:
Da sah ich einen Apfelbaum,
Zwei schöne Äpfel glänzten dran
Sie reizten mich, ich stieg hinan.

Die Schöne:
Der Äpfelchen begehrt ich sehr,
Und schon vom Paradiese her!
Von Freuden fühl ich mich bewegt,
Dass auch mein Garten solche trägt.

Mephisto:
Einst hatt' ich einen wüsten Traum
Da sah ich einen gespaltnen Baum
Der hatt' ein ungeheures Loch;
So groß es war, gefiel mir's doch.

Die Hexe:
Ich bitte meinen besten Gruß
Dem Ritter mit dem Pferdefuß!
Halt' Er einen rechten Pfropf bereit,
Wenn er das große Loch nicht scheut.

Wer mag schon emotional und ästhetisch die zweite – mephistophelische – Version? Doch könnte Mephisto vielleicht dazu verführen:

> So nimmt ein Kind der Mutter Brust
> Nicht gleich im Anfang willig an,
> Doch bald ernährt es sich mit Lust.
> So wird's euch an der Weisheit Brüsten
> Mit jedem Tage mehr gelüsten.

Denn Lust wird kaum von Vernunft beherrscht, eher bedient sie sich
ihrer, um ihre motivationalen Ziele zu erreichen:

> Der kleine Gott der Welt bleibt stets vom gleichen Schlag
> Und ist so wunderlich als wie am ersten Tag.
> Ein wenig besser würd er leben [– *so Mephisto zu Gott* –]
> Hättst du ihm nicht den Schein des Himmelslichts gegeben;
> Er nennt's Vernunft und braucht's allein,
> Nur tierischer als jedes Tier zu sein.

Der Mensch verfolgt mit List und Tücke die uralten biologischen Fortpflanzungsstrategien und das führt zwangsläufig zum Krieg der Geschlechter, wie wir das auch in der Gretchen-Tragödie sehen. Und wer
kann das besser erklären als soziobiologische Evolutionsbiologen?

Strategien der Fortpflanzung

Die natürliche Selektion – der antreibende Motor der Evolution aller
Organismen – hat vom ersten Tage an stets jene genetischen Programme gefördert, die im Kampf ums Dasein eine höhere Vermehrung
und Ausbreitung erreichten als ihre jeweils nahe stehenden Konkurrenten auf dem knappen Ressourcen-Markt. Die Tendenz und Motivation,
sich erfolgreich fortzupflanzen, steckte daher von Anfang an in jedem
Organismus. Reproduktion ist das zentrale Element der Evolution. Zunächst geschah das eingeschlechtig; die Erfindung der Zweigeschlech-
tigkeit (Bisexualität) brachte dann jedoch einen entscheidenden Erfolg
über eine ständig neue, jeweils einmalige Rekombination von genetischem Material. Sie bot eine höhere Varianz, eine erhöhte Sicherheit der
Generationenlinie gegenüber Parasiten, Viren, Bakterien über die immer wieder veränderten Immunsysteme und die Möglichkeiten zu ver-
steckten genetischen Experimenten.

   Wenn somit einerseits die erfolgreiche Reproduktion, der biogenetische Imperativ, das unbewusste Hauptziel aller Lebewesen, und an-

227   dererseits die bisexuelle Fortpflanzung das erfolgreiche Instrument geworden sind, dann spielt Sex im Leben der Individuen eine ganz zentrale Rolle: Sexuelle Befriedigung ist nichts anderes als die unmittelbare
Sofort-Belohnung im Dienste des nüchtern-unbewussten evolutiven
Fernziels der Reproduktion. Wie anders hätte das Bedürfnis nach und
die Lust am Sex (und an der gegengeschlechtlichen Liebe) in uns auf natürlichem Wege entstehen können? Sie dienen im Kern dem Zweck der
Fortpflanzung. Und wer nimmt nicht beachtliche Risiken und hohe
Kosten auf sich, um sein Bedürfnis nach Sex und Liebe zu befriedigen,
wer folgt nicht dem via natürliche Selektion in uns entstandenen Lock-
vogel des nüchternen Reproduktionsspiels der Evolution?

Sehr früh schon haben die beiden Geschlechter unterschiedliche
Reproduktionsstrategien und taktische Interessen entwickeln müssen:
die unterschiedlichen Welten von männlich und weiblich entstanden
zwangsläufig.

Das weibliche Geschlecht hat sich von Anfang an auf die Produktion einer kleineren Zahl, dafür relativ größerer, nährstoffreicher und
nicht selbständig beweglicher Gameten – die Eier – spezialisiert; das
männliche Geschlecht dagegen produziert enorme Mengen kleiner,
nährstoffarmer und eigenbeweglich die Eier aufsuchender Gameten –
die Spermien. Damit begann die folgenreiche Asymmetrie der Investition in die Fortpflanzung, zunächst in die einzelnen Gameten und dann
in den Nachwuchs allgemein. Bei den hoch entwickelten Säugetieren
hat diese Asymmetrie einen Höhepunkt erreicht. Der Krieg der Geschlechter war vorprogrammiert.

Das Männchen produziert ungeheure Mengen von Spermato-
zoen, die es nach jeder Ejakulation schnell wieder regeneriert, um möglichst rasch erneut kopulieren zu können, worin bei der Mehrzahl der
Säuger sein einziger Beitrag zur Fortpflanzung besteht: Ein minimaler
Aufwand an Zeit und Energie, der es dem Männchen dann eben auch
erlaubt, seinen Reproduktionserfolg durch zahlreiche Kopulationen mit
möglichst vielen Weibchen zu erhöhen. Die Männchen sind zu sexuellen Opportunisten geformt.

Die Investition der Weibchen hingegen besteht über die Verpaa-
rung hinaus in einer energieaufwendigen Schwangerschaft und Laktationsperiode sowie in einer (unterschiedlich) komplizierten, oft sehr
kostspieligen und lang andauernden Fürsorge für den noch unselbständigen Nachwuchs: insgesamt ein enormer Aufwand an Zeit, physischer
und psychischer Energie. Darüber hinaus steigert ein häufiger Ge-
schlechtspartnerwechsel nicht unbedingt den Reproduktionserfolg der

Weibchen: Sie brauchen keinen Harem von Männern, ein Einzelner reicht.

Korrespondierend mit den sehr unterschiedlichen Fortpflanzungs-investitionen haben beide Geschlechter auch eine unterschiedliche Varianz ihres Reproduktionserfolges: Ein Männchen kann unter guten physischen und sozialen Bedingungen um ein Vielfaches mehr Nachwuchs produzieren als ein Weibchen, dessen Reproduktion durch ihre eigene Physiologie und ihre materiellen und psychischen Investitionsmöglichkeiten begrenzt wird. Die Reproduktionsressource der Männchen ist also die Zahl der verfügbaren fertilen Weibchen, die der Weibchen ist nicht die Zahl der Männchen, sondern ihre eigenen Investitionsbedingungen.

Beim Menschen – wie bei wenigen anderen Säugetieren – bedürfen Kinder auch väterlichen Schutzes und vor allem männlicher Versorgung. Je höher ihr erforderlicher Aufwand, desto sicherer sollten sich Männer sein, dass sie ihre Investitionen auch wirklich in ihren eigenen genetischen Nachwuchs stecken, andernfalls wäre das im Sinne der natürlichen Selektion und im Sinne von deren Belohnung eine Fehlinvestition, die zu einem Rückgang der eigenen entsprechenden Gene in den Folgegenerationen führen müsste; kurz, gegen diese Energie-Verschwendung existiert seit langem eine strikte Gegenselektion.

Während aber jede Frau absolut sicher sein kann, dass sie selbst die genetische Mutter jedes von ihr geborenen Kindes ist, können die Männer niemals absolut sicher sein, dass die Kinder ihrer Frauen auch von ihnen gezeugt wurden (*pater semper incertus*). Deshalb sind Männer in der Regel darauf bedacht, ihre Sexualpartnerinnen möglichst sorgfältig zu überwachen und, wenn irgend möglich, gegenüber anderen Männern zu monopolisieren, um ihre eigene Vaterschaftsgewissheit zu erhöhen, und das umso intensiver, je mehr sie zusätzlich in die Kinder ihrer Partnerinnen zu investieren haben. Frauen sollten demgegenüber eher darauf aus sein, einen effizienten Beschützer und Investor in das Wohl ihrer Kinder „bei der Stange zu halten".

Unter Männern muss also ein hoher und risikoreicher Konkurrenzdruck um die Zahl ihrer Sexualpartnerinnen und deren sexuelle Monopolisierung herrschen, unter Frauen dagegen Konkurrenz um einen besonders investitionsfähigen und -bereiten Mann als Vater für die eigenen Kinder.

Unterschiedliche Reproduktionsstrategien und entsprechend unterschiedliche Motivationen beider Geschlechter sind somit genetisch programmiert: Konflikte ergeben sich zwangsläufig. Mephistopheles will deshalb nicht von Ungefähr von Wagner wissen:

Halt ein! ich wollte lieber fragen:
Warum sich Mann und Frau so schlecht vertragen?
Du kommst, mein Freund, hierüber nie ins Reine.

Hätte er doch die Soziobiologen gefragt. Denn im Blick auf Gretchens Tragödie und die traditionellen Normen können wir eine Reihe von Prognosen aus dieser evolutionsbiologischen Sicht ableiten, die in der Tat „des Pudels Kern" in diesem Trauerspiel sein könnten.

Fitness-maximierende Strategie der Frau: Mephistophelische Hinweise

Suche dir möglichst früh – also in jungem Alter – einen möglichst reichen, sozioökonomisch gut gestellten, verlässlichen, investitionsbereiten und -fähigen Mann. Demonstriere ihm zur Werbung deine hohe Fruchtbarkeit, also Jugend, Gesundheit, Schönheit, Vitalität, sowie deine Keuschheit – am besten deine Jungfräulichkeit! – und nach der Heirat deine eheliche Treue, die ihm eine hohe Vaterschaftsgewissheit zu deinen Kindern vermittelt. Auf diesem Wege kannst du hohe Investitionen, Versorgung und Schutz für dich und deine Kinder einfordern.

Wenn du bei deiner oben geschilderten Partnerwahlstrategie einen schweren Fehler begangen hast, indem du vor der endgültigen Bindung durch „den Ring am Finger" dich hast verführen oder gar schwängern lassen und der Mann dich dann verlässt, dann gib dein Kind so früh wie möglich auf (durch Abort, Aussetzung, Vernachlässigung oder Infantizid zum Beispiel), weil a) dieses Kind erheblich schlechtere Überlebens- und später auch seinerseits schlechtere Reproduktionschancen hat, wenn du es unehelich und allein aufziehst (es wäre somit für die eigene Fitness eine energieverschwendende Fehlinvestition!), und b) weil du mit diesem Kind deutlich geringere Chancen hast, einen neuen Mann verlässlich an dich zu binden und damit insgesamt deinen Restreproduktionswert (vor allem, wenn du noch jung bist!) stark reduzierst.

Fitness-maximierende Strategie des Mannes: Mephistophelische Hinweise

Werde möglichst reich und erringe ein gutes sozioökonomisches Renommee, zumindest demonstriere dich gemäß Mephistos Maxime:

Und wenn Ihr halbweg ehrbar tut,
Dann habt Ihr sie all unterm Hut.

Damit kannst du Frauen anziehen, zur Heirat und zu zusätzlichen sexuellen Verhältnissen, was deinem Reproduktionserfolg dient! Heirate eine sehr junge fruchtbare, gesunde, keusche und treue Frau, monopolisiere sie gegenüber anderen Männern und investiere in die Kinder dieser Frau, wenn du deiner Vaterschaft sicher bist – investiere nicht in solche Kinder, über deren eigene Vaterschaft du unsicher bist!

Daneben suche opportunistisch noch mit anderen Frauen sexuelle Beziehungen. Schwängere sie nach Möglichkeit, aber vermeide Investitionen. Das lass in diesem Fall lieber andere tun (den betrogenen Ehemann zum Beispiel), ganz nach Mephistos Motto:

> Die Müh ist klein, der Spaß ist groß.

Männer sollten zusätzlich im Interesse ihrer Gen-Ausbreitung nicht nur ihre Ehefrauen, sondern auch ihre Schwestern und Töchter vor der reproduktiven Ausnutzung durch sexuell opportunistisch handelnde Männer schützen, sie sollten stattdessen für ihre genetisch nahe verwandten Frauen (also Töchter und Schwestern) möglichst reiche, verlässliche, investitionsbereite und investitionsstarke Ehemänner anwerben. Zur Anlockung entsprechender Ehepartner sind Schwestern und Töchter keusch und jungfräulich zu halten oder gar dazu zu zwingen. Vergewaltiger und Verführer von Schwestern und Töchtern müssen besonders hart bestraft werden, ihre Untat sollte massiv, möglichst durch Tötung gerächt werden: eine notwendige und wirkungsvolle Abschreckung vor Wiederholung solcher reproduktiven Schädigungen der eigenen Sippe.

Die reproduktionstaktischen Interessen und damit die programmierten Motivationen von Männern und Frauen sind also durchaus unterschiedlich, doch die Männer beherrschen das moralische und rechtliche System aller Kulturen: Sie sind mächtiger. Daran wiederum ist letztlich von jeher das weibliche Geschlecht mitschuldig, denn ihre Reproduktionsstrategien liefen immer im Eigeninteresse darauf hinaus, im männlichen Konkurrentenfeld einen besonders starken und sozial mächtigen Mann als Vater ihrer Kinder zu gewinnen: das uralte evolutionsbiologische Prinzip von sexueller Zuchtwahl, hier: weiblichen Wahlverhaltens. Die Weibchen heizten die Konkurrenz unter den Männchen an. Darunter haben die Frauen nun selbst in Bezug auf ihre Rechte und Freiheiten zu leiden: Sie werden – fast weltweit – von den Männern beherrscht, unterdrückt und als reproduktive Ware behandelt.

Wenn man von einer natürlichen Moral des Menschen sprechen kann, dann ist dies somit automatisch eine doppelte Sexualmoral. Män-

ner bestimmen die Moral der Frauen und machen die monopolisieren-
den Gesetze: Als rechtliches Opfer eines Ehebruchs oder einer Vergewaltigung beziehungsweise Verführung gilt nicht die geschändete Frau,
sondern der Ehemann, der Vater oder Bruder. Untreue oder Unkeusch-
heit der Frau wird mit viel höherer sozialer Stigmatisierung bestraft als
bei Männern. Die Frauen leben gewissermaßen in einem moralischen
Gefängnis, Mädchen werden entsprechend erzogen, sie haben sich an
die von Männern reproduktionsstrategisch gemachten Vorschriften und
Regeln zu halten, und für lange Zeiten übernahmen die Frauen wider-
standslos diese moralische Zwangsjacke und demonstrierten ihre Gefü-
gigkeit gegenüber der von den Männern aufgezwungenen Moral, die –
wie die daraus abgeleiteten Normen, Gesetze und gerichtlichen Urteile
– letztlich dem Schutz der männlichen Reproduktionsstrategie dienten.

Die doppelte Sexualmoral ist somit eine wahrhaft mephistophelische und zugleich evolutionsbiologisch fundierte „Moral"…

Sieben faustische Fragen

Jetzt sind wir soweit, Gretchens Tragödie in vielen Einzelfacetten, in
den Motivationen und ihren tragischen Folgen aus soziobiologischem
Blickwinkel zu verstehen: Ich stelle sieben Fragen.

Frage 1: Warum sucht sich Faust Gretchen aus? Reproduktionsstrategische Erklärung: Sie ist jung, gesund, vital, fruchtbar, keusch und
jungfräulich; sie hat alle jene Eigenschaften, nach denen ein Mann seine
Partnerin aussuchen sollte.

> *Alte zu den Bürgermädchen:*
> Ei! wie geputzt! das schöne junge Blut!
> Wer soll sich nicht in euch vergaffen?
>
> *Faust:*
> Beim Himmel, dieses Kind ist schön!
> So etwas hab ich nie gesehen.
> Sie ist so sitt- und tugendreich.

Frage 2: Warum sucht sich Gretchen Faust aus? Reproduktionsstrategische Erklärung: Er ist sozioökonomisch gut gestellt, ein angesehener,
edel wirkender, nicht mehr zu junger Mann, der sich ehrbar und verlässlich vorführt. So wundert Gretchens Reaktion nicht:

Ich gäb was drum, wenn ich nur wüsst,
Wer heut der Herr gewesen ist!
Er sah gewiss recht wacker aus
Und ist aus einem edlen Haus;
Das konnt ich ihm an der Stirne lesen –
Er wär auch sonst nicht so keck gewesen.

Er bestärkt Gretchens Eindruck durch zwei kostbare Schmuckkästchen:

Ein Schmuck! Mit dem könnt eine Edelfrau
Am höchsten Feiertage gehen.

Frage 3: Warum heiratet Faust Gretchen nicht? Reproduktionsstrategische Erklärung: Als sozioökonomisch gut gestellter Mann suche opportunistisch sexuelle Beziehungen zu möglichst vielen jungen Frauen (du hast große Chancen), verführe sie, schwängere sie möglichst vor der verpflichtenden Bindung, aber investiere dann nichts mehr, schon gar nicht in ein armes Mädchen; stattdessen suche neue Abenteuer!

Mephisto:
Die Müh ist klein, der Spaß ist groß.
[...]
Du sprichst ja wie Hans Liederlich:
Der begehrt jede liebe Blum für sich.
[...]
Wie kanns euch in die Länge freuen?
Es ist wohl gut, dass mans einmal probiert;
Dann aber wieder zu was Neuem!

Die nächtlichen Besuche müssen vor allem in Fausts (aber in dieser Situation auch in Gretchens) Interesse verheimlicht werden, selbst mit dem Risiko des Sterbens von Gretchens Mutter.

Gretchen:
Ach, wenn ich nur alleine schlief!
Ich ließ dir gern heut nacht den Riegel offen;
Doch meine Mutter schläft nicht tief,
Und würden wir von ihr betroffen,
Ich wär gleich auf der Stelle tot!
Faust:
Du Engel, das hat keine Not.
Hier ist ein Fläschchen! Drei Tropfen nur
In ihren Trank umhüllen
Mit tiefem Schlaf gefällig die Natur.
Gretchen:
Was tu ich nicht um deinetwillen?

Frage 4: Warum hofft Gretchen weiter auf die Verbindung mit Faust? Reproduktionsstrategische Erklärung: Sie braucht männliche Investitionen für sich und das gemeinsame Kind; Treue und Anhänglichkeit vermittelt Vaterschaftssicherheit und verlocken zu Schutz und Versorgung. Jedoch hat sie geringe Chancen, weil sie den Fehler begangen hat, schon vor seiner ehelichen Verpflichtung zu viel in seinem Interesse getan zu haben.

> *Gretchen:*
> Seh ich dich, bester Mann, nur an,
> Weiß nicht, was mich nach deinem Willen treibt;
> Ich habe schon so viel für dich getan,
> Dass mir zu tun fast nichts mehr übrig bleibt.

Gretchen ist allerdings skeptisch über ihr Verhalten und über den Eindruck, den sie Faust wohl vermittelt hat:

> Ach, dacht ich, hat er in deinem Betragen
> Was Freches, Unanständiges gesehen?
> Es schien ihn gleich nur anzuwandeln,
> Mit dieser Dirne geradehin zu handeln.
> Gesteh ichs doch! Ich wusste nicht, was sich
> Zu eurem Vorteil hier zu regen gleich begonnte;
> Allein gewiss, ich war recht bös auf mich,
> Dass ich auf euch nicht böser werden konnte.

Sie hofft im Stillen dennoch auf die Heirat, wie in der Geschichte, die das Lieschen am Brunnen erzählt.

> *Lieschen:*
> War ein Gekos und ein Geschleck;
> Da ist denn auch das Blümchen weg!
>
> *Gretchen:*
> Er nimmt sie gewiss zu seiner Frau.
> *Lieschen:*
> Er wär ein Narr! Ein flinker Jung
> Hat anderwärts noch Luft genug.
> Er ist auch fort.

So ist Gretchen zu recht verzweifelt, als sie die Hoffnung aufgeben muss:

> Mein Hochzeitstag sollt es sein!
> Sag niemand, dass du schon bei Gretchen warst!
> Weh meinem Kranze!
> Es ist eben geschehen!

Frage 5: Warum kommt es zum Duell mit Valentin? Reproduktions-strategische Erklärung: Brüder sollten im Interesse ihrer eigenen Gen-Ausbreitung ihre Schwestern vor der reproduktiven Ausnutzung durch opportunistische, nicht investierende Männer schützen. Um investitionsbereite Männer anzulocken, müssen die Schwestern jungfräulich gehalten werden. Wenn ein opportunistischer Mann doch die Schwester verführt und geschwängert hat und nicht bereit ist, sie zu heiraten, muss diese Tat auf schärfste Weise gerächt werden, aus Gründen der Abschreckung vor Wiederholung solcher Taten an anderen genetisch verwandten Frauen der Sippe. Die Verführte wird gesellschaftlich stigmatisiert, sie wird als entehrte Hure angesehen und entsprechend behandelt: zur Warnung und zur keuschen Erziehung von anderen weiblichen Sippenmitgliedern. Daher das Duell, in dem mit Mephistos Hilfe aber der Bruder Gretchens stirbt – nicht ohne noch im letzten Moment seine Schwester scharf zu tadeln:

> Du fingst mit einem heimlich an,
> Bald kommen ihrer mehre dran,
> Und wenn dich erst ein Dutzend hat,
> So hat dich auch die ganze Stadt.
> Ich seh wahrhaftig schon die Zeit,
> Dass alle brave Bürgersleut
> Wie von einer angesteckten Leichen
> Von dir, du Metze! seitab weichen.

Frage 6: Warum tötet Gretchen ihr Kind? Reproduktionsstrategische Erklärung: Mit einem unehelichen Kind hat sie selbst schlechte Heiratschancen, das heißt sie hat ihren Restreproduktionswert verschenkt. Ihr uneheliches Kind hat ohne männlichen Schutz und Investition ohnehin eine reduzierte Überlebenschance und später als „armes Ding" selbst schlechte Reproduktionschancen. Die frühe Tötung dieses unglücklichen Kindes dient also der Vermeidung von Fehlinvestitionen und stattdessen der möglichen Steigerung des eigenen Reproduktionswertes. Viele Säugetiermütter begehen unter vergleichbaren Bedingungen ebenfalls Infantizide.

> Meine Mutter, die Hur,
> Die mich umgebracht hat!

So kann Mephisto vor Gretchens Fenster zynisch singen:

> Nehmt euch in Acht!
> Ist es vollbracht,
> Dann gute Nacht,

Ihr armen, armen Dinger!
Habt ihr euch lieb,
Tut keinem Dieb
Nur nichts zulieb,
Als mit dem Ring am Finger!

Auch Valentin hatte eine ähnliche Prophezeiung bereit:

Wenn erst die Schande wird geboren,
Wird sie heimlich zur Welt gebracht,
Und man zieht den Schleier der Nacht
Ihr über Kopf und Ohren;
Ja, man möchte sie gern ermorden.

Frage 7: Warum wird Gretchen trotz ihrer eigenen Schändung auch noch gerichtlich verurteilt und mit dem Tode bestraft? Reproduktionsstrategische Erklärung: Es ist die Strafe für die Nicht-Einhaltung der den Frauen von den Männern, in deren eigenem Reproduktionsinteresse aufgezwungenen Moral. Die doppelte Sexualmoral: Kaum ein Mann wird für die Verführung einer Jungfrau gerichtlich verurteilt, höchstens von Brüdern oder vom Vater blutig gerächt, was dann auch wiederum kaum gerichtlich bestraft wird. Beides sind typisch männliche Reproduktionsstrategien. Die Frauen werden dagegen beim Einsetzen ihrer eigenen Reproduktionsstrategie (zum Beispiel das Töten eines ihre Reproduktionschancen behindernden Säuglings) von den Männern beziehungsweise über Männergesetze empfindlich bestraft, eben im Interesse der Reproduktionsstrategien der Männer, die den Frauen ihre Moral aufzwingen möchten und das auch tun.

Faust:
Gefangen! Im unwiederbringlichen Elend!
Bösen Geistern übergeben und der richtenden
Gefühllosen Menschheit!

Sprich: Männlichkeit! Diese von den Männern aufgezwungene Moral sieht Gretchen als eine Vergewaltigung, und sie schiebt in diesem Licht ihre eigene Tat auf die Männer im Sinne einer Entschuldigung vor ihrem Gewissen:

Ich bin nun ganz in deiner Macht.
Lass mich nur erst das Kind noch tränken!
Ich herzt es diese ganze Nacht,
Sie nahmen mirs, um mich zu kränken,
Und sagen nun, ich hätt es umgebracht,
Und niemals werd ich wieder froh.

Sie singen Lieder auf mich! es ist bös von den Leuten!
Bin ich doch so jung, so jung!
Und soll schon sterben!
Schön war ich auch, und das war mein Verderben.

Was ihr Mephistos Resümee einträgt:

Sie ist die Erste nicht!

Der Kampf der Geschlechter, die reproduktionsstrategische doppelte Moral, die durch das weibliche Geschlecht evolutiv hervorgebrachte Macht der Männer über die Frauen ist ein wirklich mephistophelisches Naturphänomen. Und Mephisto kennt die Natur des Menschen genau, er ist gewissermaßen ein versierter Soziobiologe.

Die evolutiv programmierten Motivationen holen den Menschen immer wieder ein: „Der Mensch mag sich wenden, wohin er will, er mag unternehmen, was es auch sei, stets wird er auf jenen Weg wieder zurückkehren, den die Natur einmal vorgezeichnet hat", so Goethe in „Dichtung und Wahrheit".

Und das hat einen moralischen Pferdefuß. Wie der Darwinist Thomas Henry Huxley (1888) schrieb, „die einzige Lehre, die der Mensch aus der Natur schöpfen kann, ist die Lehre vom Bösen". Das ist auf jeden Fall ganz anders als die Fantasie unserer heutigen „Naturfreunde". – Ein letztes Zitat von Goethe:

Erkenne dich! – Was hab ich da für Lohn?
Erkenn ich mich, so muss ich gleich davon.

Das tue ich jetzt.

Anhang

Literaturverzeichnis

Agena, G. (1938). Grundbesitz, Beispruch und Anerbenrecht in Ostfriesland. Abhandlungen der Rechts- und Staatswissenschaftlichen Fakultät der Universität Göttingen 23. Leipzig: Scholl. – Alexander, R. D. (1975). The search for a general theory of behavior. Behavioral Science 20, S. 77–100. – Alexander, R. D. (1979). Darwinism and human affairs. Seattle: University of Washington Press. – Alexander, R. D. (1983). Biologie und moralische Paradoxa. In: Der Beitrag der Biologie zu Fragen von Recht und Ethik. Schriftenreihe zur Rechtssoziologie und Rechtstatsachenforschung (Hrsg.: M. Gruter/M. Rehbinder) 54, S. 161–173. Berlin: Duncker & Humblot. – Alexander, R. D. (1988). Über die Interessen der Menschen und die Evolution von Lebensläufen. S. 129–171 in: Die Herausforderung der Evolutionsbiologie (Hrsg. H. Meier). München: Piper. – Axelrod, R./W. D. Hamilton (1981). The evolution of cooperation. Science 211, S. 1390–1396. – Ayme, S./A. Lippmann-Hand (1982). Maternal-age effect in aneuploidy: Does altered embryonic selection play a role? American Journal of Human Genetics 34, S. 558–565. – Bates, D. G./S. H. Lees (1979). The myth of population regulation. S. 273–289 in: Evolutionary biology and human social behavior: An anthropological perspective (Hrsg.: N. A. Chagnon/W. Irons). North Scituate/Massachusetts: Duxbury. – Bauer, E./E. Fischer/E. Lenz (1936). Menschliche Erblehre und Rassenhygiene. München. – Beck, B. (1975). Primate tool behavior. S. 413–447 in: Socioecology and psychology of primates(Hrsg.: R. H. Tuttle). Den Haag, Paris: Mouton. – Betzig, L. L. (1986). Despotism and differential reproduction. A Darwinian view of history. Hawthorne/New York: Aldine. – Biegert, J. (1961). Volarhaut der Hände und Füße. Primatologia. Handbuch der Primatenkunde II, Teil I, Lieferung 3. Basel, New York: Karger. – Bischof, N. (1975). Comparative ethology of incest avoidance. S. 3–67 in: Biosocial anthropology (Hrsg.: R. Fox). London: Malaby. – Bischof, N. (1978). On the phylogeny of human morality. S. 51–73 in: Morality as a biological phenomenon (Hrsg.: G. S. Stent). Dahlem Konferenzen. Berlin: Abakon. – Bischof, N. (1985). Das Rätsel Ödipus. München: Piper. – Blurton Jones, N./R. M. Sibly (1978). Testing adaptiveness of culturally determined behaviour: Do bushman women maximize their reproductive succes by spacing births widely and foraging seldom? S. 135–157 in: Human behaviour and adaptation (Hrsg.: N. Jones/V. Reynolds). London: Taylor & Francis. – Borgerhoff Mulder, M. (1987a). On cultural and reproductive success: Kipsigis evidence. American Anthropologist 89, S. 617–634. – Borgerhoff Mulder, M. (1987b). Progress in human sociobiology. Anthropology Today 3, S. 5–8. – Borgerhoff Mulder, M. (1989). Early maturing Kipsigis women have higher reproductive success than late maturing women and cost more to marry. Behavioral Ecology and Sociobiology 24, S. 145–153. – Burton, F. D./M. J. A. Bick (1972). A drift in time can define a deme: The implications of tradition drift in primate societies for hominid evolution. Journal of Human Evolution 1, S. 53–59. – Buys, D. J./K. L. Larson (1979). Human sympathy groups. Psychological Reports 45, S. 547–553. – Campbell, D. T. (1978). Social morality norms as evidence of conflict between biological human nature and social system requirements. S. 75–92 in: Morality as a biological phenomenon (Hrsg.: G. S. Stent). Berlin: Abakon. – Chagnon, N. A. (1979). Mate competition, favoring close kin, and village fissioning among the Yanomamö Indians. S. 86–132 in:

Evolutionary biology and human social behavior. An anthropological perspective
(Hrsg.: N. A. Chagnon/W. Irons). North Scituate / Massachusetts: Duxbury. – Chagnon, N. A. (1988). Life histories, blood revenge and warfare in a tribal population.
Science 239, S. 985–992. – Chance, M. R. A. (1967). Attention structure as the basis of
primate rank orders. Man 2, S. 503–518. – Chance, M. R. A./C. J. Jolly (1970). Social
groups of monkeys, apes and men. London. – Chapman, M./G. Hausfater (1979). The
reproductive consequences of infanticide in langurs: A mathematical model. Behavioral Ecology and Sociobiology 5, S. 227–240. – Cohen, R. (1978). Altruism. Human,
cultural, or what? S. 79–100 in: Altruism, sympathy and helping (Hrsg.: L. Wispé).
New York: Academic Press. – Curtin, R./P. C. Dolhinow (1978). Primate social behavior in a changing world. American Scientist 66, S. 468–475. – Daly, M./M. Wilson
(1984). A sociobiological analysis of human infanticide. S. 487–502 in: Infanticide:
Comparative and evolutionary perspectives (Hrsg.: G. Hausfater/S. B. Hrdy). New
York: Aldine. – Daly, M./M. Wilson (1987). Children as homicide victims. S. 201–214
in: Child abuse and neglect: Biosocial dimensions (Hrsg.: R. J. Gelles/J. B. Lancaster).
New York: Aldine. – Daly, M./M. Wilson (1988). Evolutionary social psychology and
family homicide. Science 242, S. 521–522. – Darwin, C. R. (1859). On the origin of
species by means of natural selection. London: John Murray. – Deutsch: Die Entstehung der Arten durch natürliche Zuchtwahl. Stuttgart: Philipp Reclam (1963). – Darwin, C. R. (1871). The descent of man, and selection in relation to sex. London: John
Murray. – Deutsch: Die Abstammung des Menschen. Stuttgart: Alfred Kröner (1982).
– Dawkins, R. (1976). The selfish gene. Oxford: Oxford University. – Deutsch: Das
egoistische Gen. Berlin, Heidelberg: Springer (1978). – Dawkins, R. (1982). The extended phenotype: The gene as the unit of selection. Oxford, San Francisco: W. H. Free-
man. – Dickemann, M. (1979). Female infanticide, reproductive strategies and social
stratification: A preliminary model. S. 321–367 in: Evolutionary biology and human
social behavior: An anthropological perspective (Hrsg.: N. Chagnon/W. Irons). North
Scituate / Massachusetts: Duxbury. – Durham, W. H. (1982). Interactions of genetical
and cultural evolution: models and examples. Human Ecology 10, S. 289–323. – Eibl-
Eibesfeldt, I. (1984). Die Biologie des menschlichen Verhaltens. Grundriß der Humanethologie. München: Piper. – Eisenberg, J. F./N. A. Muckenhirn/R. L. Rudran (1972).
The relation between ecology and social structure in primates. Science 176, S. 863–874.
– Engel, C. (1990). Reproduktionsstrategien im sozioökologischen Kontext. Eine evolutionsbiologische Interpretation sozialgruppenspezifischer demographischer Muster
in einer historischen Population (Krummhörn, Ostfriesland im 18. und 19. Jahrhundert). Dissertation, Universität Göttingen. – Engels, E. – M. (1987). Der Wandel des
lebensweltlichen Naturverständnisses unter dem Einfluß der modernen Biologie.
S. 69–103 in: Zum Wandel des Naturverständnisses (Hrsg.: C. Burrichter, R. Inhet-
veen/R. Kötter). Paderborn, München: Ferdinand Schöningh. – Fischer, E. (1913). Die
Rehobother Bastards und das Bastardisierungsproblem beim Menschen. Anthropologische und ethnographische Studien am Rehobother Bastardvolk in Deutsch-Süd-
westafrika. Jena. – Fisher, R. A. (1930). The genetical theory of natural selection. Oxford: Clarendon. – Flinn, M. (1981). Uterine vs. agnatic kinship variability and associa-
ted cousin marriage preferences: An evolutionary biological analysis. S. 439–475 in:
Natural selection and social behavior (Hrsg.: R. D. Alexander/D. W. Tinkle). New
York: Chiron. – Fouts, R. S. (1973). Capacities for language in great apes. Paper pre-
sented at: IXth International Congress of Anthropological and Ethnological Sciences,
Chicago. – Frazer, J. J. (1910). Totemism and exogamy. London: Macmillan. – Frisch,
J. E. (1968). Individual behavior and intertroop variability in Japanese macaques. In:
Primates (Hrsg.: P. C. Jay). New York. – Gallup, G. G. (1970). Chimpanzee self-

recognition. Science 167, 86–87. – Galton, F. (1869). Hereditary genius. An inquiry into its laws and consequences. London: Macmillan. – Gardner, R. A./B. T. Gardner (1969). Teaching sign language to a chimpanzee. Science 165, S. 664–672. – Gaulin, S. J. C./M. Konner (1977). On the natural diet of primates, including humans. S. 1–86 in: Nutrition and the brain (Hrsg.: R. J. Wurtman/J. J. Wurtman). New York: Raven. – Gehrmann, R. (1984). Leezen 1720–1870. Ein historisch-demographischer Beitrag zur Sozialgeschichte des ländlichen Schleswig-Holstein. Neumünster: Wachholtz. – Geisthövel (1992). Einführungsbrief Funkkolleg: Der Mensch – Anthropologie heute. (Hrsg.: Deutsches Institut für Fernstudien an der Universität Tübingen). S. 34–35. Hemsbach: Beltz. – Gobineau, A. Comte de (1853–1855). Essai sur l'inégalité des races humaines. Paris: Firmin-Didot. – Goodall, J. (1965). Chimpanzees of the gombe stream reserve. S. 425–473 in: Primate behavior. Field studies of monkeys and apes (Hrsg.: I. De Vore). New York, London: Holt, Rinehart/Winston. – Goodall, J. (1968). A preliminary report on expressive movements and communication in the Gombe stream chimpanzees. In: Primates (Hrsg.: P. C. Jay). New York. – Goodall, J. (1970). Tool-using in primates and other vertebrates. in: Advances in the Study of Behavior 3, S. 195–249. – Goodall, J. (1971). Wilde Schimpansen. Reinbek: Rowohlt. – Goodall, J. (1977). Infant killing and canibalism in free-living chimpanzees. Folia primatologica 28, S. 259–282. – Gould, S. J. (1981). The mismeasure of man. New York: W. W. Norton. – Gründel, J. (1987). Grenzen der ärztlichen Behandlungspflicht bei schwerstgeschädigten Neugeborenen aus theologisch-ethischer Sicht. S. 73–98 in: Grenzen ärztlicher Behandlungspflicht bei schwerstgeschädigten Neugeborenen. (Hrsg.: H.-D. Hiersche/G. Hirsch/T. Graf-Baumann). Berlin, Heidelberg: Springer. – Gruter, M. (1983). Die Bedeutung der biologische orientierten Verhaltensforschung für die Suche nach den Rechtstatsachen. In: Der Beitrag der Biologie zur Fragen von Recht und Ethik (Hrsg.: M. Gruter/M. Rehbinder). Schriftenreihe zur Rechtssoziologie und Rechtstatsachenforschung 54, S. 225–241. Berlin: Duncker & Humblot. – Günther, H. F. K. (1922). Rassenkunde des deutschen Volkes. München: Lehmann. – Haeckel, E. (1878). Deszendenztheorie und Sozialdemokratie. In: Gemeinverständliche Vorträge und Abhandlungen aus dem Gebiete der Entwicklungslehre. Zweite, vermehrte Auflage der Gesammelten populären Vorträge, Heft 1–2, S. 280–288. Berlin: Emil Strauß (1902). – Nachdruck S. 100–106 in: Der Darwinismus (Hrsg.: G. Altner). Darmstadt: Wissenschaftliche Buchgesellschaft, 1981. – Hamilton, W. D. (1964). The genetical evolution of social behaviour. Journal of Theoretical Biology 7, S. 1–52. – Harlow, H. F./M. K. Harlow (1962). Social deprivation in monkeys. Scientific American 207, S. 136. – Harlow, H. F./M. K. Harlow (1965). The affectional systems. In: Behavior of non-human primates, II (Hrsg.: A. M. Schrier/H. F. Harlow/F. Stollnitz). New York. – Harlow, H. F./M. K. Harlow (1966). Learning to love. American Scientist 54, 244–272. – Hausfater, G./C. Vogel (1982). Infanticide in langur monkeys (Genus Presbytis). Recent research and a review of hypotheses. S. 160–176 in: Advanced views in primate biology (Hrsg.: A. B. Chiarelli/R. S. Corruccini). Berlin: Springer. – Hausfater, G./S. B. Hrdy (1984). Infanticide. Comparative and evolutionary perspectives. New York: Aldine. – Hayden, B. (1975). The carrying capacity dilemma: An alternative approach. In: Population studies in archaelogy and biological anthropology: A symposium (Hrsg.: A. C. Swedlund). American Antiquity 40, S. 11–21. – Hayek, F. A. von (1979). Die drei Quellen der menschlichen Werte. Walter Eucken Institut, Vorträge und Aufsätze 70. Tübingen: J. C. B. Mohr. – Hill, J. (1984). Prestige and reproductive success in man. Ethology and Sociobiology 5, S. 77–95. – Hofstadter, D. R. (1983). Metamagikum. Kann sich in einer Welt voller Egoisten kooperatives Verhalten entwickeln? Spektrum der Wissenschaft 8, S. 8–14. – Holloway, R. L. (1975).

Early hominid endocasts: volumes, morphology and significance for hominid evolution. S. 393–415 in: Primate functional morphology and evolution (Hrsg.: R. H. Tuttle). Den Haag, Paris: Mouton. – Hrdy, S. B. (1974). Male-male competition and infanticide among the langurs (Presbytis entellus) of Abu, Rajasthan. Folia primatologica 22, S. 19–58. – Humphrey, N. K. (1976). The social function of intellect. S. 303–317 in: Growing points in ethology (Hrsg.: P. P. G. Bateson/R. A. Hinde). Cambridge: Cambridge University Press. – Huxley, J. (1923). Courtship acitivites in the red-throated diver (Colymbus stellatus); together with the discussion of the evolution of courtship in birds. Journal of the Linnéan Zoological Society London 53, S. 253–292. – Huxley, J. (1948). Evolution. The modern synthesis. London. – Huxley, T. H. (1888). The struggle for existence in human society. The Nineteenth Century 23, 161–180. – Deutsch: Soziale Essays. Der Daseinskampf in der menschlichen Gesellschaft. Weimar, 1897. – Huxley, T. H. (1893). Evolution and ethics. The Romanes Lecture 1893. – Nachdruck S. 67–112 in: T. H. Huxley/J. Huxley, Touchstone for ethics. New York, London: Harper & Brothers, 1947. – Jaspers, K. (1949). Vom Ursprung und Ziel der Geschichte. München: Piper – Jonas, H. (1979). Das Prinzip Verantwortung. Frankfurt/Main: Insel. – Jones, C./J. Sabater Pi (1969). Sticks used by chimpanzees in Rio Muni, West Africa. Nature 223, S. 100 101. – Joyce, T. (1987). The impact of induced abortion on black and white birth outcomes in the United States. Demography 24, S. 229–244. – Kaplan, H./K. Hill (1986). Sexual strategies and socio-class differences in fitness in modern industrial societies. The Behavioral and Brain Sciences 9, S. 198–201. – Kautsky, K. (1910). Vermehrung und Entwicklung in Natur und Gesellschaft. Stuttgart. Nachdruck S. 242–250 in: Der Darwinismus (Hrsg.: G. Altner). Darmstadt: Wissenschaftliche Buchgesellschaft,1981. – Kawai, M. (1963). On the newly-acquired behaviors of the natural troop of Japanese monkeys on Koshima Islet. Primates 4, S. 113–115. – Kawai, M. (1965). Newly-acquired pre-cultural behavior of the natural troop of Japanese monkeys on Koshima Islet. Primates 6, S. 1–30. – Kawamura, S. (1959). The process of sub-culture propagation among Japanese macaques. Primates 2, S. 43–60. – Kinne, O. (1984). Ökologie – Brennpunkt biologischer Forschung und Schicksalsfrage für die Menschheit. S. 24–37 in: Karl Ritter von Frisch-Medaille, Wissenschaftspreis 1984 der Deutschen Zoologischen Gesellschaft (Hrsg.: G. Peters). Stuttgart: Gustav Fischer. – Kortlandt, A. (1962). Chimpanzees in the wild. Scientific American. – Kortlandt, A. (1972). New perspectives on ape and human evolution. Amsterdam. – Kowalski, G. W./N. Bischof/J. R. Searle/J. Maynard Smith/H. L. Rheingold/E. Turiel/B. Williams/P. H. Wolf (1978). Psychology group report. S. 259–282 in: Morality as a biological phenomenon (Hrsg.: G. S. Stent). Dahlem Konferenzen. Berlin: Abakon. – Krebs, J. R./N. B. Davies (1981). An introduction to behavioural ecology. Oxford: Blackwell. – Kropotkin, P. (1902). Mutual aid. A factor of evolution. New York: Mc Clure, Philipps & Co. – Deutsch: Gegenseitige Hilfe in der Tier- und Menschenwelt. Frankfurt: Ullstein, 1975. – Kropotkin, P. (1904). The ethic need of the present day. The Nineteeth Century 1904, 207–226. – Deutsch: Ursprung und Entwicklung der Sitten, 1. Kapitel: Das Bedürfnis der Gegenwart nach Ausgestaltung der Grundlagen der Sittlichkeit. Berlin: K. Kramer, 1976. – Kummer, H. (1957). Soziales Verhalten einer Mantelpavian-Gruppe. Schweizer Zeitschrift für Psychologie, Beiheft 33, S. 1–91. Bern: Huber. – Kummer, H. (1967). Tripartite relations in hamadryas baboons. In: Social communication among primates (Hrsg.: S. A. Altmann). Chicago: University of Chicago Press. – Kummer, H. (1975). Sozialverhalten der Primaten. Springer, Berlin. – Originalausgabe: Primate societies. Chicago: Aldine Atherton, 1971. – Kummer, H. (1978). Analogs of morality among nonhuman primates. S. 35–52 in: Morality as a biological phenomenon (Hrsg.: G. S. Stent). Dahlem

243 Konferenzen. Berlin: Abakon. – Kummer, H. (1981). Soziobiologie. S. 96–105 in: Bericht über den 32. Kongreß der Deutschen Gesellschaft für Psychologie, Zürich 1980 (Hrsg.: W. Michaelis) Bd. 1. Göttingen: Hogrefe. – Kummer, H. (1982). Social knowledge in free-ranging primates. S. 113–130 in: Animal mind – human mind (Hrsg.: D. R. Griffin). Berlin: Springer. – Kurland, J. A. (1979). Paternity, mother's brother and human sociality. S. 145–180 in: Evolutionary biology and human social behavior. An anthropological perspective (Hrsg.: N. Chagnon/W. Irons). North Scituate/Massachusetts: Duxbury. – Lack, D. (1954). The natural regulation of animal numbers. Oxford: Oxford University Press. – Lamarck, J. B. de (1809). Philosophie zoologique, ou exposition des considérations relatives a l'historie naturelle des animaux. Paris: Dentu. – Lewis, J. K./G. P. Sackett (1980). Toward an ontogenetic monkey model of behavioral development. S. 107–123 in: The evolution of human social behavior (Hrsg.: J. S. Lockard). New York: Elsevier. – Loewenich, V. von (1987). Therapiemöglichkeiten und ihre Bewertung bei schwerstgeschädigten Neugeborenen aus ärztlicher Sicht. S. 41–51 in: Grenzen ärztlicher Behandlungspflicht bei schwerstgeschädigten Neugeborenen (Hrsg.: H. D. Hiersche, G. Hirsch/T. Graf-Baumann). Berlin, Heidelberg: Springer. – Lorenz, K. (1940). Durch Domestikation verursachte Störungen arteigenen Verhaltens. Zeitschrift für angewandte Psychologie und Charakterkunde 59. – Lorenz, K. (1954). Moral-analoges Verhalten geselliger Tiere. Forschung und Wirtschaft 4, S. 1–23. – Lorenz, K. (1955). Über das Töten von Artgenossen. Jahrbuch der Max-Planck-Gesellschaft Göttingen, S. 105–140. – Lorenz, K. (1963). Das sogenannte Böse. Wien: Borotha-Schoeler. – Luckmann, T. (1979). Personal identity as an evolutionary and historical problem. S. 54–74 in: Human ethology. Claims and limits of a new discipline (Hrsg.: M. v. Cranach/K. Foppa/W. Lepenies/D. Ploog). Cambridge: Cambridge University Press. – Lukesch, H. (1983) : Psycho-soziale Aspekte der extrakorporalen Befruchtung und des Embryotransfer beim Menschen. S. 199–222 in: In-Vitro-Fertilisation und Embryotransfer (Retortenbaby) (Hrsg.: U. Jüdes). Stuttgart: Wissenschaftliche Verlagsgesellschaft. – Lumsden, C. J./E. O. Wilson (1983). Promethean fire. Reflections on the origin of mind. Cambridge / Massachusetts, London: Harvard University Press. – Deutsch: Das Feuer des Prometheus. Wie das menschliche Denken entstand. München: Piper, 1984. – Mackie, J. L. (1977). Ethics. Inventing right and wrong. Harmondsworth: Penguin. – Mackie, J. L. (1982). Cooperation, competition and moral philosophy. S. 271–284 in: Cooperation and competition in humans and animals (Hrsg.: A. M. Colman). Wokingham: Van Nostrand Reinhold. – Malthus, T. R. (1798). An essay on the principle of population, as it affects the future improvement of society. London: Johnson. – Deutsch: Das Bevölkerungsgesetz. München: Deutscher Taschenbuchverlag. – Mann, G. (1974). Geschichtswissenschaft gestern und heute. In: Meyers Enzyklopädisches Lexikon Bd. 10, S. 192–197. Mannheim: Bibliographisches Institut. – Markl, H. (1982). Ökologie des Menschen in geschichtlicher Perspektive. In: Kindlers Enzyklopädie „Der Mensch" Bd. 2, S. 627–663. Zürich: Kindler. – Markl, H. (1983 a). Wie unfrei ist der Mensch? Von der Natur in der Geschichte. S. 11–50 in: Natur und Geschichte (Hrsg.: H. Markl). München: Oldenbourg. – Markl, H. (1983b). Die Dynamik des Lebens: Entfaltung und Begrenzung biologischer Populationen. S. 71–100 in: Natur und Geschichte (Hrsg.: H. Markl). München: Oldenbourg. – Markl, H. (1984). Die Erde, doch hoffentlich ein Garten … Die Verantwortung für den Bestand des Lebens – Evolution und ökologische Krise. Stadt 31, S. 12–18. – Markl, H. (1986). Evolution und Freiheit – Das schöpferische Leben. S. 433–466 in: Zeugen des Wissens (Hrsg.: H. Maier-Leibnitz). Mainz: v. Hase & Koehler. – Markl, H./E. Butenandt/D. T. Campbell/F. J. G. Ebeling/L. H. Eckensberger/C. Fried/H. Kummer (1978). Evolution of morals? Morals of evolution? Group report. 233–257 in: Morality as a biological phenomenon (Hrsg.: G. S. Stent). Dahlem Konferenzen. Berlin: Abakon. – Maynard Smith, J. (1964). Group selection and kin selection. Nature (London) 201, S. 114–1147. – Maynard Smith, J. (1976). Evolution and the theory of games. American Scientist 64, 41–45. – Maynard Smith, J. (1982). Evolution and the theory of games. Cambridge: Cambridge University Press. – Maynard Smith, J./G. A. Parker (1976). The logic of asymmetric contests. Animal Behaviour 24, S. 159–175. – Maynard Smith, J./G. R. Price (1973). The logic of animal conflict. Nature (Lond.) 246, S. 15–18. – Mc Grew, W. C./C. E. G. Tutin (1973). Chimpanzee tool use in dental grooming. Nature 241, S. 477–478. – Menzel, E. W./D. Premack/G. Woodruff (1978). Map-reading by chimpanzees. Folia primatologica 29, S. 241–249. – Moore, J. (1983). Carrying capacity, cycles, and culture. Journal of Human Evolution 12, S. 505–514. – Morris, D. (1963). Biologie der Kunst. Düsseldorf: Rauch. – Müller-Hill, B. (1984). Tödliche Wissenschaft. Die Aussonderung von Juden, Zigeunern und Geisteskranken 1933–1945. Reinbek: Rowohlt. – Musschenga, A. W. (1984). Can sociobiology contribute to moral science and ethics? Journal of Human Evolution 13, S. 137–147. – Napier, J. (1962). The evolution of the hand. Scientific American. – Osche, G. (1962). Das Praeadaptationsphänomen und seine Bedeutung für die Evolution. Zoologischer Anzeiger 169, S. 14–49. – Patzig, G. (1983). Ökologische Ethik. S. 329–347 in: Natur und Geschichte (Hrsg.: H. Markl). München: Oldenbourg. – Patzig, G. (1984). Verhaltensforschung und Ethik. Neue Deutsche Hefte 31, S. 675–686. – Petterson, R. O./R. E. Page/K. M. Dodge (1984). Wolves, moose, and the allometry of population cycles. Science 224, S. 1350–1352. – Ploog, D. (1972). Kommunikation in Affengesellschaften und deren Bedeutung für die Verständigungsweise des Menschen. S. 98–178 in: Neue Anthropologie Bd. 2 (Hrsg.: H. G. Gadamer/P. Vogler). Stuttgart: G. Thieme. – Polge, C. et aliter (1966). The effect of reducing the number of embryos during early stages of gestation on the maintenance of pregnancy in the pig. Journal of Reproduction and Fertility 12, S. 395–397. – Premack, D. (1971). Language in chimpanzee? Science 172, S. 808–822. – Premack, D. (1975). Putting a face together: Chimpanzees and children reconstruct and transform disassembled figures. Science 188, S. 228–236. – Ramanamma, A./V. Bambawale (1989). The mania for sons: An analysis of social values in South Asia. Social Science and Medicine 14, S. 107–110. – Remane, A. (1956). Die Grundlagen des natürlichen Systems, der vergleichenden Anatomie und der Phylogenetik. 2. Aufl. Leipzig. – Remane, A. (1961). Gedanken zum Problem: Homologie und Analogie, Praeadaptation und Parallelität. Zoologischer Anzeiger 166, S. 447–465. – Reynolds, V. (1984). The relationship between biological and cultural evolution. Journal of Human Evolution 13, S. 71–79. – Rosenberg, A. (1930). Der Mythos des 20. Jahrhunderts. Eine Wertung der seelisch-geistigen Gestaltkämpfe unserer Zeit. München: Hoheneichen. – Rousseau, J.-J. (1755). Discours sur l'inégalité. – Deutsch: Diskurs über die Ungleichheit (Hrsg.: H. Meier). Paderborn: Schöningh, 1984. – Rudran, R. (1973). Adult male replacement in one-male troops of purple-faced langurs (Presbytis senex senex) and its effect on population structure. Folia primatologica 19, S. 166–192. – Rumbaugh, D. M. (1973). The learning and symbolizing capacities of apes and monkeys. Paper presented at: IXth International Congress of Anthropological and Ethnological Sciences, Chicago. – Sade, D. S. (1980). Population biology of free-ranging rhesus monkeys on Cayo Santiago, Puerto Rico. S. 171–187 in: Biosocial mechanisms of population regulation (Hrsg.: M. N. Cohen/R. S. Malpass/H. G. Klein). New Haven, New York: Yale University Press. – Savage-Rumbaugh, E. S./D. M. Rumbaugh/S. Boysen (1978). Linguistically mediated tool use and exchange by chimpanzees (Pan troglodytes). The Behavioral and Brain Sciences 4, S. 539–554. – Schallmayer, W. (1903). Vererbung und Auslese im Lebenslauf der Völker. Eine staats-

245   wissenschaftliche Studie auf Grund der neueren Biologie. 3. Teil der Preisschrift-
sammlung: Natur und Staat (Hrsg.: H. E. Ziegler/J. Conrad/E. Haeckel). Jena: G. Fischer. – Scrimshaw, S. C. M. (1984). Infanticide in human populations: Societal and individual concerns. S. 439–462 in: Infanticide. Comparative and evolutionary perspectives (Hrsg.: G. Hausfater/S. B. Hrdy). New York: Aldine. – Seitelberger, F. (1985).
Freiheit und Verantwortung: Neurobiologische und medizinische Gesichtspunkte.
Abstract zur Tagung: Erträge der Verhaltensforschung für die Sozialwissenschaften
und Konsequenzen für das Recht; 4. – 6. Sept. 1985, München. – Shaw, R. P./W. Wong
(1989). Genetic seeds of warfare, evolution, nationalism. Boston: Unvin Hyman. –
Shearer, M. H. (1988). Some effects of assisted reproduction on perinatal care. Birth
15, S. 131–133. – Shepard, T. H./A. G. Fantel (1979). Embryonic and early fetal loss.
Clinics in Perinatology 6, S. 219–243. – Short, R. V. (1984). Breastfeeding. Scientific
American 250, S. 35–42. – Sidgwick, H. (1874). The Methods of Ethics. London: Macmillan. – Simpson, G. G. (1951). Zeitmaß und Ablaufformen der Evolution. Göttingen. – Simpson, G. G. (1953). The Baldwin-Effect. Evolution 7, S. 110–117. – Slobodkin, L. B. (1978). Is history a consequence of evolution? S. 233–255 in: Perspectives in
ethology III: Social Behavior (Hrsg.: P. P. G. Bateson/P. H. Klopfer). New York, London: Plenum. – Sommer, V. (1984). Kindestötung bei indischen Langurenaffen (Presbytis entellus): eine männliche Reproduktionsstrategie? Anthropologischer Anzeiger
42, S. 177–183. – Sommer, V./S. M. Mohnot (1985). New observations on infanticides
among Hanuman langurs (Presbytis entellus) near Jodhpur (Rajasthan/India). Behavioral Ecology and Sociobiology 16, S. 245–248. – Starck, D. (1965). Die Neenkephalisation (Die Evolution zum Menschenhirn). S. 103–144 in: Menschliche Abstammungs-
lehre (Hrsg.: G. Heberer). Stuttgart. – Staudinger, H./Schlüter, J. (1981). Wer ist der
Mensch? Stuttgart: Burg. – Stent, G. S. (1978). Introduction: the limits of the naturalistic approach to morality. S. 13–21 in: Morality as a biological phenomenon (Hrsg.: G.
S. Stent). Dahlem Konferenzen. Berlin: Abakon. – Stent, G. S. (1984). Ethische Dilem-
mas der Biologie. In: Verantwortung und Ethik in der Wissenschaft. Berichte und
Mitteilungen der Max-Planck-Gesellschaft 3, S. 88–102. – Stephenson, G. R. (1967).
Cultural acquisition of a specific learned response among rhesus monkeys. In: Neue
Ergebnisse der Primatologie (Hrsg.: D. Starck, R. Schneider/H. J. Kuhn). Stuttgart. –
Struhsaker, T. T./P. Hunkeler (1971). Evidence of tool-using by chimpanzees in the
Ivory Coast. Folia primatologica 15, S. 212–219. – Suzuki, A. (1973). The origin of ho-
minid hunting a primatological perspective. Paper presented at: IXth International
Congress of Anthropological and Ethnological Sciences, Chicago. – Sved, J. A./L.
Sandler (1981). Relation of maternal age effect in Down syndrome to nondisjunction.
S. 95–98 in: Trisomy 21 (Down Syndrome). Research Prospectives (Hrsg.: F. F. de la
Cruz/P. S. Gerald). Baltimore: University Press Park. – Trivers, R. L. (1971). The evolution of reciprocal altruism. Quarterly Review of Biology 46, S. 35–57. – Trivers, R.
L./D. E. Willard (1973). Natural selection of parental ability to vary the sex ratio of
offspring. Science 179, S. 90–92. – Vernier, B. (1984). Vom rechten Gebrauch der Verwandtschaft: die Zirkulation von Gütern, Arbeitskräften und Vornamen auf Karpathos (Griechenland). S. 55–110 in: Emotionen und materielle Interessen. Sozialanthropologie und historische Beiträge zur Familienforschung (Hrsg.: H. Medick/S. Sabean).
Göttingen: Vandenhoeck & Ruprecht. – Vogel, C. (1973). Neue Aspekte zur Evolution des Menschen. Acta Leopoldina 42, S. 253–269. – Vogel, C. (1979). Der Hanuman
Langur (Presbytis entellus). ein Parade-Exempel für die theoretischen Konzepte der
Soziobiologie? S. 73–89 in: Verhandlungen der Deutschen Zoologischen Gesellschaft
1979 (Hrsg.: W. Rathmayer). Stuttgart: G. Fischer. – Vogel, C. (1984). Ethische Überlegungen zur Anthropologie und Ethologie. In: Verantwortung und Ethik in der Wis-

senschaft (Hrsg.: Max-Planck-Gesellschaft, München) 3, S. 115–136. – Vogel, C. (1985). Helping, cooperation, and altruism in primate societies. S. 375–389 in: Experimental behavioral ecology (Hrsg.: B. Hölldobler/M. Lindauer). Stuttgart: G. Fischer. – Vogel, C. (1986). Von der Natur des Menschen in der Kultur. S. 47–66 in: Der ganze Mensch. Aspekte einer pragmatischen Anthropologie (Hrsg.: H. Rössner). München: Deutscher Taschenbuchverlag. – Vogel, C./E. Voland (1988). Evolution und Kultur. S. 101–130 in: Psychobiologie. Grundlagen des Verhaltens (Hrsg.: K. Immelmann, K. Scherer, C. Vogel/P. Schmoock). Stuttgart: G. Fischer. – Voland, E. (1984). Bestimmungsgrößen für differentielles Elterninvestment in einer menschlichen Population. Anthropologischer Anzeiger 42, S. 197–210. – Voland, E. (1984). Human sex-ratio manipulation: Historical data from a German parish. Journal of Human Evolution 13, S. 99–107. – Voland, E. (1988). Sozio-kulturelle Korrelate unterschiedlicher biogenetischer Reproduktionserfolge. Colloquiums-Referat: Evolutionsbiologie und Kulturentwicklung. Das Zusammenspiel biogenetischer und tradigenetischer Reproduktionsvorgänge; Werner-Reimers-Stiftung, Bad Homburg, 28. – 30. April 1988. – Voland, E. (1989). Differential parental investment: Some ideas on the contact area of European social history and evolutionary biology. S. 391–403 in: Comparative socioecology. The behavioural ecology of humans and other mammals (Hrsg.: V. Standen/R. A. Foley). Oxford: Blackwell. – Voland, E. (1990). Differential reproductive successes within the Krummhörn population (Germany, 18th and 19th centuries). Behavioral Ecology and Sociobiology 26, S. 65–72. – Voland, E./C. Engel (1990). Female choice in humans: A conditional mate selection strategy of the Krummhörn women (Germany, 1720–1874). Ethology 84, S. 144–154. – Voland, E./E. Siegelkow/C. Engel (1991). Cost/benefit oriented parental investment by high status families – the Krummhörn case. Ethology and Sociobiology 12, S. 105–118. – Warnock, C. J. (1971). Object of morality. London: Methuen & Co. – Wasser, S. K. (1990). Infertility, abortion and biotechnology: When it's not nice to fool mother nature. Human Nature 1, S. 3–24. – Weigl, E. (1941). On the psychology of so-called processes of abstraction. Journal of Abnormal Social Psychology 36, S. 3–33. – Weingart, P./J. Kroll/K. Bayertz (1988). Rasse, Blut und Gene. Geschichte der Eugenik und Rassenhygiene in Deutschland. Frankfurt am Main: Suhrkamp – Weinstein, B. (1945). The evolution of intelligent behavior in rhesus monkeys. Genet. Psychol. Monographs 31, S. 3–48. – Weismann, A. (1892). Das Keimplasma. Eine Theorie der Vererbung. Jena. – Wickler, W. (1967). Socio-sexual signals and their intra-specific imitation among primates. S. 69–147 in: Primate ethology (Hrsg.: D. Morris). London: Weidenfeld & Nicolson. – Wickler, W. (1969). Sind wir Sünder? Naturgesetze der Ehe. München: Droemer Knaur. – Wickler, W. (1983). Hat die Ethik einen evolutionären Ursprung? In: Die Verführung durch das Machbare. Ethische Konflikte in der modernen Medizin und Biologie (Hrsg.: P. Koslowski/P. Kreuzer/R. Löw). Civitas Resultate 3, S. 125–140. Stuttgart: S. Hirzel. – Wickler, W. (1991). Soziobiologie: Ein starkes Konzept mit einem blinden Fleck. MPG-Spiegel 2, S. 30–37. – Wickler, W./U. Seibt (1977). Das Prinzip Eigennutz. Ursachen und Konsequenzen sozialen Verhaltens. Hamburg: Hoffmann & Campe. – Williams, G. C. (1966). Adaptation and natural selection. A critique of some current evolutionary thought. Princeton/New Jersey: Princeton University Press. – Wind, J. (1980). Man's selfish genes, social behavior and ethics. Journal of Social and Biological Structures 3, S. 33–41. – Winkler, P./H. Loch/C. Vogel (1984). Life history of Hanuman langurs (Presbytis entellus). Reproductive parameters, infant mortality, and troop development. Folia primatologica 43, S. 1–23. – Wispé, L. (1978). Introduction. S. 1–9 in: Altruism, sympathy, and helping (Hrsg.: L. Wispé). New York: Academic Press. – Woltmann, L. (1903). Politische Anthropologie. Eine Untersuchung über den Einfluß der

247   Deszendenztheorie auf die Lehre von der politischen Entwicklung der Völker. Eisenach, Leipzig: Thüringische Verlagsanstalt. – Wrigley, E. A. (1978). Fertility strategy for the individual and the group. S. 135–154 in: Historical studies of changing fertility (Hrsg.: C. Tilly). Princeton: Princeton University Press. – Wynne-Edwards, V. C. (1962). Animal dispersion in relation to social behaviour. Edinburgh: Oliver & Boyd.

Modernisierung der Anthropologie
Eckart Voland (1997). Nachruf auf Christian Vogel, Jahrbuch der Akademie der Wissenschaften in Göttingen, S. 316–321. Göttingen: Vandenhoeck & Ruprecht (veränderte und erweiterte Fassung).

Kapitel 1
Christian Vogel (1975). Praedispositionen bzw. Paeadaptationen der Primaten-Evolution im Hinblick auf die Hominisation. S. 1–31 in: Hominisation und Verhalten (Hrsg.: G. Kurth/I. Eibl-Eibesfeldt). Stuttgart: Gustav Fischer.

Kapitel 2
Christian Vogel (1983). Die biologische Evolution menschlicher Kulturfähigkeit. S. 101–127 in: Natur und Geschichte (Hrsg.: H. Markl). München, Wien: Oldenbourg. – Christian Vogel (1983). Gibt es Vorstufen menschlicher Geschichtlichkeit bei nicht-menschlichen Primaten? Nova Acta Leopoldina NF 55, S. 79–91.

Kapitel 3
Christian Vogel (1991). Evolutionsbiologie und menschliches Verhalten. Von der Wechselwirkung biologischer Evolution und kultureller Traditionen. Nachrichten der Akademie der Wissenschaften in Göttingen 1991, S. 217–234. Göttingen: Vandenhoeck & Ruprecht.

Kapitel 4
Christian Vogel (1986). Populationsdichte-Regulation und individuelle Reproduktionsstrategien in evolutionsbiologischer Sicht. In: Regulation, Manipulation und Explosion der Bevölkerungsdichte (Hrsg.: O. Kraus). Veröffentlichungen der Joachim Jungius-Gesellschaft der Wissenschaften Hamburg 55, S. 11–30. Göttingen: Vandenhoeck & Ruprecht.

Kapitel 5
Christian Vogel (1995). Homizid in evolutionsbiologischer Sicht. S. 11–19 in: Forensische Osteologie (Hrsg.: K. S. Saternus/W. Bonte). Festschrift für Steffen Berg. Lübeck: Schmid-Römhild.

249   Kapitel 6
Christian Vogel (1990). Soziobiologische Aspekte der Reproduktionsmedizin. Der Frauenarzt, 31, S. 273–278.

Kapitel 7
Christian Vogel (1986). Evolution und Moral. S. 467–507 in: Zeugen des
Wissens (Hrsg.: H. Maier-Leibnitz). Mainz: v. Hase & Koehler.

Kapitel 8
Christian Vogel (1992). Rassenhygiene – Rassenideologie – Sozialdarwinismus : die Wurzeln des Holocaust. S. 11–31 in: Dienstbare Medizin.
Ärzte betrachten ihr Fach im Nationalsozialismus (Hrsg.: H. Fried-
rich/W. Matzow). Göttingen: Vandenhoeck & Ruprecht.

Kapitel 9
Christian Vogel (1991). Ethische Probleme im Bereich der Evolutionsbiologie, der Verhaltensforschung und der Soziobiologie. S. 95–111 in:
Wissenschaft ohne Grenzen? Geistes- und Naturwissenschaftler stellen
sich der Verantwortungsfrage (Hrsg.: R. Schmitt/H. Altner/D. Burk-
hardt). Regensburg: Buchverlag der Mittelbayerischen Zeitung.

Kapitel 10
Christian Vogel (1991). „Sie ist die Erste nicht!" Eine soziobiologische
Version der Gretchen-Tragödie. In: Grenzübertritte. Drei Vorträge zur
deutschen Literatur von Manfred Eigen, Christian Vogel und Lothar
Perlitt. Göttinger Universitätsreden 89, S. 22–35. Göttingen: Vanden-
hoeck & Ruprecht.

Die vorliegende Aufsatzsammlung basiert auf den im „Verzeichnis der Erstveröffentlichungen" nachgewiesenen Quellen. Die Titel wurden teilweise verändert, Zwischenüberschriften wurden eingefügt. Kapitel 2 ist eine Kombination zweier Aufsätze. In Zusammenarbeit mit Ellen Vogel wurde die Zitation der verwendeten Literatur – so weit sie rekonstruierbar ist – vereinheitlicht und in einem gemeinsamen Verzeichnis zusammengefügt; wörtliche englische Zitate wurden übersetzt.

Um Überlappungen zwischen den Kapiteln zu vermeiden, wurden Dubletten teilweise großflächig gestrichen und gegebenenfalls durch Hinweise auf andere Kapitel ersetzt, wo sich ausführliche Erklärungen zu einem Thema finden. Gleichwohl sollte jedes Kapitel in sich lesbar bleiben – weshalb geringfügige Wiederholungen im Text belassen sind.

In der ihm eigentümlichen vorsichtigen Ausdrucksweise bediente sich Christian Vogel zahlreicher Anführungszeichen. Diese wurden zum größten Teil gestrichen. Aus einem Satz wie „Der Mensch kann die proximaten ‚Befriedigungsziele', also die ‚Sofortbelohnungen', von den ultimaten ‚Reproduktionszwecken' als dem evolutiven ‚Fernziel' abkoppeln" wird dadurch schlicht: „Der Mensch kann die proximaten Befriedigungsziele, also die Sofortbelohnungen, von den ultimaten Reproduktionszwecken als dem evolutiven Fernziel abkoppeln".

Personenregister

Agena, G. 87
Alexander, R. D. 76, 89, 131, 138, 149 f., 170, 174
Altmann/Altmann 37
Ammon, O. 187
Axelrod, R. 151, 166
Ayme, S. 125

Bates, D. G. 101
Bauer, E. 194
Beck, B. 36 f.
Betzig, L. L. 83
Bick, M. J. A. 33
Biegert, J. 26
Bischof, N. 57, 66, 91, 152, 156, 165
Blumenbach, J. F. 190
Blurton Jones, N. 123, 148
Borgerhoff Mulder, M. 83
Borries, C. 11
Burton, F. D. 33
Buys, D. J. 172, 175

Campbell, D. T. 150, 154 ff., 159 f.
Chagnon, N. A. 114, 148
Chamberlain, H. St. 188
Champlain, S. de 88
Chance, M. R. A. 35 f.
Chapman, M. 106
Cohen, R. 150
Condorcet, A. 214
Curtin, R. 105

Daly, M. 114, 125 f.
Darré, W. 188
Darwin, Ch. 17, 49 ff., 75, 97 f., 103, 111 f., 114, 136, 139 f., 143, 145, 150, 179 ff., 211 ff.
Davies, N. B. 141
Dawkins, R. 76, 144, 161
Dickemann, M. 88, 128
Dolhinow, P. C. 105
Durham, W. H. 148

Eibl-Eibesfeldt, I. 138, 156, 159 f.
Eickstedt, E. von 203
Eisenberg, J. F. 105
Engel, C. 85, 88

Engels, E.-M. 130
Erhardt, S. 195, 199 ff.

Fantel, A. G. 124
Feinberg, J. 177
Fischer, E. 190, 193 ff., 196, 203
Fisher, R. A. 86
Flinn, M. 89
Fouts, R. S. 39
Frazer, J. J. 156
Frege, G. 157
Frisch, J. E. 33

Galen 135
Gallup, G. G. 61
Galton, F. 52, 150, 184
Gardner, A./Gardner, B. T. 39
Gaulin, S. J. C. 108
Gehlen, A. 160
Gehrmann, R. 88
Geisthövel, W. 121
Gibbon, E. 151
Gobineau, J. A. Comte de 179, 187, 192
Goethe, J. W. von 135, 225 ff.
Goodall, J. 33, 37, 58, 71, 147, 172
Gould, S. J. 214
Gross, W. 192, 195, 197
Gründel, J. 126 f.
Gruter, M. 159
Guenther, H. F. K. 188, 190, 197, 201 f.

Haeckel, E. 181 f., 184
Hamilton, W. D. 51, 76, 140, 151, 166
Harding, H. 37
Harlow, H. F./Harlow, M. K. 32, 55
Hausfater, G. 106, 163
Hayden, B. 101
Hayek, F. von 78, 129, 157, 163, 168, 170
Hentschel, W. 188
Herder, J. G. 155
Hill, J. 83

Hill, K. 116
Hofstadter, D. R. 151
Holloway, R. L. 36
Hrdy, S. B. 163
Hume, D. 166
Humphrey, N. K. 62, 65
Hunkeler, P. 33, 37
Huxley, J. 21 f., 39
Huxley, Th. H. 98, 136, 155, 158, 166

Jaspers, K. 68
Jonas, H. 135
Jones, C. 37
Joyce, T. 129
Justin, E. 195

Kant, I. 138, 143 f., 156, 167, 171
Kaplan, H. 116
Kautsky, K. 181 f., 212
Kawai, M. 33, 71
Kawamura, S. 33
Kinne, O. 176
Konfuzius 114
Konner, M. 108
Kortlandt, A. 37
Kowalski, G. W. 167
Krebs, J. R. 141
Kropotkin, P. 98, 108, 137, 155, 174, 181, 212
Krupp, A. 182
Krupp, F. 182
Kummer, H. 35 f., 44, 58, 62 f., 65, 71, 146 f., 151
Kurland, J. A. 89
Küster, J. 11

Lack, D. 107
Lamarck, J. B. de 80, 103, 139, 184
Lapouge, G. V. de 187
Larson, K. L. 172, 175
Lees, S. H. 101
Lenz, F. 189 f., 194
Lewis, J. K. 55
Liebenfels, L. von 188
Linné, C. von 17
Lippmann-Hand, A. 125
Loch 106

Loewenich, V. von 122
Lorenz, K. 12, 104f., 111, 155, 161, 164f., 190, 194
Lübbe, H. 221
Luckmann, Th. 56
Lukesch, H. 131
Lumsden, C. J. 138, 148, 150, 167

Mackie, J. L. 144, 148, 177
Malinowski, B. 199
Malthus, Th. R. 96, 98
Mann, G. 68
Markl, H. 67, 77, 95, 97, 99f., 107f., 110, 138, 151, 153, 166, 167
Marx, K. 65, 212
Maynard Smith, J. 96, 142, 166
McGrew, W. C. 37
Mead, M. 199
Mengele, J. 195
Menzel, E. W. 61
Meyer, J. E. 193
Mohnot, S. M. 106
Mollison, Th. 197
Moore, J. 108
Morris, D. 60
Müller-Hill, B. 194
Musschenga, A. W. 159, 171

Napier, J. 25

Osche, G. 19, 21

Parker, G. A. 166
Patzig, G. 138, 144, 157, 163, 165, 167 ff., 172 ff., 175 ff.
Paul, A. 11

Peterson, R. O. 101
Ploetz, A. 183, 185
Ploog, D. 39
Polge, C. 125
Portmann, A. 7
Premack, D. 39, 60f.
Price, G. R. 96, 166

Remane, A. 20, 22
Reynolds, V. 148
Ritter, R. 195, 200, 202, 204, 207
Rosenberg, A. 188, 192
Rousseau, J.-J. 111, 180
Rudran, R. 105
Rumbaugh, D. M. 39

Sabater, J. 37
Sackett, G. P. 55
Savage-Rumbaugh, E. S. 60
Schallmeyer, W. 182f., 185f.
Schemann, L. 187
Schiller, F. 136, 156
Schlüter, J. 130
Schultz, B. K. 192, 195
Scrimshaw, S. C. M. 88, 126
Seibt, U. 145
Seitelberger, F. 171
Shearer, M. H. 129
Shepard, T. H. 124
Sibly, R. M. 148
Sidgwick, H. 175
Simpson, G. G. 19f.
Smith, A. 80
Sommer, V. 10f., 106
Spencer, H. 180, 184, 213
Starck, D. 31
Staudinger, H. 130

Stent, G. 138, 158, 215
Stephenson, G. R. 33
Struhsaker, T. T. 33, 37
Suzuki, A. 37

Trivers, R. L. 87, 127, 143, 151
Tutin, C. E. G. 37

Vernier, B. 89
Verschuer, O. von 195, 203
Vogel, Chr. 7–14, 27, 88, 90, 106, 147, 167
Voland, E. 11, 83ff., 87f., 90, 221

Wagner, R. 187f.
Warnock, C. J. 172
Wasser, S. K. 125, 129
Weigl, E. 38
Weingart, P. 185, 191, 197
Weinstein, B. 38
Weismann, A. 184
Wickler, W. 21, 112, 125, 129, 137, 145f., 154, 161, 163, 165
Willard, D. E. 87, 127
Williams, C. G. 103
Wilser, L. 187
Wilson, E. O. 138, 148, 150, 167
Wilson, M. 114, 125f.
Wind, J. 150
Winkler, P. 11, 106f.
Wispé, L. 150, 153
Woltmann, L. 182f., 188
Würth, A. 195
Wynne-Edwards 102f.

253

Sachregister

Abhängigkeit, soziale   33, 55, 63, 72
Abort   124 f.
Abstraktion   38
Adaptation   18
    genetische   33
    phylogenetische   19
    prospektive   20
Affe/Affen   17, 38, 55
    A.n-Sozietäten   20
Aggression   111
Aktivität, sexuelle   34
Allele   51 f., 75, 141
Altruismus   44, 49 ff., 66, 103, 139 ff., 153 f., 165, 169
    rezproker A.   143 ff., 151
    Schein-A.   143
Altweltaffen   17
Ameisen   53
Amniozentese   122, 128
Anatomie
    d. Primaten   9
    vergleichende A.   17, 20
Anpassung   9, 11 f., 18 ff., 179
    prospektive   19
    kollektive   33
Anthropologie   7 ff., 199–221
Antizipation   36, 57, 146
Arbeitsteilung   32, 41, 53
arboreale/arboricole Lebens-
    weise   23 ff., 27 ff., 32
Archäologie   47
Arterhaltung   10, 104, 161, 165
    „Prinzip Arterhaltung"   10
attention structure s. Auf-
    merksamkeitsstruktur
Aufgabenerfüllung   20
Aufmerksamkeitsstruktur   35
Augen   27 f.
Auslese s. Selektion
Avunkulat   88

basic intellectual abilities   56
Bedürfniszustand   57
Befriedigungsgefühle   152
Berberaffen   11
Beute   64
Bevölkerung
    B.s-Entwicklung   95–110
Beweglichkeit   24
Bewegungsapparat   23 ff.

Bewusstsein   46
    historisches B.   44, 57, 68 ff.
    Selbst-B.   57 f.
    Zeit-B.   58
Beziehungen, soziale   34
Bienen   53
Bindungen, soziale   34
Biochemie   17, 153
Biogenese   75–91, 148
Biologie   17, 138
    B. d. Werte   158
Biologismus, normativer   12, 159 f.,167
biosocial compromise   155
Biparentalität   50
Bipedie   23 ff., 40, 45 ff.
Bisexualität   226
Bodenleben   23
Bruce-Effekt   125 ff.
Brunst   34

Cancares   89
Catarrhini   17 f.
Cheridien   25
Chorion-Bopsie   122, 127
Christentum   127,135
Clan   35, 63, 175
cognitive mapping/planning   36

Darwinismus   11, 113, 140 f., 179 ff.
    Neo-D.   49
Darwinomarxismus   212
Datierungsmethoden   46
Daumen   25
Degeneration   180
Denken   64
    sprachliches D.   39
Determinismus   138
Deutsche Forschungsgemein-
    schaft (DFG)   204 ff.
Differenzierung   50
    funktionelle D.   26, 40
    D. von Verhalten   37
Down-Syndrom   125

Egoismus   9, 51, 111, 151, 169
    Gen-E. s. dort
    Selbsterfüllungs-E.   152
Ehebruch   115
Eifersucht   115

Eigennutz   10, 112
    „Prinzip Eigennutz"   10
Elterninvestment, differen-
    zielles   117, 124, 148
Embryo
    Resorption v. E.en   124 f.
    E.-Transfer   130
Embryologie   17
Empathie   146 f.
Enthaltsamkeit, sexuelle   105
Entscheidungsfreiheit   145 f.
Erfahrungsgut, soziales   33
Erfolg, sozialkultureller   83
Ethik   12, 121, 125 ff., 135–177
    Evolutionäre E.   12
    Natur-E.   159, 163
    neue E.   128 ff.
    ökologische E.   176
Ethnozentrismus   148
Ethologie   9, 12, 111, 158 f., 161, 199–221
Eugenik   181, 184 ff.
    negative E.   185
    positive E.   185
Eusoziales Zusammenleben   50 ff.
Euthanasie   179 ff.
Evolution   11 f., 70, 75 ff., 78, 97, 112, 135–177
    biogenetische E.   79 ff.
    Erfolge der E.   43
    E.-Lehre   17
    d. Menschen   18
    soziale E.   48 ff., 67
    traditionale   E.79
    E.-Trends   23 ff., 40
    E.-Wege   28
evolutionary stable strategy   166
Evolutionsbiologie   113, 131, 136 ff.
Extremitäten   23 ff., 40

Fairness   173
Familie   82, 175
Faust (Drama von Goethe)   225–236
Fehlschluss, naturalistischer   130, 166, 184
Fellpflege, soziale   26
Fertilität, gebremste   213

Feuer 45 f.
Filizid 117 f.
Finalismus 18
Finger 24 ff., 28
Fitness 75, 97, 180
Darwin-F./individuelle F. 51,76 f., 141
Gesamt-F./inclusive 52, 77, 81, 109, 142
F.-Maximierung 78, 81, 88, 98, 104, 107, 122, 147, 153
persönliche F. 75 f.
reproduktive F. 43
F.-Vorteil 85
F.-Zwänge 145
Flexibilität 33, 55, 64, 67, 81
Fortpflanzung 49 (s. a. Reproduktion)
F.s-Biologie 31 ff.
bisexuelle 50, 75
Rückkoppelung i. d. F. 82 f.
F.s-Strategien 226 ff.
Fossilienfunde 44 ff.
Fötizid 115, 123 ff.
Freiheit 66
Fünfstrahligkeit 25
Funktion
F.s-Erweiterung 20, 22
F.s-Übertragung 20
F.s-Verschiebung 20, 22
F.s-Wechsel 20,22
Fürsorge 31 ff.
Fuß 24, 28, 40

Geburtenbeschränkung 107, 117
Gefährdung, moralische 206 ff., 221
Gegenwart 57
Gehirn 28 ff., 40, 57, 138
Gehörsinn 28
Geist 135, 157
Gemeinwohl 7, 71 ff. 111 f.
Gen/Gene 49, 75 f., 81, 112
G.-Egoismus 10 f., 143, 152
Emanzipation v. d. G.n. 153
G.-Drift 103
Moral d. G. 139, 144 f., 147, 151
Rekombination 50
Replikat 141
Genetik 17, 153
Genotyp 77, 82
Gerechtigkeit 173
Geruchssinn 29
Geschichte 44, 67 ff.
Geschichtlichkeit 67 ff., 72 f.
Geschichtsbewusstsein 57
Gruppen-Historie 71

Gewissen 146 f.
Gorilla 18, 28, 41, 46
Graugans 154
Greifen/Griff 25, 28, 32
Gruppe 34 ff., 53, 63, 161
G.n-Funktionalität 11
G.n-Historien
G.n-Selektion 103 f.

Halbaffe 28
Hand 24, 30, 40
Handeln 35, 44
Bewertung v. H. 170
soziales 44
vorausschauendes 36
Harem 106, 126
Hausmaus 125 f.
Hausschwein 124
Heirat 84 ff., 127 f.
Helfer am Nest 53, 89
Höherentwicklung 68, 79
d. Primaten 18
Holocaust 179 ff., 213
Hominidae 26, 37, 40, 45 ff., 52, 64, 66, 143, 155
Hominisation 18, 23 ff., 28, 39 ff.
Hominoidea 18, 40
Homizid 111–119
Homo sapiens 17 f., 25, 32, 45, 69, 81, 100, 109, 123, 147, 156, 161, 221
Humanethologie 199–221
physische A. 189
Hypergamie 127

Ideale 131, 148
Identität, personale 56, 59, 146, 171 f.
Ideologie 7, 179–197, 199 ff.
Immunbiologie 17
Imperativ
biologischer 41, 148
biogenetischer 82, 122, 226 f.
genetischer 12
Individualisierung 53 f., 72
Individuation 44, 48
Individuum/Individuen 7, 11, 49 ff.,63, 71 ff., 75, 141 f., 144, 150, 152
Infantizid 9 ff., 105 ff., 115 ff., 123 ff., 162
Infertilität 122
Information
I.s-Übertragung 40, 44, 65, 79
Sinnes-I. 57
Insektenweg d. Zusammenlebens 53
Instinkt
I.-Repertoire 155
sozialer I.155

Institutionen 44
Intellekt
intellektuelle Fähigkeiten 43, 56 f.
intellektuelle Entwicklung 66
Intelligenz 109
Interaktion, soziale 39
Investment, elterliches 50, 84, 86, 99 ff., 115 ff., 123 f.
Fehlinvestitionen 88
In-vitro-Fertilisation 130

Jagd 32, 37, 64 f.
soziale J. 65
Jugendentwicklung 31 ff.

Kampf aller gegen alle 49
Kampf ums Dasein 49, 136, 226
Kapazität, kognitiv-intellektuelle 59 ff.
Keimplasma-Theorie 184
Kindstötung s. Infantizid
Kipsigi 83 f.
Kognition 36, 62 ff.
kognitive Fähigkeiten 43
kognitive Leistung 36 f., 40
Kommunikation 39, 44, 65, 144
Komplexität 21
biologische 7
v. Primatensozietäten 34
Konkurrenz 49 ff., 75, 98, 179
interindividuelle K. 51, 98, 112, 139
traditionale 83
Konzentrationslager 204 f., 209
Kooperation 7, 49, 98, 139, 144, 151
Körperbau 23 ff.
Körper-Kontakt 32
Krieg 105, 111, 163
Krummhörn 11, 83 ff., 87
Kultur 41, 43–74, 78 f., 90, 147, 155, 168, 180
K.-Evolution 73
K.-Geschichte 73, 78
Kulturfähigkeit 64, 90
Evolution d. K. 43

Laborexperimente 38, 40, 55, 59
Languren 9 f., 13, 58, 105, 126
learning to learn 21, 59
Leezen 86
Leistungsfähigkeit, kognitive 34 ff.
Lernen 21, 43, 79
Lernbegabung 32 f., 63
Lerndisposition 82
Interproblem-L. 38

255

Lernmotivation 55
soziales L. 33 ff., 40, 43 f.
L.-Transfer 21, 36, 38, 48, 64
Lokomotion 25, 28
Löwe 126
Lust 226

Makake 62
Mängelwesen 155
Manipulation 26
Mantelpavian 35
Mensch s. Homo sapiens
Menschwerdung s. Hominisation
Metatheorie/Subtheorie 113, 119
Mimik 28
Mimikry 21
Missbildung 118
Mitleid 172
Molekularbiologie 153
Moral 12, 44, 57, 72, 111, 113, 118, 130, 135–177, 183, 211, 225
doppelte M. 174, 225
M. d. Gene 139, 144 f., 147, 151
Genese d. M. 170
Moralfähigkeit 12
Natürlichkeit d. M. 135 ff.
„Soll" der Moral 130, 166
tradigenetische M. 151
Morphologie 7, 17, 48
vergleichende 20
Mythen 168

Nächstenliebe 160
Nachtaffe 28
Nahrungsmangel 118
Nation 162
Nationalsozialismus 179–197, 199 ff.
Natur 78, 91, 130
„Ist" der Natur 130, 166
d. Menschen 16–91
moralische N. 139
N. als Vorbild 163
Zwänge der N. 43
Naturmensch 111
Nepotismus 52, 112, 148, 151
Neugier 33, 55
Neuweltaffe 32
Normen 44, 66, 72, 131, 139 ff., 146, 153, 164
Effizienzsteigerung v. N. 148

Ökonomisierung, technologische 121, 123
Ökosystem 110, 175 ff.
Ontogenese 7, 44

Opfer, männliche/ weibliche 114 f.
Organisationsprinzip 20
Organismus/Organismen
Eigenschaften 19
Formenvielfalt 17
Funktionen 19
System 17

Östrus 20, 28
Ovulation 34

Paläontologie 17, 46 f.
Pantomimik 20 (s. a. Mimik)
Paradoxon, darwinisches 51, 103, 139 f.
parental manipulation 124
Partnerwahl-Strategie 83 f.
Pavian 36, 62, 64
Personalisation 44, 48, 55, 72
Pflicht 136
Phänotyp 49, 77
Pheromone 53
Philosophie 136, 148
Phylogenese/Phylogenie 17, 22, 40, 43 ff., 69, 82, 147
Planen 36, 63
Plattform, präadaptive 22
Pongidae 28
Population 161
P.s-Dichte 95–110
P.s-Ökologie 96 f.
P.-Oszillation 100
P.-Regulierung 102 ff.
Postadaptation 19, 21
Präadaptation 18 ff.
constitutional praeadaptation 21
Prädisposition 18 ff., 64, 74
Primaten 17 ff., 45, 69, 126
Anatomie 9
P.-Entwicklung 17–41, 52, 143
Sozietäten 7, 34 ff., 54 ff., 62 ff., 71
Problemlösungs-Strategie 21, 38, 48
Promiskuität 89
protected threat 35

Quadrupedie 23 ff.

Rang 20, 34 ff., 63
Rasse 162, 191
R.-Hygiene 179–197, 199 ff.
R.-Ideologie 179–197, 199 ff.
Rassenkunde, anthropologische 179
Rationalität 38
Raumdimensionen 23
Raumorientierung 28
Raum-Zeit-Kontinuum 57

Rechtfertigung, moralische 113
Reflexivität 44, 64
Reifung 32
verzögerte 31 ff., 41
Religion 72, 149
replicator survival 76
Repräsentation, symbolische 60
reproduction without sex 130
reproductive advantage 105 f.
Reproduktion 112
R.s-Chancen 97
differenzielle R. 107, 112, 180
Einschränkung d. R. 102 ff.
R.s-Erfolg 75 ff., 114
R.s-Konkurrenz 50
Manipulation der R. 121
R.s-Medizin 121–131
R.s-Strategien 226 ff.
R.s-Technologien 122, 128 ff.
R.-Zwecke 152
Ressourcen-Knappheit 97 ff., 108, 116, 179, 226
Rhesus-Affe 38, 71
Rituale 164
Ritualisierung 39
Rivalität, intrasexuelle 113 ff.
Rückkopplung
biogenetischer und traditionaler Prozesse 82 ff.
zw. Individuation und soz. Abhängigkeit 55, 72

Sanktionen 35, 58, 66, 146, 173
Säugetiere 45
Schachspieler-Situation 62
Scham 146 f.
Schimpanse 18, 28, 40, 46, 57 f., 60 ff., 64, 123
Schmalnasenaffen 17
Schuldgefühle 146 f.
Schultergürtel 24
Schwangerschaft 122
Sein/Sollen 12
Selbst 44, 57
Erkennen des S. 61
Selbst-Domestikation 111
S.-Erhaltung 76, 152
Selbstlosigkeit 112
Selektion 19 f., 43, 49, 75 ff., 97, 102 f., 107, 112, 139 ff., 153, 180, 226
S.s-Druck 29
S. v. Embryonen 125
Gruppen-S. 103, 161
indirekte S. 51, 141, 166
Kontra-S. 149

kulturelle S.   145
S.s-Theorie   51
Verwandtschafts-S./kin se-
    lection   89, 142
Sensibilisierung   25
sex without reproduction   129
sex-ratio-manipulation   118
sexual selection   105
Sexualverhalten   89
Simiae   17 f., 28, 32
Sinn
    akustischer   30
    olfaktorischer   29
    optischer S.   27 f.
    taktiler   29 f.
Sinnesorgane   27 ff., 40
Sittlichkeit   145
Skelett
    Primaten-S.   23 ff.
Sofortbelohnung   152
Sollen 130, 157, 166, 168, 184
Sonderstellung d. Menschen
                            47
Sozialdarwinismus   179–197,
                   211, 213 f.
Sozialhormone   53
Sozialhygiene   181
Sozialisation 31 ff., 44, 48, 55,
    61,
    ontogenetische S.   55
Sozietät   70, 104 f.
    tierische   50, 62 ff.
Soziobiologie 11, 121 ff., 144,
              161, 215 ff., 225
Spezialisation   18
Spezies   104
Spiegel   61
Spiel   34
Sprache   39
Stammesgeschichte s. Phylo-
    genese
Strategie
    K-Strategie   99 ff.
    r-Strategie   99 f.
    soziale   62 ff.8
    S. d. Sozialisation   1
    Partnerwahl-S.   83 f.
struggle for existence 139, 180
Struktur
    S.-Merkmal   20
    morphologische   20
subhumane Evolution   18 ff.
Subordination   20

Superorganismus   104, 109
survival of the fittest   76
Symbol
    S.-Funktion   38
    S.-Sprache   39, 44, 65
    S.-Verständnis   59 f.
Sympathie   145 ff., 172, 181,
                           212
    Sympathie-Gruppe   172
Synorganisation   21
System
    soziales S.   139
    d. Organismen   17

Täter, männliche/weibliche
                         114 f.
Teil/Ganzes   7, 11
Teleologie   145, 183
Termiten   53
Territorialität   162
Theologie   136
Tiersoziologie   7
Tod, Ahnung vom   47
Töten   111–119, 162
    v. Beutetieren   37
    Kindstötung s. Infantizid
Tötungshemmung   111, 165
Tradigenese   75–91, 148
Tradition   33, 43, 64 ff., 168
Tragekapazität   101
Transfer s. Lern-Transfer

Überkreuzung de. Sehbahnen
                            28
Ultraschall-Diagnostik   122
Universalia, moralische   155,
                           167
Uregoismus   49
Uterus   125
Vaterschaftsunsicherheit   89,
                     118, 228

vehicle selection   76
Verantwortlichkeit   58
    Entwicklung d. V.   44
Verantwortung   110, 174 ff.
Vergangenheit   57, 59, 68
Vergesellschaftung   49
Verhalten
    adaptiv entstandenes V. 48
    altruistisches   44
    V.s-Biologie   9
    V.s-Entwicklung   23

ererbtes   21, 48
erlerntes   21, 48
V.s-Forschung   9
V.s-Kontrolle   43
menschliches V.   75–91
Modifikation d. V.s durch
    Lernen   43
Moral-analoges V.   164
moralisches V.   138 ff., 215
V.s-Repertoire   21, 33
Sexual-V.   89
Verhaltensforschung   17
Verhulst-Gleichung   101
Vernunft   226
Vertebratenweg d. Zusam-
    menlebens   53 f.
Vertrautheit   54, 62
Verwandtschaft   82
    stammesgeschichtliche V.
                            18
Verwandtenbevorzugung
                            52
Verwandtenselektion   89
Verwandtenunterstützung
                           112
Völkerkunde   209
Volksgesundheit   181
Vorhersagbarkeit   68

Wannsee-Konferenz   195
Weichenstellungen der biolo-
    gischen Evolution   44 ff.
Werkzeuggebrauch   27, 36 f.,
        41, 43, 45, 47, 59, 64
    sozialer W.   63
Wert/Werte
    Biologie d. W.   158
    natürliche W.   183
    W.-Systeme   44
    W.-Vorstellungen   146
Wirkursachen   219
Wissenschaftsgläubigkeit 166

Zehe   24 ff., 28
Zeichen   38
Zentralnervensystem   40, 79
Zivilisation 41, 147, 155, 180
Zölibat   152
Zukunft   57, 59
Zusammenarbeit   7
Zweckmäßigkeit,   arterhal-
    tende   104, 112
Zweckorientierung   82
Zweckursache   107, 218